高等院校计算机技术“十二五”规划教材

Java语言程序设计教程

（第二版）

翁　恺　肖少拥　编著
王行言　主审

ZHEJIANG UNIVERSITY PRESS
浙江大学出版社
·杭州·

图书在版编目（CIP）数据

Java语言程序设计教程／翁恺，肖少拥编著. 杭州：浙江大学出版社，2007.4(2024.8重印)
（高等院校计算机技术“十二五”规划教材）
ISBN 978-7-308-05207-8

Ⅰ.J… Ⅱ.①翁… ②肖… Ⅲ.Java语言—程序设计—高等学校—教材 Ⅳ.TP312

中国版本图书馆CIP数据核字（2007）第032088号

Java语言程序设计教程(第二版)

翁　恺　肖少拥　编著
王行言　主审

策　　划　希　言
责任编辑　吴昌雷　黄娟琴
封面设计　刘依群
出版发行　浙江大学出版社
　　　　　（杭州市天目山路148号　邮政编码310007）
　　　　　（网址：http://www.zjupress.com）
排　　版　杭州青翊图文设计有限公司
印　　刷　浙江新华数码印务有限公司
开　　本　787mm×1092mm　1/16
印　　张　18.25
字　　数　433千
版 印 次　2013年1月第2版　2024年8月第8次印刷
书　　号　ISBN 978-7-308-05207-8
定　　价　45.00元

高等院校计算机技术“十二五”规划教材

编委会

序　言

在人类进入信息社会的21世纪，信息作为重要的开发性资源，与材料、能源共同构成了社会物质生活的三大资源。信息产业的发展水平已成为衡量一个国家现代化水平与综合国力的重要标志。随着各行各业信息化进程的不断加速，计算机应用技术作为信息产业基石的地位和作用得到普遍重视。一方面，高等教育中，以计算机技术为核心的信息技术已成为很多专业课教学内容的有机组成部分，计算机应用能力成为衡量大学生业务素质与能力的标志之一；另一方面，初等教育中信息技术课程的普及，使高校新生的计算机基本知识起点有所提高。因此，高校中的计算机基础教学课程如何有别于计算机专业课程，体现分层、分类的特点，突出不同专业对计算机应用需求的多样性，已成为高校计算机基础教学改革的重要内容。

浙江大学出版社及时把握时机，根据2005年教育部"非计算机专业计算机基础课程指导分委员会"发布的"关于进一步加强高等学校计算机基础教学的几点意见"以及"高等学校非计算机专业计算机基础课程教学基本要求"，针对"大学计算机基础"、"计算机程序设计基础"、"计算机硬件技术基础"、"数据库技术及应用"、"多媒体技术及应用"、"网络技术与应用"六门核心课程，组织编写了大学计算机基础教学的系列教材。

该系列教材编委会由国内计算机领域的院士与知名专家、教授组成，并且邀请了部分全国知名的计算机教育领域专家担任主审。浙江大学计算机学院各专业课程负责人、知名教授与博导牵头，组织有丰富教学经验和教材编写经验的教师参与了对教材大纲以及教材的编写工作。

该系列教材注重基本概念的介绍，在教材的整体框架设计上强调针对不同专业群体，体现不同专业类别的需求，突出计算机基础教学的应用性。同时，充分考虑了不同层次学校在人才培养目标上的差异，针对各门课程设计了面向不同对象的教材。除主教材外，还配有必要的配套实验教材、问题解答。教材内容丰富，体例新颖，通俗易懂，反映了作者们对大学计算机基础教学的最新探索与研究成果。

希望该系列教材的出版能有力地推动高校计算机基础教学课程内容的改革与发展，推动大学计算机基础教学的探索和创新，为计算机基础教学带来新的活力。

中国工程院院士
中国科学院计算技术研究所所长
浙江大学计算机学院院长

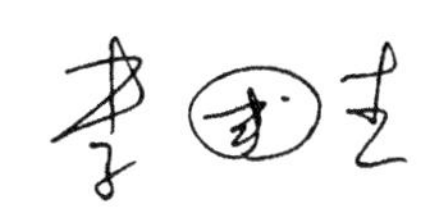

再版前言

计算机科学技术的发展不仅极大地促进了整个科学技术的发展，而且明显地加快了社会信息化的进程。因此，计算机教育在各国备受重视，计算机知识与应用能力已经成为21世纪人才应具备的基本素质之一。

在计算机课程体系中，程序设计是重要的基础课程之一。在众多的程序设计语言中，Java是一种较为纯粹的面向对象程序设计语言，非常适合初学者学习面向对象程序设计思想。Java语言连续十年在各种程序设计语言排行榜上名列前茅，北美高校普遍采用Java语言来讲授本科学生的第一门程序设计课程。国内高校计算机及相关专业基本上都开设了Java程序设计课程，有些高校已经开始将Java语言作为编程入门学习的第一门语言。

过去五年，出现了很多新的计算平台和模式：云计算、GPU、移动互联网等，在这些当前最流行的概念中，Java均参与。2013年以后，Java将在Java SE 9中更加模块化，更加适合云计算环境。所有的信息显示，Java语言仍是与时俱进的。

在Dice技术和工程专业人员网站连续多年预计Java开发职位的需求是最多的，国内的人才市场信息也反映出对掌握Java语言人才的需求。

Java语言作为一门实践性很强的课程，并不容易被掌握。一是其内容丰富、概念复杂、使用灵活；二是对于初学者来说，学习程序设计的概念和方法本身也是一个逐步探索的过程。虽然目前介绍Java语言的教材和书籍非常多，但是在本书作者多年的教学实践中，我们发现能够较好地适应教学要求的教材并不多。

目前，普通高校学生的培养目标更加强调其应用型和复合型。我们认为，作为一门实践性很强的程序设计课程，Java语言的教学重点应该是培养学生的实际编程能力，教学模式也要从知识传授转为能力培养。因此，在多年的Java程序设计课程的教学改革实践基础上，我们编写了本教材，希望能从教学内容及教学方法上进行有益的探索，以适应当代人才培养的要求。

本书在结构和内容上进行了反复推敲，具有如下特点。

(1)以Java语言的思想来讲述Java语言。Java语言是一种完全的面向对象程序设计语言。我们避免了传统程序设计语言课程的俗窠，不是先从结构化程序设计入手，再过渡到面向对象程序设计；而是一开始就明确读者要学习的是面向对象程序设计，一开始就讲授如何设计和使用类，使得读者能从学习之始就建立正确的面向对象程序设计的观念。

(2)没有刻意追求大而全。Java语言的内容非常丰富，从最基础的语法开始，到如何实现网络和数据库编程，都可能成为本书的内容之一。经过仔细考虑，基于我们多年的教学实践，本书以面向对象程序设计为主线，紧紧围绕Java语言中的重点和难点展开。

(3)从应用出发,强调实践与应用,重点讲解程序设计的思想和方法,并结合相关语言知识的介绍,力求培养和提高学生的程序设计能力。因此,我们避开了一些毫无意义的、实际编写程序时根本不会去使用的内容。有些语言成分在现代软件工程中容易造成阅读和维护的困难,我们也一一指出。

(4)在总体内容编排上反复斟酌,几易其稿。Java 语言的各种成分相互关联,交错引证,很难用一个简单的线索前后贯通。我们在多年教学的经验基础上,采取了一些技巧,如先阅读一点代码,但不求读者完全理解,稍后再在合适的地方展开解释。有些内容的前后编排关系与传统的 Java 书籍很不相同,这样安排的效果也是得到我们多年教学经验验证的。

(5)案例丰富,贴近学生。本书采用了大量生动活泼、贴近生活的案例,容易被学生接受和理解。读者如果结合书中的案例进行上机实践,不但能够进一步理解 Java 语言以及程序设计过程,而且能够迅速掌握编程方法,提高编程技巧。此外,我们还精心编写了思考题和习题。

(6)紧跟变化,反映 Java 语言的最新发展。Java 语言虽然已经面世近 20 年,但是仍然在不断地发展变化。本书再版时介绍了 JDK 1.7 中出现的一些新语言成分,使得读者在初学之时就能紧跟 Java 语言发展变化的最新形势。

本书可以作为各类本科院校的计算机及相关专业的教学用书,以及各类培训或等级考试的参考用书;也可以作为对 Java 语言程序设计感兴趣者的自学用书。

本书由翁恺和肖少拥合作编写,其中第 1～6 和 10、11 章由翁恺编写,第 7～9 和 12、13 章由肖少拥编写。在编写过程中,我们得到了浙江大学的领导和有关教师的关心和支持,特别是吉林大学计算机学院的张长海教授、浙江大学计算机学院的何钦铭、陈越两位教授的悉心指导,在此深表感谢。

计算机科学和技术在不断发展,计算机教学的研究和改革也从未停顿。我们希望在从事计算机教学的各位同仁的共同努力下,能不断为提高程序设计课程的教学质量和水平作出贡献。由于作者水平所限,书中难免有错漏之处,我们恳切希望得到使用本书的教师和读者的指正。编者邮件地址为 wengkai@zju. edu. cn,欢迎交流。

翁　恺

2013 年 1 月

目　　录

第 1 章

Java 语言概述

Java 是什么？每一个初接触 Java 的学生都会问这个问题。按照甲骨文公司的官方说法，Java 语言是一种通用的、支持并行的、基于类的、面向对象的（General-purpose Concurrent Class-based Object-oriented）程序设计语言，被特别设计成与运行的平台尽可能无关。它最大的特性就是允许编程者只编写一次就可以在互联网上到处运行。

1.1 Java 的历史

Java 诞生于 1995 年 5 月 23 日。在这一天，Sun 的科技办公室主任 John Gage 和 Netscape 的执行副总裁 Marc Adreenssen 一起宣布 Java 正式推出。

相关的研发工作于 1991 年就开始了。当时 Sun 公司成立了一个叫做 Green Team 的研发团队，主要成员有 Patrick Naughton、Mike Sheridan 和 James Gosling（见图 1.1）。这个团队的目标是设计一种机顶盒，其目的在于使电视观众可以自由地选择自己想看的节目。机顶盒不能太大，容量有限，却要具有 CPU 等计算机所必需的部分，所以它是一个嵌入式系统。如果使用普通 x86 的结构，虽然开发上比较容易，但是会带来耗能大、发热多、结构复杂等问题。这时就需要一些低端的 CPU，如单片机。

图 1.1　Java 之父-James Gosling

在单片机上开发程序有很大的风险，因为不同的单片机在结构、指令集上差别非常大。而且单片机更新换代迅速，有可能 Green Team 团队所选择的 CPU 在 2、3 年后软件开发完成时已经停产了。于是 James Gosling 就想到发明一种新的语言和相应的解释器。上层的应用软件使用这个语言来开发，然后通过单片机上的解释器来运行。只要有相应的解释器，就可以不修改软件代码而在不同的硬件平台上运行。这样甚至可以在没有相应单片机硬件的情况下先在个人计算机上开发。这个语言及其解释器不久开发成功，取名为 Oak（橡树）。之所以叫 Oak，是因为 James Gosling 办公室的窗外正好有一棵橡树，顺手就取了这个名字。

1992年夏天，Green Team团队发表了一款叫做“Star Seven(＊7)”(见图1.2)的机器，它有点像现在我们所熟悉的PDA。它具有5英寸彩色的LCD，甚至有无线网络通信能力。然而在当时，美国的有线电视公司尚不能接受交互电视这种概念，因此Sun公司的这一产品虽然技术上成功了，却在市场上失败了。这个时候，Web、HTML和Web浏览器Mosaic正好出现了。James Gosling认为Oak和HTML有相似之处。因为Mosaic在Windows、Linux、Macintosh上有不同的版本，而相同的HTML页面能在不同平台上的Mosaic中展现相同的效果，这与Oak在不同的单片机上都有解释器，从而能在不同机器上运行相同的程序如出一辙。但是HTML能力有限，James Gosling就想到将Oak跟HTML相结合，可以扩展HTML的功能，使得页面不仅仅只是显示文本和图片，还能执行程序。James Gosling首先用Oak写一个类似Mosaic的Web浏览器，这个浏览器不仅可以解释HTML页面，还可以运行Oak程序。1995年，这个计划基本完成，在即将发布时，才发现不能使用Oak这个名称了，因为Oak已经是一个注册商标。此时他发现同事的桌上有一个速溶咖啡的瓶子，牌子是“Java”，因此他就把语言命名为Java，而将这个浏览器命名为HotJava。接着Netscape公司与Sun公司合作，把Java捆绑到Netscape的产品中，使得Netscape的浏览器可以运行Java程序。这样，Java就以它优异的功能，从嵌入式设备“移民”到了互联网上，成为那个年代提供网页交互功能唯一的语言，开启了另一片天空。目前Java已经成为主流的编程语言之一，不仅仅是互联网，在几乎所有的领域都能看见Java的身影。

图1.2 Star Seven的效果图
(图片来源：甲骨文网站)

2009年4月，甲骨文以74亿美元收购了Sun公司，从此Java成为甲骨文的产品和商标。

现在的Java运行开发环境叫做Java Platform。Java Platform包括3个不同的版本。通常学习工作中使用的是Java SE，即标准版(Standard Edition)，另外还有企业版(Enterprise Edition)的Java EE，还有手机、嵌入式设备上使用的Java ME(Micro Edition)。Java的开发包叫做Java SDK(Java Software Development Kit)，又叫做JDK(Java Development Kit)。

从图1.3中我们可以看到JDK的整体结构。JRE(Java Runtime Environment)是Java运行时刻环境。Java HotSpot Client and Server VM是Java最核心的部分，它是用C、C++等其他语言写成的，使得Java程序可以在不同环境中运行。而其中的Applet、Swing等是用Java写成的类的集合，是Java基础类库。这些基础类库是编程过程中经常要使用的，作为JDK的一部分发布。如果要运行Java程序，只需要安装JRE。但是如果要开发Java程序，那就需要编译器Java Compiler (javac)。编译器、其他开发工具和Debug工具组成了SDK。在此之上，甲骨文还有一个集成开发环境(IDE：NetBeans)。这些也都是用Java编写的。

目前JDK的最新版本是1.7，但是从1.5开始，JDK被重新命名为Java

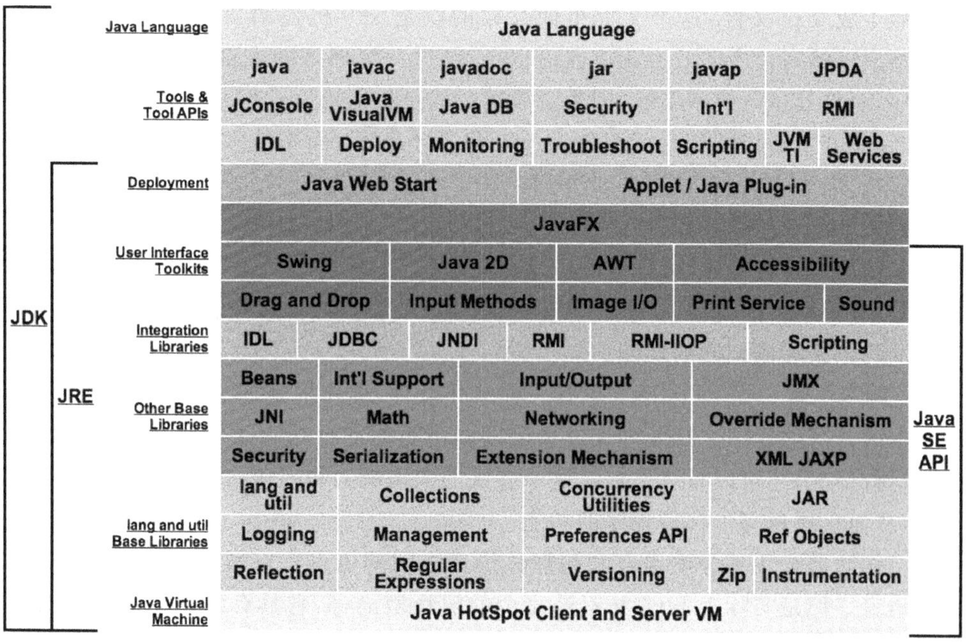

JDK | JRE | Java SE API

Java Language: Java Language

Tools & Tool APIs: java | javac | javadoc | jar | javap | JPDA | JConsole | Java VisualVM | Java DB | Security | Int'l | RMI | IDL | Deploy | Monitoring | Troubleshoot | Scripting | JVM TI | Web Services

Deployment: Java Web Start | Applet / Java Plug-in

User Interface Toolkits: JavaFX | Swing | Java 2D | AWT | Accessibility | Drag and Drop | Input Methods | Image I/O | Print Service | Sound

Integration Libraries: IDL | JDBC | JNDI | RMI | RMI-IIOP | Scripting

Other Base Libraries: Beans | Int'l Support | Input/Output | JMX | JNI | Math | Networking | Override Mechanism | Security | Serialization | Extension Mechanism | XML JAXP

lang and util Base Libraries: lang and util | Collections | Concurrency Utilities | JAR | Logging | Management | Preferences API | Ref Objects | Reflection | Regular Expressions | Versioning | Zip | Instrumentation

Java Virtual Machine: Java HotSpot Client and Server VM

图 1.3 JDK 体系结构(图片来源:甲骨文网站)

Platform5.0,所以现在的最新版本就是 JavaSDK 7.0,不过我们习惯上还是会叫它 JDK 1.7。

JDK 的版本变化到现在有三个里程碑:1.1、1.5 和 1.7。1.1 和之前的 JDK 的区别主要是在 GUI,1.1 把 JFC 的 Swing 加入到 JDK 中,并引入了新的消息机制,以及为了新消息机制给语言增加的新成分,比如内部类等。1.5 最大的变化是增加了范型编程(Generic Programming),以及一些相关的新特性,如 for-each 的循环、annotation 等。1.7 是 Java 换到新东家甲骨文之后出的第一个大版本,做了一些细致的变化。

图 1.4 Java 商标

Java 商标如图 1.4 所示。

1.2 Java 程序运行环境与特点

我们可以把所有的程序设计语言分为 4 个大类。

(1) 汇编语言。它是最基础的编程语言,会被直接翻译为机器指令。它的优点是运行效率高,缺点是编程难度大。

(2) 编译型语言。如 C/C++、Pascal 等。这些语言所编写的源程序要通过编译器进行编译、生成目标代码、用连接器进行连接,最后形成可执行程序。因为经过编译的步骤,在最后的目标机器上,程序可以直接运行。比如在 PC 上用 C 语言编译器编写程序,编译完成之后生成.exe文件，这个文件里面存放的就是x86机器语言指令，可以直接运行。用编译型语言编写程序的效率比机器语言高，经过一定训练的人都可以使用这些语言来编写程序，而且其运行效率不低，因为直接运行的是机器语言。但是其缺点是可移植性不强，比如在x86上编译的程序就只能在x86机器上运行，而不能在Macintosh、Solaris等平台上运行，因为它们运行的目标代码不一样。

（3）解释性语言。如Basic、Perl等。解释型语言的源程序不需要经过编译，而是由解释器来读取每一行程序，每读取一行就分析、执行一行代码。这类语言的缺点是运行效率低，但具有跨平台的优势。Unix、Windows、DOS等系统下都有语言的解释器，就可以用同样的代码来完成相同的功能。

（4）脚本语言。如DOS系统里有一种.bat文件，称作批处理文件。批处理文件就是一种脚本语言写的程序。批处理文件里可以调用其他的可执行文件和软件，也可以判断它们的运行情况，还可以具有参数。这个层次的语言能力很有限，但是可以调用别的可执行程序，从而扩展现有可执行程序的功能。

Java语言是处于编译型语言和解释性语言之间的语言。一般的教科书认为Java是解释型语言。但是实际上Java并不是完全的解释型语言，它具有编译型语言的特点，它的源代码必须经过编译才能被运行。只是目前最终运行Java程序还是必须经过解释的步骤，但这并不意味着Java就是解释型语言。更准确地说，Java是编译型的，而字节码是解释执行的。

图1.5给出了Java程序编译运行的过程。由图可见，Java的源程序经过编译器编译后，形成字节码文件.class。字节码文件类似C/C++编译后产生的.obj文件，里面是字节码机器指令。假如真有这么一种CPU的指令是字节码，那么这个文件就可以执行被运行，就像C/C++的编译结果一样。由于目前世界上绝大多数CPU都不是以字节码为指令系统的，因此需要一个虚拟机来解释运行这个字节码文件。绝大多数主流操作系统平台上都有各自对应的字节码解释器，这样就能够在绝大多数主流操作系统上解释执行字节码文件。这使Java程序编译一次后，就能在各种计算机平台上运行。由于Java的源代码被编译为字节码文件，所以通常我们把这个字节码解释器叫做Java虚拟机。但事实上它不能解释执行Java代码，它解释执行的是字节码。而如果我们开发一种新的语言，编译后也生成字节码文件，那么这个语言也能被“Java虚拟机”解释执行了，这个语言

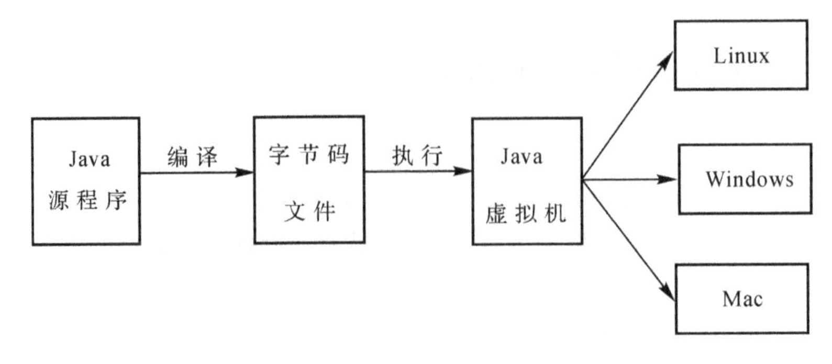

图1.5 Java程序编译运行的过程

就同样具有Java的跨平台优秀特性了。

1.2.1 跨平台(Cross Platform)/可移植性(Portable)

跨平台/可移植性是Java最重要的特点,这个特点体现在"编译一次,到处运行"这句话上。Java源程序编译之后得到的字节码文件可以在各个平台上使用。跨平台在计算机的发展史上是一个梦想,而这个梦想到现在仍然只是个梦想。当今计算机工业与过去完全不一样。现在计算机工业最大的趋势是软件和硬件上的标准。有实力的公司总是希望自己新提出的事物成为标准,而新加入的公司则希望自己的产品遵循标准,以求和其他公司消除兼容性上的障碍。而在20世纪五、六十年代,计算机行业的公司很少,如IBM、Digital等。他们都在做自己的计算机,相互之间没有任何联系,因此在一个平台上开发的程序无法在另一个平台上运行。打破这个界线的第一步是Unix和伴随着它出现的C语言。这一步的跨越使得一份精心设计的源代码可以基本不经过修改,只要用各个平台上不同的编译器进行编译就可以运行,但是这样又有可能导致运行效率上的差别等。

Java的出现使得这一梦想又前进了一大步。前面讲到的Java虚拟机只是保证可移植性的一部分。要实现可移植性还要保证数据类型的统一。所谓数据类型的统一,最重要的就是指int类型和char类型。像int类型,在DOS系统下是16位的,但是到了Windows系统下就成了32位的。而在64位操作系统下,它又会变成64位的。而Java规定了int类型是32位的。还有char类型,在Java下是16位的。也就是说Java里面byte类型和char类型是不一样的,而且char的编码是Unicode。Unicode是国际标准组织的16位编码标准。这个标准试图把世界上所有的文字都编码到它的体系中。比如在一台国标码的机器上运行一个程序,与另一台使用大五码的机器通过这个程序进行通信,那么在Java内部有一种机制会把国标码转化为Unicode,然后在另一台机器上转化为大五码。这样就实现了编码的统一。

1.2.2 运行效率

有人认为Java的运行效率低,其根本原因是因为程序是解释运行的。另一个原因是代码检查,因为Java最早是出现在网络上的,在访问网页时,Applet等程序在用户不知情的情况下就被下载并运行。因此需要一种机制来确保这些程序是可以正常运行的,所以Java程序在运行之前会经过一道检查。第三个原因是鲜为人知的,Java的字节码是一种堆栈机结构,而我们现在使用的所有CPU都是寄存器机结构,运算都是在寄存器之间进行的。比如计算6+3,先分别把6、3放到AX、BX寄存器里面,然后两个寄存器进行运算,结果9保存到AX。而在堆栈型机器中,运算是在堆栈中进行的。比如要运算上面的6+3,就先分别把6和3压到堆栈中,遇到加法运算符就反过来把3和6弹出来,然后进行加法运算,再把结果9压回到堆栈中。Gosling实现了从来没有人实现过的堆栈机,但是堆栈机比寄存器机速度慢。因为寄存器是在CPU中的,而堆栈是放在RAM中的,RAM跟CPU之间要通过总线进行传输,而且RAM的速度比CPU要慢得多,这就影响了堆栈机的效率。

也有人认为Java的运行效率并不低，这种看法也体现在很多方面。有一种JVM(Java虚拟机)叫做JIT(Just In Time)，最早由Symantec提出。现在Sun公司也开始采用这个技术。这个技术的含义在于加载的一段程序在运行之前先翻译成本地代码，然后运行这个本地代码。这个翻译过程是需要消耗时间的。但是计算机中有一个很重要的原则是最近化原则。也就是说，最近访问过的内存在不久的将来会被频繁访问，最近执行过的代码会被再次执行。一段循环运行的代码就是最好的例子：一段代码被装载后，不会只运行一次，一般是会被反复运行的，于是前面翻译所消耗的时间就可以弥补回来。所以JIT可以提高大约25%的效率。另一个原因是在Java中多线程的程序很容易实现，而多线程的程序也可以提高程序运行的效率。因为当一个线程在等待的时候，另一个线程可以完成它的工作。第三个原因是字节码文件设计得非常简单，因此译码、解释、运行的时候很方便，速度很快。

Java语言在计算机业界并没有因为它的运行效率而不受欢迎，这是因为Java具有更好的开发效率。正如C++刚开始流行的时候，有人做过评测，认为C的运行效率比C++高25%。但是现在没有人会认为C++的效率低而一定要用C。在绝大多数情况下，软件开发的趋势是追求开发效率而不是追求运行效率。因为人的效率比机器的效率更重要，而机器的硬件性能总是会不断提高的。

1.2.3 稳　定

用Java语言写的程序是比较稳定的。其原因很多，第一个原因是Java语言中没有指针。Java是从C++发展来的，而指针在C++里面是非常重要的手段。C/C++语言之所以获得巨大的成功，重要原因就是拥有指针，能完成其他语言不能做到的工作。当然指针也带来了很多问题，如程序崩溃等。有可能一个指针尚未分配空间就被使用，或者一个指针所指向的空间被清除了两次，或者是一个指针被进行了加减运算然后才被清除，这些都会导致程序崩溃。因此Java大胆地放弃了指针，从而避免了指针的缺陷。它的缺陷主要在于指针是可以计算的。指针有缺陷，但指针又是很有用的。所以Java里面还是存在着类似于指针的手段，不过不称为指针，而被称为引用。这种引用与C++里面的引用又不相同，Java的引用是“不可计算的指针”。

稳定的第二个原因是Java中没有清除(delete)操作，因为指针在释放时很容易出错。程序员不能主动清除一个对象。JVM会帮助程序员完成这个任务，这个机制被称为垃圾收集机制。在Java里面，我们需要使用内存时就分配(new)一块内存空间。而当不需要使用这些内存时，我们不需要去理会它。当我们不使用它时，它就会被系统认为是垃圾而被回收，以后就可以再次被使用了。指针在被清除的时候最容易出错，除此之外，还有可能出现在多线程的程序中。比如一个指针同时被两个线程所使用，那么由哪个线程来清除这个指针就是个问题。因此，有了垃圾回收机制，我们就可以随意申请内存而不用理会它的清除工作。

Java程序稳定的第三个原因是Java中的数组是有下标检查的。学过C的人知道C

语言的数组仅仅是一个内存块，可以随意用指针访问。Java 则不同，它对数组是有管理机制的。无论是读还是写，Java 都会对数组进行下标检查，从而确保这些操作不会越界。这个机制是以牺牲运行效率来换取程序高效稳定的，但是同时也提高了开发效率。

1.2.4 简 单

Java 的设计原则是 KISS(Keep It Simple Stupid)。让 Java 为我们做更多的事情，我们就可以专心于程序的开发实现。KISS 原则主要体现在以下几点。

(1)Java 跟 C++非常相似，学过 C++的人可以很容易地读懂 Java 的程序。

(2)Java 没有指针，内存、数组都由 Java 来自动管理和检查。所以用 Java 写程序就变得非常简单。

(3)Java 是比较纯粹的 OOP(面向对象编程)的语言。它跟 C++不同，C++是不够纯洁的 OOP 语言，其中含有很多的非 OOP 要素。Java 被称为“C++--”，是因为它在 C++的基础上去掉了一些要素，像多继承、虚继承、模板、运算符重载等。这些要素都不存在于 C++之外的任何 OOP 语言当中。C++之外所有的 OOP 语言都是单根的，即所有的类都是从同一个类中派生出来的。这样就便于实现“容器”的机制。在 OOP 语言中，子类的对象也是一个父类的对象。比如，学生是人的子类，那么一个学生也必然是一个人。既然所有的类都是从同一个类中派生出来的，那么所有对象都是那个唯一的父类的对象。而 C++中取消了单根结构，这样就无法实现容器。为了解决 C++的容器问题，C++先后引入了多继承、虚继承和模板等一系列其他 OOP 语言所不具有的特性，这些在 Java 中就都不存在了。

(4)C++的其他一些与 OOP 无关的特性，比如内联(inline)函数、函数缺省参数值、运算符重载等，也都没有被 Java 采用。

1.2.5 动 态

Java 没有传统的程序概念。在 C 语言当中，不管.C 文件有多少，经过编译、连接之后，总会得到一个可执行文件.exe。操作系统把这个程序整个地加载到内存当中运行。Java 则不同，编译完成之后不会产生一个可执行文件，而是形成一系列文件，即类描述文件(.class)。运行时就从这些类当中加载某一个类，其中含有入口函数 main，从而开始执行 Java 程序。函数 main 会生成其他的对象。这个函数需要哪些类，JVM 才会加载这些类，初始化对象，不需要的就不加载。

1.3 面向对象的基本概念

1.3.1 对 象

1. 什么是对象

Java 是一个面向对象程序设计语言,那么究竟什么是面向对象呢?"面向对象"这个词组的中心词是"对象",所以我们首先应该弄清楚"对象"在这里到底是什么意思。"对象"这个词在中文中有很多意思,也有很有意思的含义。英文中对应的词是"object",这个词在英文中也有很多意思。字典里 object 的解释通常是:

n. 物,物体,目标,宾语,对象

vi. &*v.* 反对

这么多意思,放到"object-oriented programming "里,有一个简单而且通俗的中文词可以解释这里的"object 对象",那就是"东西"。

任何事物都可以被叫做东西,当然也包括人,难道你能说某人不是东西?这就是面向对象中对象的基本概念:任何东西都是对象(Everything is an object)。

对象不仅指有实际形体的东西,也可以用来表达没有形体的东西,比如人对人说的话,尽管看不见摸不着,但是它确实存在,所以也可以是对象。

任何对象都有一定的属性,比如人可以有肤色、身高、体重等属性;人对人说的话,可以有内容、时间等属性。属性是与属性的值联系在一起的。在任何一个时刻,对象的每个属性都应该有一个确定的值,当然这些值可能随着时间的变化而变化。我们把对象的属性值叫做它的数据。

属性值可以是区分这个对象和那个对象不同的标志,但是两个对象可能具有完全相同的属性值。所以我们通常通过对象所在位置的不同来区分对象。

对象除了具有属性,对象还能接受命令从而执行一定的动作。比如你可以请某人站起来,这就是通过传递消息给那个人(对象),由那个对象自己做出站起来的动作。往往这个动作的结果会改变对象的属性,比如对象的姿势这个属性,从坐着改变成了站着。

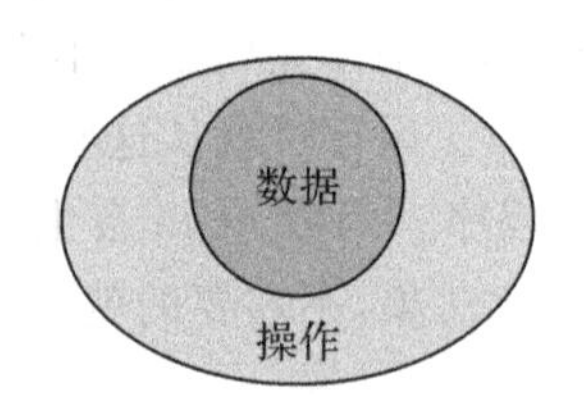

图 1.6 对象是数据与操作的统一体

所以任何一个对象都可以被看作由两部分组成:数据和对这些数据的操作,如图 1.6 所示。

2. 接口:对象的边界

所有东西都有表面,这个表面把内在的东西包围起来。我们正是通过这个表面来认识事物,而往往见识不到它的内部。比如人体有一层皮肤,这层皮肤把人的器官包围在里面,因此我们不能直接见到胃、肝、脾。我们通过人的外观可以知道这个是人,这就是外观的第一个重要作用:标示。我们总是通过观看事物的外观来知道这是什么事物。尽管每个人都不相同,但是所有的人都有相似的外观,我们由此可以判定这个事物是人还是其他的东西。

我们把对象的外观叫做接口,重要的原因是,这个外观还提供了外界与对象打交道的渠道。

观察我们身边的世界,我们会发现,这种接口的例子俯拾皆是。比如一个灯泡(如图1.7所示):灯泡有一个玻璃球,玻璃球是灯泡的接口之一,因为灯泡发出的光线,是透过玻璃球照射出来的。在玻璃球里面的是灯丝,是灯泡实际起发光作用的关键部件,但是玻璃球把灯丝封闭起来了,我们不能直接接触灯丝。玻璃球的后面是一个灯头,这也是这个灯泡与外界的重要接口之一。通过这个灯头,我们可以给里面的灯丝加上电流,从而使它发热发光;而这光和热,又通过玻璃球这个接口传递到外界。我们不能直接接触内部的封闭起来的灯丝,但是可以通过灯头这个接口使得灯丝做我们所期望的动作——发热发光。这就是接口的作用。

图1.7 白炽灯

接口还有另外一层好处。我们都知道灯泡可以旋入灯座(图1.8)中,然后被接通电流发热发光。因为灯头实现了灯头与灯座之间的一个标准,这个标准使得它能够被旋入任何一个符合标准的灯座中。同样,灯座实现了这个标准,那么也意味着,任何实现了这个标准的灯头,可以被装进来通电,如图1.9所示的这个节能灯。

图1.8 灯座

节能灯具有与灯泡一样的接口——螺旋灯头。这意味着,对于灯座来说,它和灯泡没有区别,都是实现了螺旋灯头标准的对象,都可以被装入灯座进行通电。

这就是接口的好处:保持接口不变,我们可以改变任何内在的东西。灯丝虽然变成了灯管,但是使用这个对象的地方——灯座,完全不需要为此做出任何改变。

图1.9 节能灯

同时我们还看到,两个具有完全相同接口的对象——灯泡和节能灯,它们被通以电流后所做出的内部动作,可能完全不一样,但是又可能通过它们的另外一个接口——玻璃,表现出相同或类似的状态。

3. 消息:对象的交互方式

对象和对象之间交互的方式是消息。对象A送一个消息给对象B,对象B收到消息之后去做它认为应该做的动作。消息是由发送消息的一方,或者说发出请求的一方组织的;是由接收消息的一方解释执行的。这意味着,对于消息的接收者而言,谁发出消息并不重要,谁都可以发消息给它,但是收到消息后如何执行,具体做什么样的动作,是由接收者自己决定的。

消息的执行的结果,一般是导致接收者属性值的改变,当然也可能使接收者发出新的消息去通知其他对象,另外也会有一定的方式通知请求的一方消息执行的结果。

具体到程序的实现,我们是通过定义接收者所能执行的动作来定义它所能接收的消息,而所谓的发出消息,其实就是调用接收者的动作方法,而方法的返回值就能让请求的一方得知执行的结果。

1.3.2 面向对象

现在回到“面向对象”这个词。“面向”这个词很容易让人觉得是“面对着”什么,其实这个词的英文是“oriented”,也许翻译做“从…出发”会更贴切一些。面向对象是我们看待世界的一种方式,我们把世界看作是由对象组成的,这就是面向对象思想的基本含义。也许你会觉得奇怪,难道世界不是由各种各样的东西组成的么?因为的确存在不同的看待世界的方式,比如面向过程的方式就把世界看作是一个接一个的动作的组合。

面向对象的思考方式是这样一种思考方式:我们首先专注于分析对象,找出问题领域中的对象,然后描述它们的属性、它们之间的联系和互动关系。

我们来看上课这件事情,我们发现教室里有一个教师和很多学生,这些就是对象;学生通过注册选课来表明对这门课感兴趣,这就是教师与学生的联系;教师的讲课就是不断地发出消息,被学生接收到,并改变了学生的属性——知识的内容;同时学生的反应又影响了教师的讲课过程,这些就是对象之间的互动关系。如果我们像这样来看上课这件事情,这就是面向对象的方式。

我们也可以以另外一种方式来看待上课,我们发现首先是教师走进教室,然后教师开始讲课,讲了一句又一句,最后时间到了,下课了。这样来看待上课,这就是面向过程的方式。

我们写程序的目的,是为了解决现实世界中的问题。因此我们需要把现实世界的问题,在计算机中表达出来,这种表达,叫做映射(Mapping)。面向对象的映射方式,能让我们在计算机中重建一个与现实世界一模一样的模型,用现实世界的语言,用要解决的问题本身的语言来描述这个问题领域。这是面向对象程序设计的最大的优点。

一个运行着的面向对象的程序,可以看作是一个对象空间——存在着很多对象的空间,对象在这个对象空间里互相交互,就像在现实空间中一样。

对象和对象之间交互的方式是消息,对象执行动作来响应消息,一个对象所有可以执行的动作方法的集合就是它的界面。不同的对象的界面是不同的,而如果两个对象的界面相同，我们就认为它们属于同一个种类。在面向对象程序设计中，种类就被称作“类”。

1.3.3 类

类就是对对象的概括和总结，类是定义，而对象就是依据这个定义制造出来的实体。所以我们总是可以说，某个对象是属于某个类的对象。比如张三是一名学生，这里张三是对象，而学生是张三这个对象所属的类，那么我们就可以说：张三是学生。类和对象的关系，总是可以体现为这样的“是”的关系。

在程序运行中，对象空间里只有对象，没有类，因为类不是实体。而当我们书写程序的时候，我们是在写类的定义。运行程序的时候，根据类的定义动态地制造出对象来，由对象之间的消息交互来形成程序的执行结果。

任何一个对象都可以被看作由两部分组成：数据和对这些数据的操作。而类是制造对象的依据，所以在类的定义里面就是要规定这个类的对象具有什么样的属性和能对这些数据做什么样的操作，或者说能接受什么样的消息。

任何对象必定属于某个类型。属于同一个类的对象，可以响应相同的消息，执行相同的操作。或者，反过来说，如果两个对象能够响应相同的消息，我们就认为它们属于同一个类型。比如一支铅笔和一支钢笔，尽管它们有很大的不同，但是它们都可以用来写字，根据这一点，我们可以断定它们都属于同一个类型：笔。

1.4 面向对象程序设计的原则

1.4.1 封 装

对象通常把自己的属性的值保护起来，不让其他对象随便接触或改变。其他对象应该试图通过传递消息给那个对象，请它自己做出动作来改变属性的值。这是面向对象思想最重要的原则之一：封装。

封装的定义是，把数据和对这些数据的操作放在一起。更严苛的定义是，用这些操作把数据隐藏起来，外界只能看见操作，而看不见数据。

对于初学者来说，封装是最基本和最简单的概念，但是也是最容易出错的概念。很多人把封装理解为包装，事实上，封装的英文是“encapsulation”而不是“package”。也就是说，并不是简单地把东西包在一起就算是封装了。初学者最容易犯的错误就是把数据放在一起包起来就算对象了，一点相关的操作都没有，于是所有的数据都必须公开给外面访问，这就违反了封装的基本原则。

封装的基本原则是要把对象的内部和界面分隔开来。对象内部的数据和内部操作被隐藏起来，公开的只是可以对外的操作，这些公开的部分被叫做对象的界面。这样，外界只能通过发消息给界面来要求对象做什么，而不能直接操纵对象内部的数据。

在面向对象程序设计的世界里，我们可以把所有的程序员分成两类：一类是编写类的创建者，另一类是利用别人写的类来写自己程序的使用者。创建者当然希望使用者不能接触到他所设计的类的内部。比如灯泡里的灯丝，所以他要设计一个玻璃球来保护内部的灯丝，只留出灯头上的触点作为与外界交流的途径。这样，使用者就不能随心所欲地直接操纵内部的灯丝来做出违背创建者设计初衷的动作。不仅如此，这个封闭的接口还提供了一个功能，使得创建者可以随心所欲地改变灯头后面的内部结构，只要保持灯头不变，内部实现的细节对使用者是秘密的和可变的。这给了创建者很大的空间来进行进一步的发展和创造，同时又不会影响使用者的利益，这就是封装的意义所在。

1.4.2 组 合

任何一个对象都是由其他对象组成的。比如一个灯泡由玻璃球、灯头和灯丝组成，一个人由皮肤、骨骼和各种内脏器官组成。用已经存在的对象来组成新的对象，就叫做组合。

组合是最基本的对象重用手段，广泛存在于现实世界中，也是程序设计中代码重用的重要方法。

现实世界的物质也许是无限可分的，分子、原子、电子、夸克，随着物理科学的进步，总有可以继续分下去的可能。但是在程序设计里，组成对象的对象不断拆分下去，必须要有个不能再被拆分的时候。不能再被拆分的、用来构成对象的东西，叫做基本元素(Primitive)。任何面向对象程序设计语言都定义了一些基本元素，用这些基本元素构成对象，直至组成出所有的对象。

1.4.3 继 承

继承是另外一种代码重用手段。继承的意思是，拿一个已经存在的类的定义，在这个定义的基础上，定义一个新的类。这个新的类被叫做子类，而那个已经存在的类就叫做父类，因此我们就说这个子类继承了它的父类。

子类继承父类，子类就得到了父类全部的定义。也就是说，父类所定义的数据和操作在子类中全部都存在，如图 1.10 所示的类的家族图。父类 Shape 中定义了两个操作 draw()和 erase()，那么它的三个子类 Circle、Square 和 Line 就都具有这两个操作 draw()和 erase()。

子类如果只是继承，那么子类和父类就没有任何区别，但是实际上，我们定义新的子类，是因为要对父类的定义作出某些修改。修改有两种，一种是维持不变的界面，但是改变界面内的操作行为；另一种是增加新的操作。

不管是哪一种修改，我们发现，原先可以要求父类的对象做的操作，现在也全部可以要求子类的对象做。换句话说，子类的对象具有父类的对象的界面。所以，父类和子类的对象之间存在这样一种关系，即子类的对象总是可以被看作是父类的对象。就好像苹果

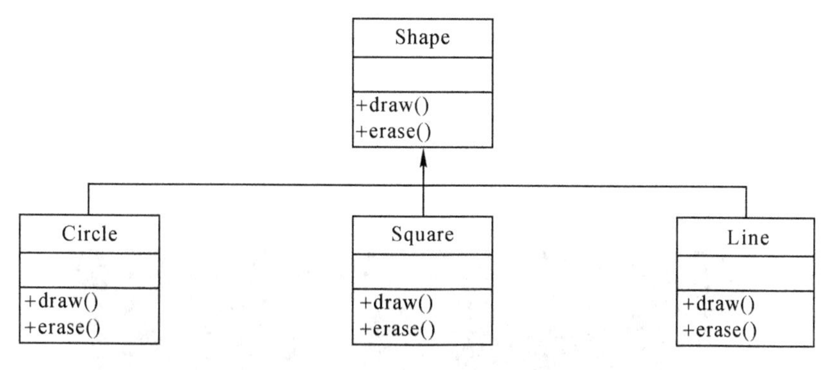

图1.10 Shape及其子类

是一种水果，因此任何一个苹果都可以被看作是一个水果。

把子类的对象当作父类来看待，就是 up casting(向上类型转换)。

1.4.4 多态性

一旦一个子类的对象被当作父类的对象来看待了，就可能会要求它执行它的父类对象所能执行的操作。这当然没有问题，因为子类从父类继承得到了那些操作。但是子类可能修改过这些操作具体的动作。于是，子类的对象做出了它自己的动作，而不是父类的对象所做的动作。就像图1.10中的各种 Shapes，显然 Circle、Square 和 Line 有其自己各自不同的 draw()，唯一的共同点是它们都是 draw()。一旦你得到一个 Circle 的对象，并把它看作是 Shape 的对象，从而要求它执行 draw()时，这个对象做的当然是 Circle 的 draw()操作。这个现象就是多态性(Polymorphism)。多态性很难被简单地定义，但是可以用下面的场景解释清楚。

任何时候你得到一个 Shape 类及其子类的对象，你不需要知道究竟是什么类的对象，总之是 Shape 类及其子类的对象，因此你可以确信这个对象一定可以执行 draw()操作，于是你就要求这个对象做 draw()操作，至于执行的细节，就留给那个对象自己去做吧。

说到这里都是一些枯燥的概念，下面让我们来看看实际的 Java 程序。

1.5 第一个 Java 程序

1.5.1 在终端中运行的 Java 程序

[程序1-1] HelloWorld.java

```
// HelloWorld.java
```

```
public class HelloWorld {
    public static void main(String[] args) {
        System.out.println("Hello World");
    }
}
```

程序编译和运行时的屏幕如图1.11所示。

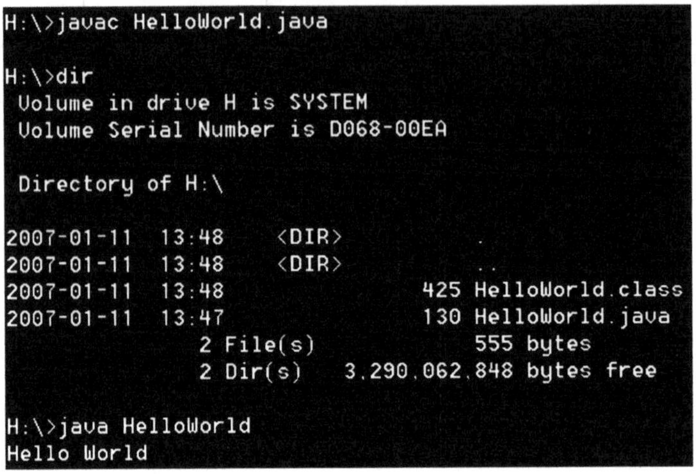

```
H:\>javac HelloWorld.java

H:\>dir
 Volume in drive H is SYSTEM
 Volume Serial Number is D068-00EA

 Directory of H:\

2007-01-11  13:48    <DIR>          .
2007-01-11  13:48    <DIR>          ..
2007-01-11  13:48               425 HelloWorld.class
2007-01-11  13:47               130 HelloWorld.java
               2 File(s)            555 bytes
               2 Dir(s)   3,290,062,848 bytes free

H:\>java HelloWorld
Hello World
```

图1.11 HelloWorld.java编译运行时的屏幕

在这个程序中，public class表明定义一个类，这个类的名字是HelloWorld，之后的{}里，就是这个类的内容，或者说成员。

```
public static void main(String[] args)
```

就是这个类的方法，之后的{}里，就是这个方法要执行的语句。这个方法里只有一条语句：

```
System.out.println("Hello World");
```

暂时不需要理解这句话，总之System.out.println()会把()里的用""括起来的内容原样不动地输出在终端控制台上。

为了运行这个程序，首先需要下载和安装JavaSDK，在http://www.oracle.com/technetwork/cn/java/index.html网站可以下载到最新的J2SDK。在Windows系统中安装完成后，JavaSDK安装在C盘的Program Files目录下。在那里，你会发现一个Java目录，而在其中会有一个目录名类似jdk1.7.0_09。具体的数字代表的是JavaSDK的版本，可能与此不完全相同。需在Windows的环境变量PATH中增加以下路径：C:\Program Files\Java\jdk1.7.0_09\bin。如何设置Windows的环境变量请参考Windows的书籍。

然后需要一个文本编辑器来编辑这个程序。读者也许学过其他的程序设计语言，已经习惯了用集成开发环境IDE来编写、编译和运行程序，但是对于学习Java，练习自己输入命令来编译运行程序很有好处。Windows自带的文本编辑器是记事本，在记事本中输入上面的程序，并注意大小写。Java和C/C++一样，是大小写敏感的语言。保存文件的时候要千万注意，先要选择文件类型为任意文件，而不是文本文件。保存的文件名必须是HelloWorld.java，一个字母都不能错，也不能有大小写错误。

之后，运行cmd进入Windows的终端。也许这个黑色的小窗口之前被你叫做DOS窗口或者命令行窗口，然而，本书按照Unix的习惯称之为终端(Terminal Console)。进入到保存HelloWorld.java所在的目录，输入如下命令：

```
javac HelloWorld.java
```

javac是Java程序的编译器，它读入一个Java语言源程序文件(.java)，编译它，产生对应的字节码文件(.class)。所以javac的参数是一个文件名。这条命令运行结束后，应该什么结果都看不到。不过，如果列一下目录(dir)，会发现多了一个文件：HelloWorld.class。这就是编译的结果——那个字节码文件。

输入以下命令来运行HelloWorld：

```
java HelloWorld
```

注意：此时HelloWorld后面没有后缀。

java就是JVM虚拟机，它装载一个有main()函数的类——Hello World，从Hello World开始运行程序，所以java的参数是一个类名，而非文件名。

1.5.2 在网页中运行的Java程序

[程序1-2] HelloApplet.java

```
// HelloApplet.java

import javax.swing.*;
import java.awt.*;

public class HelloApplet extends JApplet {
    public void paint(Graphics g) {
        g.drawString("Hello World",10,10);
    }
}

// <applet code=HelloApplet width=200 height=40></applet>
```

这个程序看起来比上一个复杂了不少。首先开头两行的import是告诉编译器，程序要用到与Swing和AWT有关的东西。第4行我们定义了一个名为HelloApplet的新类，extends表示这个HelloApplet类是一种JApplet。JApplet是Java系统类库中作Applet的类。第5行定义的paint()方法有一个参数作为输入，得到一个Graphics类型的g。一旦这个Applet被显示，该paint()方法就会被调用，而这个g就是我们用来做显示的那块区域。我们让这个g做drwaString()的动作，就能在Applet上显示出Hello World。

运行这个 Applet 前必须先编译 HelloApplet.java，以得到 HelloApplet.class。之后，我们用以下的命令来运行它：

```
appletviewer HelloApplet.java
```

与终端程序不同，Applet 是需要在 HTML 页面中运行的，所以 appletviewer 的参数应该是一个.html 文件。但是为了调试程序的方便，我们往往在源程序文件最后加上一句注释。在注释中放一条 HTML 的 Applet 标记，这样就可以让 appletviewer 读入源程序来启动 Applet 了。详细的 Applet 编写和运行方法，我们会在后面的章节中仔细介绍。

图 1.12 演示了 HelloApplet.java 编译和运行时的界面。

图 1.12　HelloApplet.java 编译运行时的屏幕

在看过两个最简单的 Java 程序之后，读者可以尝试在程序中做点小改动，如改变输出的内容等，从而进一步体验 Java 程序。

思考题与习题

1. PC 机能直接运行 Java 程序么？
2. 使用什么命令来编译 Java 程序，什么命令来运行编译后的结果？
3. 列举一些生活中的例子，说明什么是封装、什么是接口。
4. 对象是如何相互作用的？
5. 什么是类？类与对象是什么关系？
6. System.out.println()执行什么操作？

第 2 章

定义自己的类

运行着的程序是一个对象空间，里面有一个个的对象，互相发送着消息。对象是由类定义的，因此我们“写”下的程序，就是一些类的定义。

本章主要内容：

- 类的定义与名字
- 类的方法成员
- 变量
- 运算符与表达式

2.1 类的定义

Java 的源程序文件，是以.java 结尾的文本文件。在源程序文件中，写的是类的定义。定义一个类，要像下面这样写：

```
class AClassName {
}
```

class 是一个关键字，关键字又被叫做保留字，是 Java 语言所规定的语言成分，当我们自己起名字的时候，是不可以使用这些关键字的。class 这个关键字，表示我们要开始定义一个类。AClassName 是我们要定义的类的名字，当然，在定义自己的类的时候，应该换成用户自己起的名字。

2.2 名 字

起名字是件重要的事情，中国人尤其讲究。在程序设计中，名字也是非常重要的成分。名字应该准确反映要表达的事物，不仅如此，Java 语言对于名字还有特殊的规定。

根据《Java 语言规范》(*Java Language Specification*)的定义:“一个名字(identifier)是一个由 Java 字母和 Java 数字组成的无限长的序列,第一个符号必须是 Java 字母。”

Java 用 Unicode 来记录文字,Unicode 试图表达世界上已知的所有的文字,当然包括英文和中文。Java 字母就是指所有 Unicode 中的字母,包括大小写英文字母和汉字,由于历史的原因,也包括下划线_和美元符号 $;而 Java 数字是指 0~9 这 10 个数字。

所以,像下面这些,都是可能的 Java 名字:

```
WhiteBoardMarker
student12
_init
```

后面我们还会看到,Java 名字不仅用来定义类,还可以用来定义变量和方法。

下面列出的这些单词,是 Java 语言的保留字,这些单词不能用来做类、变量或者方法的名字:

abstract continue for new switch assert default if package synchronized boolean do goto private this break double implements protected throw byte else import public throws case enum instanceof return transient catch extends int short try char final interface static void class finally long strictfp volatile const float native super while null true false

定义类的时候跟在类名字后面的一对大括号,就表示在这对括号里面的内容是这个类的成员。Java 类的成员可以有数据成员和方法成员,还可以有类成员。我们先来看方法成员。

2.3 类的方法成员

Java 的方法必须定义在类的内部,成为类的成员。定义一个方法,要用这样的格式编写:

```
<返回类型> <方法名称>(<参数表>){
    <方法体>
}
```

返回类型是这个方法运行结束时要返回给调用者的数据的类型,方法可以返回基本数据类型、对象或者 void。返回 void 表示这个方法不返回任何值。方法名称是一个 Java 名字,一样要遵循前面所讲的命名规则。参数表可以是 0 个、1 个或多个参数定义,用逗号分隔。

所以我们在之前的程序 1-1 里的 main(),就是一个类中的方法成员,它的返回类型是 void,表明它不返回任何值,参数表是

```
String[] args
```

这表示它有一个参数,参数的名字是 args,而类型是 String 数组。这个方法的定义前面还有两个关键字:public 和 static。public 表示这个方法可以被任何人访问,所以我们可以从这个类的外部启动这个方法;而 static 表示这个方法属于这个类,而不属于这个类的

任何对象，因此我们才可以不制造这个类的对象，而直接从外部启动它。

在方法体里，就是这个方法要执行的语句。比如：

```
System.out.println("Hello World");
```

就是一条语句，而下面的一条语句调用 System 类的 out 数据成员执行 println 的操作，在控制台的标准输出打印输出一句

```
Hello World
```

任何语句都必须以分号"；"结尾。

当一个方法被调用时，程序就转到这个方法中去运行，方法体里的语句就一条一条地被调用。一旦方法运行结束，就又回到调用它的地方去继续运行。下面的程序定义了两个方法。

[程序 2-1] GoodMorning.java

```
// GoodMorning.java
class GoodMorning {
    public static void main(String[] args) {
        System.out.print("Hello");
        sayMorning();
        System.out.println("World");
    }
    public static void sayMorning() {
        System.out.print("Morning,");
    }
}
```

程序运行结果为：

```
Hello Morning, World
```

main()方法中有三条语句，第一条是我们熟悉的打印输出，第二条语句调用了另一个方法 sayMorning()。main()是 Java 程序的启动方法，我们启动这个程序，进入 main()方法，在输出了一句"Hello"之后，它用这句：

```
sayMorning()
```

调用 sayMorning()方法。在 sayMorning()方法中输出了一句"Morning"，然后 sayMorning()的运行就结束了，程序回到了 main()，继续执行调用 sayMorning()的下面一条语句，于是"World"被打印输出了。

方法的参数表表示调用这个方法时可以传递给方法的值，这些值在这个方法内，就成为参数表中所定义的变量，比如 main()中的 args 就是一个变量。

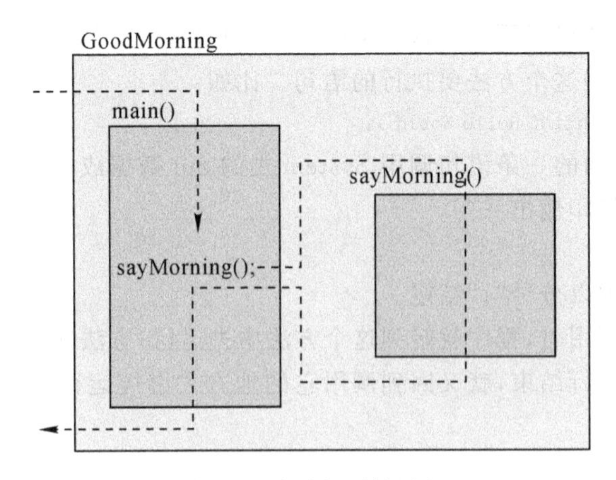

图 2.1 方法调用的过程

2.4 变 量

变量是程序中存放数据的地方，变量的定义语句就是用来在程序中为一定类型的数据分配一块适当大小的空间，并且给这个空间起个名字。当然，这个名字也要遵循前面讲过的 Java 起名的原则。

我们可以把变量想象成一个抽屉，抽屉有大小之分，因此能放进去的东西不一样，比如大抽屉可以放进一本大相册，而小抽屉也许就只能放一个小信封了。抽屉外面可以编号，但是更好的办法是给它们起上名字贴上标签，就像中药铺的药材抽屉一样。比如一个整数型的变量 fingers，就可以想象成一个格子，里面存放的是整数 5（如图 2.2 所示）。

图 2.2 一个整数型的变量

为了使用一个变量，我们需要事先定义。一个变量的定义语句由一个类型名和跟在后面的变量的列表组成，而每一个变量都可以跟着一个初始值。下面就是一些变量定义的例子：

```
int count;
double d1, d2=3.1416, d3;
char letter = 'A', digit ='7';
```

上面的 int、double 和 char 都是数据类型。

2.4.1 基本数据类型

人是由器官构成的，器官是由组织构成的，组织是由细胞构成的，细胞是由分子构成的，分子是由原子构成的，自然的世界总是可以不断细分下去。对象的世界也是如此，对象里面可以包含其他类的对象，其他类的对象又包含其他类的对象，不断细分下去，最终我们必须到一个不可再分的地方，否则程序就没法写出来了。这个不可再分的东西就是基本数据类型（如表 2.1 所示）。

表 2.1　基本数据类型

类型	关键字	值的范围
逻辑	boolean	false 或 true
字节	byte	$-128 \sim 127$
短整数	short	$-32768 \sim 32767$
整数	int	$-2^{31} \sim 2^{31}-1$
长整数	long	$-2^{63} \sim 2^{63}-1$
浮点数	float	大约 $\pm 3.4 \times 10^{38}$，7 位有效数字
双精度浮点数	double	大约 $\pm 1.7 \times 10^{308}$，15 位有效数字
字符	char	16 位 Unicode

1. 逻辑值

一个逻辑类型的变量只有两个可能的值：true 或 false，前者表示真，后者表示假。一个逻辑值通常用来表达一个特定的条件是否成立（为真），也可以用来表达任何具有二值逻辑的事情，比如灯泡是亮的还是灭的。

2. 整数和浮点数

Java 有两种基本的数值类型：整数和浮点数。整数没有小数部分，而浮点数可以有小数部分，但是可能不能精确表达数值。整数有 4 种类型：字节、短整数、整数和长整数；浮点数有两种类型：（单精度）浮点数和双精度浮点数。

不同的数值类型占用不同大小的内存，所能表达的值的范围也不同。而每种数据类型所占用的内存大小在不同的机器上是相同的，这是 Java 跨平台特性的重要基础之一。所有的数值类型都是“有符号”的，这意味着它们都可以表示负数、0 和正数。

尽管 float 已经可以表达比较大的数，但是它只有 7 位有效数字的精度，所以假如需要表达一定的精度，比如 50381.2037，尽管在 float 的范围内，但是有 9 位有效数字，我们仍然需要用 double 来表达，否则在 float 里，这个数只被表示为 5.038120×10^4，最后的两位数字被丢掉了。

当需要用到数值常数的时候，Java 有如下几条缺省规则：

（1）一个整数常数被当作是 int 类型，不管实际数值有多大；

（2）一个整数常数后面加上字母“L”表示长整数，如 12343L；

（3）一个带有小数点的数（浮点数）被当作是 double 类型，不管实际数值有多大；

（4）一个浮点数以 F 结尾表示是一个 float 类型，如 12.0F；

（5）一个浮点数可以用科学计数法来表达，如 1.23E23，2.231E-2。

下面是一些数值类型赋值的例子：

```
int answer = 24;
byte bt1, bn2;
long count = 123123123L;
float radius = 0.23F;
double alpha = 2.1231231E03;
```

3. 字符

字符也是Java中基础的数据类型之一，Java采用16位的Unicode表达字符，在所有的机器上，不论CPU、操作系统和本地语言是否有差异，字符类型是一致和统一的。

一个字符的常量是用单引号包围起来的一个字符，如'a'、'*'、'好'。一个汉字也是一个Unicode的字符，所以也是Java的一个字符。

4. 字符串

字符串不是Java的基本数据类型，Java用一个类String来表达字符串。但是字符串常量我们已经遇到好几次了，那就是出现在System.out.println()中用双引号""包围起来的内容。

一个字符串常量就是由一串字符组成的。字符"\"有特殊的用处，这个"\"叫做"逃逸"字符。逃逸字符用来表达容易混淆的字符，比如，双引号用来表示字符串的开始和结束，如果在字符串中间要出现双引号怎么办呢？这时候就可以用"\""来表示双引号，比如语句：

```
System.out.println("这里有个双引号\",没问题");
```

运行后就会打印出：

```
"这里有个双引号",没问题
```

表2.2列出了常见的逃逸字符：

表2.2 逃逸字符

逃逸字符	意　义
\b	后退一个字符
\t	到下一个制表定位处
\n	换行
\r	回车
\"	双引号
\'	单引号
\\	反斜杠本身

2.4.2 方法的本地变量

如果把一个变量定义在方法内部，这个变量就被称作本地变量，方法参数表中的变量和定义在方法内的本地变量是一样的。

本地变量又被叫做自动变量，这是因为本地变量有个作用域的问题。本地变量只在定义这个变量的语句所在的方法内有效，在程序运行进入这个方法之前，这里的本地变量根本就不存在；一旦进入这个方法，这里的本地变量就自动获得内存空间；而在离开这个方法之后，这里的本地变量也自动消失了。本地变量随着方法的进入和离开自动地产生和消失，因此被叫做自动变量。本地变量的这个特性也意味着不同的方法内部，可以有相同名字的本地变量，它们不会互相冲突。

下面的程序有两个方法，各自定义了自己的本地变量 i，但是显然是不同的 i，有不同的值。

[程序 2-2]　Body. java

```
// Body.java
public class Body {
    public static void hands() {
        int i=2;
        System.out.println("I have"+i+"hands.");
    }
    public static void main(String[] args) {
        int i=10;
        hands();
        System.out.println("I have"+i+"fingers.");
    }
}
```

程序运行结果为：

```
I have 2 hands.
I have 10 fingers.
```

本地变量必须在使用之前赋值，否则变量内会随机地产生不确定的值。为了避免随机值的出现，通常我们在定义本地变量的时候同时就给它一个初始值。如果用户编写的程序忘了在第一次使用一个本地变量之前给它赋值，Java 的编译器会发现这个问题，并将它判定为一个程序错误，拒绝产生编译结果。

2.4.3　类的成员变量

类的数据成员，就是将来由这个类产生的对象的属性，也有的地方把它们叫做成员变量或者字段。而不管叫什么，实际上指的是同一个意思。因为对象的属性最终表现为数据的形式，所以我们在类里面就需要定义这个类的对象所具有的属性，也就是数据。

我们来看下面这个程序：

[程序 2-3]　Fingers. java

```
// Fingers.java
```

```
public class Fingers {
    static int fingers = 5;
    public static void main(String[] args) {
        System.out.println("A hand has"+fingers+"fingers.");
    }
}
```

程序运行结果为：

```
A hand has 5 fingers.
```

上面这个程序定义了一个类 Fingers，紧跟着 class 的那行

```
int fingers=5;
```

定义了一个类的成员变量，类型是 int，名字是 fingers，初始值是 5。接着，在 main()方法里，我们就可以使用这个变量，输出：

```
A hand has 5 fingers.
```

与本地变量不同的是，如果我们没有给 fingers 初始值，那么它将得到一个 0 值作为初始值。

2.5 运算符与表达式

一个表达式是一系列运算符和算子的组合，用来计算一个值。Java 中表达式的含义相当广泛，不仅仅是进行传统数学意义上的数值计算，逻辑、字符、字符串以及任何类型的赋值，都是表达式的一种。

运算符是指进行运算的动作，比如加法运算符“+”，减法运算符“-”。算子是指参与运算的值，这个值可能是常数，也可能是变量，还可能是一个方法的返回值。如何进行表达式计算是程序设计中最为基础的。

2.5.1 赋值表达式

当我们要改变一个变量的值的时候，我们就要用到赋值表达式。比如：

```
int sides = 4;
sides = 7;
sides = sides+5;
```

第一行我们定义了一个整数变量 sides，并初始化为 4；第二行我们赋给这个变量一个新的值 7；第三行我们进行了一次运算，将 sides 变量的值取出来加上 5，再赋给 sides 变量。最后，sides 的值是 12。

第一行是一个变量定义和初始化，第二行是一个赋值。尽管看上去差不多，都用到了“=”，都是变量在“=”左边，数值在右边，结果都是把“=”右边的值给了左边的变量，但是在 Java 程序中，这是两件截然不同的事情。从初学开始，就要能把这两者——初始化和

赋值区分得非常清楚。

sides=7 是一个赋值表达式，有时候也称作赋值语句，因为它的作用就是把“=”右边的值赋给左边的变量。

2.5.2 算术运算

Java 具有通常高级语言都有的四则运算的 4 个运算符：+、-、*、/，分别代表加、减、乘、除，他们的算术意义和数学上的四则运算完全相同。Java 还具有一个特别的运算符：%，意义为取模，或者说取余，用来计算第一个算子除以第二个算子之后的余数，比如 17%4 得到 1，16%4 得到 0，而-20%3 得到-2。

如果参与运算的两个算子都是浮点数，那么结果也是一个浮点数；当然如果两个算子都是整数，结果自然也是整数。要特别留意的是除法“/”：两个整数的除法结果是一个整数，也就是除法结果的整数部分，所以 5/2 的结果是 2。

而一旦参与运算的两个算子中有一个是浮点数，情况就不一样了。那个整数会首先被自动转化为浮点数，然后两个浮点数进行运算，最后的结果也是一个浮点数，假如计算 5/2.0，因为其中 2.0 是一个浮点数，于是结果就成了 2.5。

1. 运算符优先级

运算符可以组合起来实现复杂的计算。比如：

```
result = 14+8/2;
```

“=”右边的算式首先要得到计算，然后结果被赋给左边的变量 result。显而易见的是，这个算式一定会按照算术上的意义得到计算，也就是说，首先是 8÷2 得到 4，然后加上 14 得到 18。

当然算术上的括号( )在 Java 的算式中也是可以使用的，比如：

```
result = (14+8)/2;
```

结果当然是 22÷2=11。

表 2.3 列出了算术运算符的优先级。

表 2.3 算术运算优先级

优先级	运算符	运算	结合关系
1	-	单目的-	从右到左
2	* / %	乘 除 取余	从左到右
3	+ -	加 减	从左到右
4	=	赋值	从右到左

优先级的数字越小，优先级越高，越先被计算。结合关系的意思是说，当出现几个同优先级的运算符的时候，按照从左到右还是从右到左的顺序进行计算。比如：

```
result = 3 * 6 * 2;
```

则我们从左到右，先算 3×6 得到 18，再算 18×2=36。如果看这个式子，我们会觉得无所谓左到右还是右到左。那么，看下面这个式子：

```
result = 2;
result = (result=result * 2) * 6 * (result=3+result);
```

你可能觉得奇怪，result=3 * 2 不是一个赋值表达式么。对啊，既然是个表达式，就说明有结果，赋值表达式具有双重作用，一方面把 3 * 2 的结果赋给了变量 result；另一方面，这个赋值以后的结果 6，又作为赋值表达式的值，参与整个表达式的计算。

这个时候，从左到右还是从右到左就不一样了。如果从右到左，那么 result 先得到 5，然后 6×5 得到 30，再计算 5×2 得到 10，与 30 相乘，结果为 300；而从左到右，则 result 先得到 4，4×6 得到 24，后面那个赋值这时候则结果是 7，24×7 得到 148。

下面我们来看一个复杂一点程序，这个程序能将中国人使用的摄氏温度计算成美国人使用的华氏温度。使用的公式是：

华氏= 9×摄氏÷5+32

[程序 2-4] TempConv.java

```
// TempConv.java
public class TempConv {
    public static void main(String[] args) {
        int base = 32;
        double factor = 9.0/5.0;
        int celsius = 22;
        double fahrenheit = celsius * factor + base;
        System.out.println("摄氏温度:"+ celsius);
        System.out.println("华氏温度:"+ fahrenheit);
    }
}
```

程序运行结果为：

```
摄氏温度：22
华氏温度：71.6
```

尽管开始计算用的摄氏温度 22 是一个整数，最后的结果华氏温度也是一个整数，但是为了正确地计算分数，过程中使用了双精度浮点数变量 factor。我们在这个程序的字符串里面使用了汉字，Java 是支持多国文字的编程语言，所以在字符串中使用汉字没有任何问题。

2. ++和--

++和--是两个很特殊的运算符，它们是单目运算符，意思是它们只有一个算子，而且必须是变量。他们的作用就是给这个变量加 1 或者减 1。比如：

```
count++;
```

就等同于

```
count = count+1;
```

++和--可以放在变量的前面，也可以放在变量的后面。前后的区别是很有趣的，前面讲过赋值表达式“=”本身有值，可以参与运算，++和--也是这样。

a++的值是a做自加以前的值，而++a的值是a做自加以后的值，但是无论怎样，a自己的值都加1了。

考虑这样的式子：

```
a = 14;
t1 = a++;
t2 = ++a;
```

第一行把14赋给了a。第二行把a的值加到了15，同时把a+1以前的值14赋给了t1。第三行继续把a的值加到了16，并且把a+1以后的值，也就是16赋给了t2。最后，a=16，t1=14，而t2=16。

3. 累计赋值

5个算术运算符，+，-，*，/，%，可以和赋值运算符=结合起来，形成累计赋值运算符：+=，-=，*=，/=和%=，注意两个运算符中间不要有空格。比如：

```
total += 5;
```

意思是：

```
total = total+5;
```

累计赋值运算符的右边当然也可以是完整而复杂的表达式，比如：

```
total += (sum+100)/2;
```

这相当于：

```
total = total + (sum+100)/2;
```

当出现计算顺序问题时，总是要记住：=右边的表达式要先计算，然后再和左边的变量进行计算。比如：

```
total *= sum+12;
```

等价于：

```
total = total*(sum+12);
```

当出现/=和%=时，左边的变量是做除数的，比如：

```
total /= 12+6;
```

的意思是：

```
total = total / (12+6);
```

后面我们会看到，所有的有两个算子的运算符都可以和=结合形成累计赋值运算符。

2.5.3　类型转换

前面我们提到过，当有整数和浮点数一起运算时，整数会先被自动转换为浮点数，然后再进行计算。在各个数据类型之间，存在一种类型转换关系。自动转换只会在一个方向上进行，即从小到大。表2.4列出了各种类型可能被自动转换成的类型。

表 2.4 自动类型转换规则

从	转换到
byte	short，int，long，float，double
short	int，long，float，double
char	int，long，float，double
int	long，float，double
long	float，double
float	double

上表所示方向的转换是自动进行的，但是假如我们需要反方向进行呢？比如通过浮点数计算得到了一个除数，就需要将浮点数转换回整数。我们可以使用类型转换运算符来进行强制类型转换。就像这样：

```
int a= (int) 5.0;
```

把一个类型名称放在括号中，然后将该括号放在要转换的值前面，就成了类型转换运算符。这种类型转换也不是随意进行的，表 2.5 列出了各种类型可以强制转换成的类型。

表 2.5 强制类型转换规则

从	转换到
byte	char
short	char，byte
char	byte，short
int	byte，short，char
long	byte，short，char，int
float	byte，short，char，int，long
double	byte，short，char，int，long，float

2.5.4 关系运算和逻辑运算

表 2.6 列出了 Java 的 6 个关系运算符，它们用来比较两个数值的大小，得出的结果是个逻辑量 boolean，即 true 或者 false。

表 2.6 关系运算符

运算符	意 义
==	相等
!=	不相等
<	小于
<=	小于或等于
>	大于
>=	大于或等于

比如：

```
boolean b = 5==3;
boolean c = 5>3;
boolean d = 5<=3;
```

则 b、c、d 的值依次为 false、true 和 false。

除了相等和不相等，进行关系运算时，运算符两边的数据类型必须是数值类型，而不能是逻辑类型。

表 2.7 给出了 Java 的三个逻辑运算符。

表 2.7 逻辑运算符

运算符	描述	样例	结果
!	逻辑非	!a	如果 a 是 true，结果为 false；如果 a 是 false，结果为 true
&&	逻辑与	a && b	如果 a 和 b 都是 true，结果为 true；否则为 false
||	逻辑或	a || b	如果 a 和 b 有一个是 true，结果为 true；两个都是 false，结果为 false

逻辑运算符的两个算子，必须为逻辑类型的值，比如比较运算的结果、逻辑类型变量、或 true/false 常量；运算的结果，自然也是逻辑类型的量 true 或者 false。

表 2.8 和 2.9 两个真值表，进一步说明三个逻辑运算符的作用。

表 2.8 ! 的真值表

a	!a
false	True
true	false

表 2.9 && 和 || 的真值表

a	b	a&&b	a || b
false	false	false	false
false	true	false	true
true	false	false	true
true	true	true	true

思考题与习题

一、概念思考题

1. Java 对变量命名有些什么规定？

2. Java 有哪些数据类型？哪些类型被称做整数类型？

二、程序理解题

1. 以下语句的输出结果是什么？

```
System.out.println("34 + 30 = "+34+30);
```

2.经过以下一系列运算以后,整数变量 count 的值是多少?

```
count = 10;
count *= count+2;
count /= 100;
cout++;
```

3.给定以下的变量定义和初始化值,写出每一个表达式的结果。

```
int res, n1 = 12, n2 = 24, n3 = 16, n4 = 3;
double d, v1 = 10.0, v2 = 3.1416;
res = n1 / n4;
d = n1 / n4;
res = n3 / n4;
d = n3 / n4;
d = v1 / n4;
d = v1 / v2;
res = n1 / n2;
d = (double)n1 / n2;
d = n1 / (double)n2;
d = (double)(n1/n2);
```

第 3 章

程序流程

本章主要内容：

- if 语句
- switch 语句
- 循环语句
- 循环嵌套与无穷循环
- break 和 continue
- 注释语句

3.1 if 语句

3.1.1 基本 if 语句

一个基本的 if 语句由一个关键字 if 开头，后跟一个在括号里表示条件的逻辑表达式，最后是一条语句。如果表示条件的逻辑表达式的结果为 true，那么就执行后面跟着的这条语句，否则就跳过这条语句，而继续执行下面的其他语句，如图 3.1 所示。

比如下面这条 if 语句：

```
if ( total > amount )
   total += amount+10;
```

如果 total 的值比 amount 的值大，那么 total+=amount+10；就会被执行；反之，这句就不会被执行，而直接跳到下一条语句。

if 语句这一行结束的时候并没有表示语句结束的“;”，而后面的赋值语句写在 if 的下一行，并且缩进了，在这一行结束的时候有一个表示语句结束的“;”。这表明这条赋值语句是 if 语句的一部分，if 语句拥有和控制这条赋值语句，决定它是否要被执行。这种换行缩进的写法对于阅读程序的其他程序员是非常有用的。上面这句语句可以被表示为如图 3.2 所示。

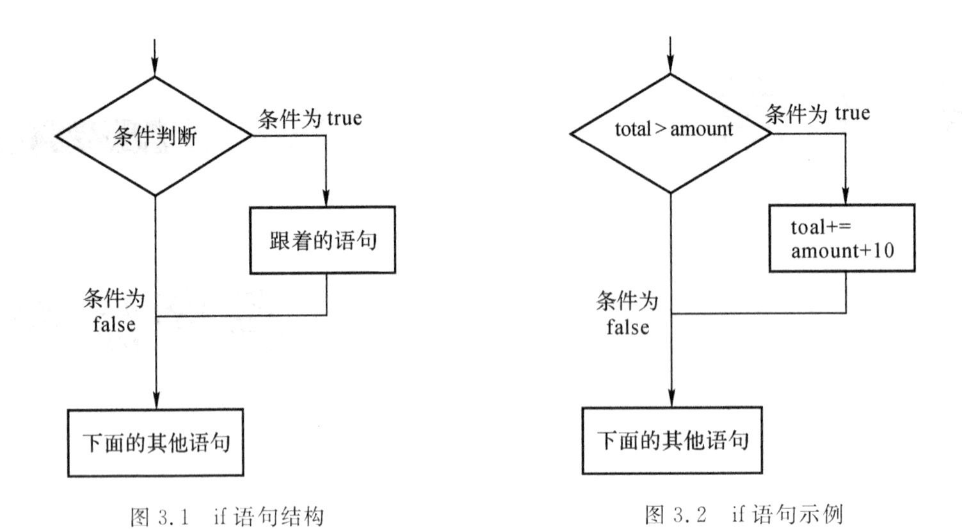

图 3.1 if 语句结构　　图 3.2 if 语句示例

下面的程序读入一个年龄，并根据年龄输出一些相应的语句。

[程序 3-1] Age.java

```
// Age.java
import java.util.Scanner;

public class Age {
    public static void main(String[] args) {
        int MINOR = 35;

        System.out.print("请输入你的年龄：");
        Scanner scan = new Scanner(System.in);

        int age = scan.nextInt();

        System.out.print("你的年龄是"+age);

        if ( age < MINOR )
          System.out.println("年轻是美好的.");

        System.out.println("年龄决定了你的精神世界，好好珍惜吧。");
    }
}
```

程序的一次运行结果如下：

```
请输入你的年龄：34
你的年龄是 34 年轻是美好的.
年龄决定了你的精神世界，好好珍惜吧。
```

其中 34 是用户输入的数据。

Scanner 是一个可以用来从键盘读入一个数字或用户输入的其他数据的类，这里我们用它来读入年龄。然后程序判断这个年龄是否小于 35 岁，假如用户输入的年龄小于 35 岁，程序输出“年轻是美好的”来祝贺你的年龄；而如果大于或等于 35 岁，则不输出这句话。不论年龄是否小于 35 岁，程序都会输出“年龄决定了你的精神世界，好好珍惜吧。”

3.1.2　if-else 语句

上面例子程序中的

```
System.out.println("年龄决定了你的精神世界，好好珍惜吧。");
```

不管条件是否成立都会被执行。有的时候我们希望在条件成立的时候做一件事情，而在条件不成立的时候做另外一件事情。我们可以在 if 语句后面跟上一个 else 子句，形成一个 if-else 语句。下面就是一个 if-else 的例子：

```
if ( height < MAX )
   growth = 10;
else
   growth = MAX-height;
```

如果条件满足，height 小于 MAX，那么 growth=10，否则 growth=MAX-height。两个赋值语句一次只有一条会被执行，哪条被执行取决于 height 和 MAX 的大小关系（如图 3.3 所示）。

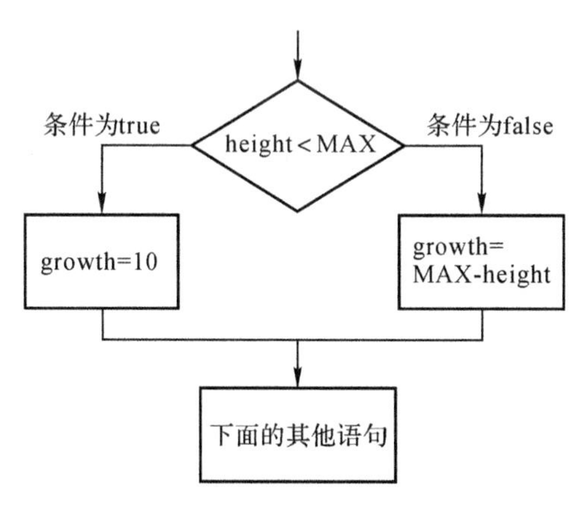

图 3.3　if-else 结构

下面的程序读入一个学生的一门课的分数，并根据分数大小输出一句话，表明这个成绩是及格了还是不及格，最后，不论成绩是否合格，都说“再见”。

[程序 3-2]　Score.java

```
//  Score.java
import java.util.Scanner;

public class Score {
```

```
    static int PASS=60;
    public static void main(String[] args) {
        Scanner scan = new Scanner(System.in);

        System.out.print("请输入成绩:");
        int score = scan.nextInt();
        System.out.println("你输入的成绩是"+score);

        if ( score < PASS )
            System.out.println("很遗憾,这个成绩没有及格。");
        else
            System.out.println("祝贺你,这个成绩及格了。");
        System.out.println("再见");
    }
}
```

程序的一次运行结果如下:

```
请输入成绩: 86
你输入的成绩是 86
祝贺你,这个成绩及格了。
再见
```

其中 86 是用户输入的数据。

3.1.3 语句块

在判定了执行条件之后,也许我们想做更多的事情,而不仅仅是一条语句。在 Java 中,我们可以用一个语句块来代替一条语句。一个语句块是用一对大括号括起来的一些语句,就像方法的体用一对大括号括起来一样。

我们把上面的学生成绩的程序改一下,最后的 else 子句用上语句块。

[程序 3-3] Score2.java

```
// Score2.java
import java.util.Scanner;

public class Score2 {
    static int PASS=60;
    public static void main(String[] args) {
        Scanner scan = new Scanner(System.in);

        System.out.print("请输入成绩:");
        int score = scan.nextInt();
        System.out.println("你输入的成绩是"+score);
```

```
        if ( score < PASS )
            System.out.println("很遗憾,这个成绩没有及格。");
        else {
            System.out.println("祝贺你,这个成绩及格了。");
            System.out.println("再见");
        }
    }
}
```

程序的一次运行结果如下：

```
请输入成绩:56
你输入的成绩是 56
很遗憾,这个成绩没有及格。
```

其中 56 是用户输入的数据。这样一来，

```
System.out.println("再见");
```

就成为 else 子句的一部分，如果 score<PASS，那么要执行的就是大括号括起来的所有的语句。换句话说，一个语句块可以被看作是一条语句。

假如我们不是用一对大括号括起那两条语句，而是像这样写：

```
else
    System.out.println("祝贺你,这个成绩及格了。");
    System.out.println("再见");
```

那么尽管表面看起来第二句

```
System.out.println("再见");
```

缩进排列在 else 的下面，但是实际上它是另外一条语句，与 else 子句没有任何关系。

语句块可以用在任何地方，比如 if 条件满足的时候也可以用语句块，像下面这样：

```
if ( count > 20 ) {
    count -= 10;
    System.out.println(count);
} else {
    count += 10;
    System.out.println(count);
}
```

语句块里可以声明变量，在语句块里声明的变量，其作用域只在这个语句块里，一旦离开这个语句块，变量就不存在了。

3.1.4　条件运算符

条件运算符有点像一条 if-else 语句，不过它是一个用来计算值的运算符。条件运算符是三元的，因为它需要三个值：条件、条件满足时的值和条件不满足时的值。下面是一个条件运算符的例子：

```
count = (count > 20) ? count -10 : count +10;
```

在“?”前面的是一个逻辑表达式，跟在“?”后面的是两个表达式，用“:”隔开，“:”前面一个是条件满足时的值，后面一个是条件不满足时的值。当 count>20 时，整个条件表达式的值就是 count－10，否则就是 count＋10。

很多时候条件运算符就像一个简化的简单 if-else 语句，比如上面的条件表达式就等价于下面的 if-else 语句：

```
if ( count >20 )
   count = count-10;
else
   count = count+10;
```

条件表达式的确可以让我们把程序写得简单，少敲些键盘，可是现代软件工程不喜欢这些可能造成阅读困难的东西，而且现代的编译器也不会因为你少敲几行代码而产生更优秀的编译结果。所以条件表达式要用得慎重，复杂的条件表达式应该展开用 if-else 语句。因为 if-else 语句有更清晰的结构，更适合阅读和维护。

3.1.5 嵌套的 if 语句

当 if 的条件满足或者不满足的时候要执行的语句也可以是一条 if 或 if-else 语句，这就是嵌套的 if 语句。比如下面的 if 语句：

```
if ( code == 'R' )
    if ( count <20 )
       System.out.println("一切正常");
    else
       System.out.println("继续等待");
```

当 code 等于 R 时，我们再判断 count 是否小于 20，从而做出不同的动作。

在嵌套 if 语句里，要小心的问题是 else 的匹配。else 总是和最近的那个 if 匹配，比如上面的例子里，else 是和 if (count<20) 匹配的。假如我们设计的逻辑不是这样的，而是如果 code 不等于 R 时，执行

```
System.out.println("继续等待");
```

那么我们必须使用语句括号来明确 else 和 if 的匹配：

```
if ( code == 'R' ) {
   if ( count <20 )
      System.out.println("一切正常");
} else
System.out.println("继续等待");
```

加上这对括号，就使得

```
if ( count <20 )
   System.out.println("一切正常");
```

成为一条完备的语句，而不能再与括号外面的 else 配合起来。

要注意编译器只会根据语句括号、语句结尾的“;”等线索来决定哪个 else 与哪个 if 匹配，千万不要以为缩进格式暗示了 else 的匹配：

```
if ( code == 'R' )
    if ( count <20 )
        System.out.println("一切正常");
else
    System.out.println("继续等待");
```

尽管看起来 else 与 if(code == 'R')对齐排列，但是实际上它是与 if(count <20)匹配的 else。

3.1.6 比较浮点数和字符

当我们比较两个整数的时候，一般没有什么歧义，1 总是等于 1，2 总是大于 1。而当我们比较两个浮点数的时候，情况有所不同。这主要是由于浮点数不是精确表达的数值，特别是在判断两个浮点数是否相等时，如果仍然采用和整数一样的方法来判断，就有可能得不到我们预计的结果。

因此当我们需要判断两个浮点数是否相等时，我们采用的办法是计算它们的差，假如它们的差很小，我们就认为它们相等。至于这个很小的差小到多少可以让我们认为它们相等，取决于具体程序的应用场合。考虑到 float 类型的精度是 7 位数字，一般来说，0.00001，也就是 10^{-5}，在大多数场合都够用了。所以两个浮点数 f1 和 f2 要判断是否相等，可以用下面的代码：

```
if ( f1-f2 <0 )
    if ( f1-f2 > -1e-5 )
        result = true;
    else
        result = false;
else
    if ( f1-f2 < 1e-5 )
        result = true;
    else
        result = false;
```

当我们比较两个数值的时候，我们知道大于或者小于是什么意思；而当我们比较两个字符的时候，我们也可以比较它们是否大于或者小于。这时候的大于或者小于，是指它们在 Unicode 字符表里的排列顺序，排列在前面的字符小于排列在后面的字符。对于汉字和各种标点符号，要记住它们的顺序比较困难，Unicode 里的汉字不是完全按照汉语拼音的顺序排列的，标点符号就更加没有规律了。但是 26 个字母，算上大小写的不同，还有 10 个数字，它们的排列是有规律的：

(1)10个数字的排列顺序是0到9;

(2)大写字母按照A到Z的顺序排列,并且比所有的数字都大;

(3)小写字母按照a到z的顺序排列,并且比所有的大写字母都大。

3.2 switch语句

假如有一个整数变量type,我们要根据它的不同的值输出不同的话,type等于1时说"你好",type等于2时说"早上好",type等于3时说"晚上好",type等于4时说"再见",type为其他值的时候说"啊,什么啊?"。那么根据前面所学的if-else语句,我们可以写出下面的程序:

```
if ( type==1 )
   System.out.println("你好");
else if ( type==2)
   System.out.println("早上好");
else if ( type==3 )
   System.out.println("晚上好");
else if ( type==4 )
   System.out.println("再见");
else
   System.out.println("啊,什么啊?");
```

这是一系列的if-else语句,为了得到"再见",我们得要检验一系列的值,1、2、3一直到4,4次if-else判断。我们有更简洁的办法来写这个程序,就是用switch-case语句:

```
switch ( type ) {
  case 1:
      System.out.println("你好");
      break;
  case 2:
      System.out.println("早上好");
      break;
case 3:
      System.out.println("晚上好");
      break;
case 4:
      System.out.println("再见");
      break;
default:
      System.out.println("啊,什么啊?");
}
```

switch语句的括号里只能出现整数型的表达式计算结果，比如byte、short、int、long，或者char。在switch后面的大括号里，排列了一系列的case，每一个case后面跟着一个值。switch语句会根据表达式的结果，寻找匹配的case，并执行case后面的语句，一直到break为止。如果所有的case都不匹配，那么就执行default后面的语句；如果没有default，那么就什么都不做，执行switch下面的语句。

和if-else语句不同的地方是，一个case后面可以跟着很多语句，而不需要语句括号。如果没有break，甚至可以执行到下面的case里去，直到遇到一个break，或者switch结束为止。因此下面的例子里，无论type等于1或者2，都会输出“你好”；而如果type等于3，则会输出“晚上好再见”；而当type等于4时，则只输出“再见”。

```
switch ( type ) {
  case 1:
  case 2:
      System.out.println("你好");
    break;
  case 3:
      System.out.print("晚上好");
  case 4:
      System.out.println("再见");
      break;
default:
      System.out.println("啊,什么啊?");
}
```

下面的程序读入一个百分制的成绩，并将它转换成ABCDF五级制成绩输出。

[程序3-4] Grade.java

```
// Grade.java
import java.util.Scanner;
public class Grade {
    public static void main(String[] args) {
        Scanner scan = new Scanner(System.in);
        System.out.print("输入成绩(0-100)");
        int grade = scan.nextInt();
        grade /=10;
        switch ( grade ) {
            case 10:
            case 9:
                System.out.println("A");
                break;
            case 8:
                System.out.println("B");
                break;
```

```
            case 7:
                System.out.println("C");
                break;
            case 6:
                System.out.println("D");
                break;
            default:
                System.out.println("F");
                break;
        }
    }
}
```

程序的一次运行结果如下：

```
输入成绩(0—100)78
C
```

其中 78 是用户输入的数据。

程序读入一个百分制的分数后，首先整除以 10，这样就得到分数的十位数部分。然后通过 switch-case 语句计算对应的五分制成绩输出。

3.3 循环语句

if 语句可以判断条件是否满足，满足时才做相应的动作，而循环语句可以在满足条件时，不断地重复执行一些动作。在 Java 中，我们有 while、do-while 和 for 三种循环语句。

3.3.1 while 循环

while 语句是一个循环语句，它会首先判断一个条件是否满足，如果条件满足，则执行后面紧跟着的语句或语句括号，然后再次判断条件是否满足，如果条件满足则再次执行，直到条件不满足为止。while 后面紧跟的语句或语句括号，就是循环体。

对于 while 循环，有两个细节要特别注意，一是在循环执行之前判断是否继续循环，所以有可能循环一次也没有被执行；二是条件成立是循环继续的条件。如果我们把 while 翻译作"当"，那么一个 while 循环的意思就是：当条件满足时，不断地重复循环体内的语句(如图 3.4 所示)。

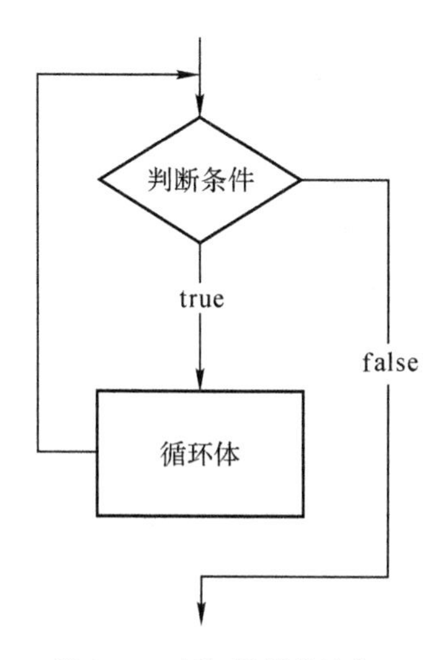

图 3.4 while 循环的结构

看下面的例子：

```
int num = 1000;
int count =0;
while ( num >1 )
   num /=2, count++;
System.out.println(count);
```

这段程序里有个简单的 while 循环，判断 num 是否大于 1，如果 num>1，则执行 num/=2，即将 num 除以 2，同时将计数器 count 加 1；循环一直继续，直到 num 小于或者等于 1 为止。要注意这里的循环体是一条语句：

```
num /=2, count++;
```

而不是两条语句。这两个表达式中间用“,”连接，“,”是一个运算符，用来连接两个表达式成为一个完整的表达式，“,”前后的两个表达式仍然分别各自单独运算，但是整个“,”表达式的值，是“,”后面的那个表达式的值。

我们再看一个例子，下面这个循环从 10 到 1 倒计数，就像火箭发射一样：

```
int count =10;
while ( count >0 ) {
   System.out.println(count);
   count --;
}
System.out.println("发射!");
```

这次我们用了语句块来做循环体。一开始 count 的值是 10，条件满足，执行循环体；在循环体内打印输出当前的 count 值，然后 count－1；接着重新判断条件，这时候 count 的值是 9，条件满足，继续循环。重复这个过程，直到 count 等于 1 的时候，条件还是满足的，我们执行循环体，打印输出 count 的值 1，然后 count－1，于是 count 得到了 0 值。这时候再判断条件，count>0 不满足，于是循环结束，执行循环后面的语句，打印输出“发射!”。

下面我们试着用 while 循环来解决一个数学问题：求两个数的最大公约数。求两个数的最大公约数可以用辗转相除法。

用辗转相除法求两个数的最大公约数的步骤如下：

(1)先用小的一个数除大的一个数，得第一个余数；

(2)再用第一个余数除小的一个数，得第二个余数；

(3)又用第二个余数除第一个余数，得第三个余数；

(4)这样逐次用后一个数去除前一个余数，直到余数是 0 为止。那么，最后一个除数就是所求的最大公约数(如果最后的除数是 1，那么原来的两个数是互质数)。

比如两个数 60 和 18，第一次 60/18=3 余 6，第二次 18/6=3 余 0，于是最大公约数就是 6。据此我们写出下面的程序。

[程序 3-5] Gcd.java

```
// Gcd.java
import java.util.Scanner;

public class Gcd {
    public static void main(String[] args) {
        System.out.print("请输入两个整数:");
        Scanner scan = new Scanner(System.in);
        int n1 = scan.nextInt();
        int n2 = scan.nextInt();
        int dividend = (n1>n2)? n1:n2;      // 被除数,两者中较大者
        int divisor = (n1>n2)? n2:n1;       // 除数,两者中较小者
        int remainder = divisor;            // 余数
        while ( remainder > 0 ) {
            divisor = remainder;
            remainder = dividend % divisor;
            dividend = divisor;
        }
        System.out.println(n1+"和"+n2+"的最大公约数是"+divisor);
    }
}
```

程序的一次运行结果如下：

```
请输入两个整数:24 140
24 和 140 的最大公约数是 4
```

其中 24 和 140 是用户输入的两个数据。

3.3.2 do-while 循环

do-while 循环和 while 循环很像，唯一的区别是在循环体执行结束的时候才来判断条件。也就是说，无论如何，循环都会执行至少一遍，然后再来判断条件。与 while 循环

相同的是,条件满足时执行循环,条件不满足时结束循环。Java 的 do-while 循环不同于 PASCAL 的 do-until 循环,假如你碰巧学过 PASCAL,一定要很清楚地分清两者的区别。对于 Java 来说,无论 while 还是 do-while,无论条件先判断还是后判断,条件都是使循环继续的条件:条件满足,循环继续;条件不满足,循环结束(如图 3.5 所示)。

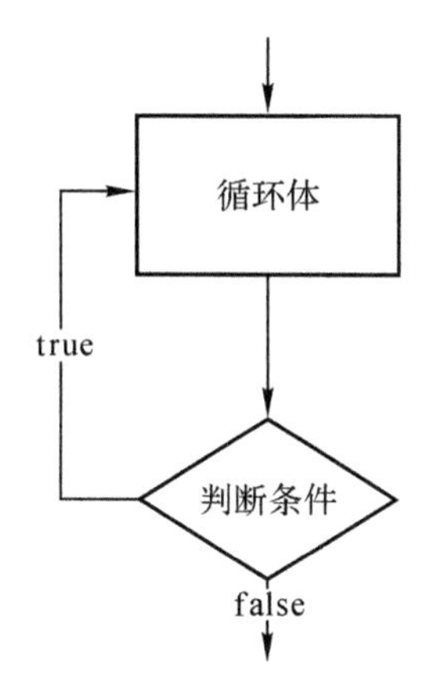

图 3.5　do-while 循环结构

下面我们用 do-while 来编写火箭发射倒计数的程序:

```
int count =10;
do {
   System.out.println(count);
   count --;
} while ( count >0 );
System.out.println("发射!");
```

留心一个细节,在 while 的后面有一个表示语句结束的";",这是 do-while 语句的要求。

下面的例子中程序让用户输入一些成绩,计算输出它们的平均成绩。由于不知道用户要输入多少个成绩,我们让用户不断输入,直到输入-1 表示结束。

[程序 3-6]　Average.java

```
// Average.java
import java.util.Scanner;

public class Average {
    public static void main(String[] args) {
        int sum=0;
        int count=0;
        int value =0;
        Scanner scan = new Scanner(System.in);
        do {
            value = scan.nextInt();
```

```
            if ( value != -1 ) {
                sum += value;
                count ++;
            }
        } while ( value != -1 );

        if ( count != 0 ) {
            double average = (double)sum / count;
            System.out.println("平均成绩:"+average);
        } else
            System.out.println("没有输入成绩");
    }
}
```

程序的一次运行结果如下：

```
67
77
83
92
56
81
-1
平均成绩:76.0
```

我们使用了 do-while 循环，因为无论如何总需要输入一个数字。读入数字以后我们判断如果不是-1，则进行累加操作，并且计数器 count 加 1。while 里的判断条件则会在输入-1 时结束循环。因为有可能用户不输入任何成绩就直接输入-1 结束输入，所以我们必须判断 count 是否不等于 0，不等于 0 时才能用 count 做除数来除 sum，否则就是一个“/0”的数学错误。在计算平均数时，我们首先要把 sum 强制类型转换为 double，否则两个整数做除法只能得到一个不带小数部分的整数商。但是参与运算的两个值有一个是浮点类型就够了，所以我们只需要把 sum 转换为 double，而 count 就不再需要了。

上面的循环可以稍微改写一下，来省略一个 if 判断：

```
count=-1;
do {
    sum += value;
    count ++;
    value = scan.nextInt();
} while ( value != -1 );
```

这样的循环实际上是在下一轮循环中计算上一轮循环中读入的数据，而第一次进入循环时进行的对 sum 和 count 的两个计算实际上在做无用功。这样的程序表面看起来比前一个程序省了一个 if 判断，而且程序也短了一些，但是逻辑表达不够直观，会增加程序阅读的难度，容易导致别人对程序的误解，所以这并不符合现代程序设计的要求。

3.3.3　for 循环

while 循环和 do-while 循环都是在满足一定条件的时候重复执行循环体，for 循环则更像一个计数循环：设定一个计数器，初始化它，然后在计数器到达某值之前，重复执行循环体，而每执行一轮循环，计数器值以一定步进进行调整，比如加 1 或者减 1。

下面的代码就是一个从 10 到 1 递减计数的 for 循环：

```
for ( int count=10; count>0; count-- )
   System.out.println(count);
```

一个 for 循环的头部由()括起三个独立的部分，各部分间用分号隔开：

(1)第一个部分是一个初始化，我们可以在这个初始化里定义一个新的变量，int count=10 或者直接赋值一个已经存在的变量，如 i=10。无论是否在循环头部定义，我们把这个变量称作循环变量。

(2)第二个部分是循环维持的条件，count>0。这个条件是先验的，也就是说，与 while 循环一样，进入循环之前，首先要检验条件是否满足，条件满足才执行循环；条件不满足就结束循环。count>0 意味着，一旦 count 递减到 0，循环就结束了。所以在循环体内，count 永远不可能等于 0，最小的 count 值是 1。

(3)第三个部分是步进，即每轮执行了循环体之后，必须执行的表达式。通常我们在这里改变循环变量，进行加或减的操作。

由于 count>0 是循环维持的条件，也即 count 不大于 0 是循环离开的条件，所以当上述循环结束以后，在循环体外，或者说在 for 循环的下面一条语句中，count 的值是 0(如图 3.6 所示)。

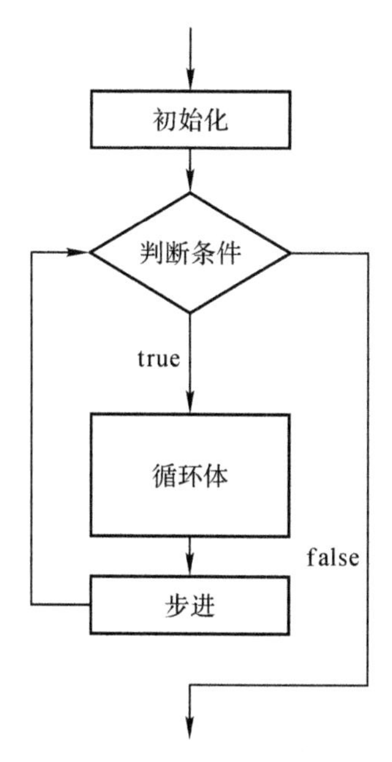

图 3.6　for 循环结构

for 循环的三个部分都是可以省略的，当某个部分不存在时，用于分隔的分号也不能省略，比如下面的循环，就是省略了初始化和步进部分，只剩下检查条件：

```
for ( ; i<50; ) {
    //...
}
```

for 循环和 while 循环由于都是先检查条件再执行循环体的，所以这两种循环是可以相互转换的。一般来说，如果循环中有一个明确的计数变量时，我们使用 for 循环，否则使用 while 循环。

3.4 循环嵌套与无穷循环

循环体里可以有其他的循环，这样就构成了循环嵌套。我们把外面的循环叫做外循环，而里面的叫做内循环。显然，外循环的每一轮，都需要等内循环循环完成。比如下面的代码：

```
for ( int n1=0; n1<10; ++n1 )
    for ( int n2=0; n2<50; ++n2 )
        System.out.println(n1+":"+n2);
```

System.out.println(n1+":"+n2);是在内循环的里面，内循环要循环 50 次，而外循环循环 10 次。也就是说，外循环的每一轮，内循环都要循环 50 次。因此总共 System.out.println(n1+":"+n2);要被执行 500 次。

下面的程序用来解决一个经典的计算问题：已知纸币的面值有 1 元、5 元、10 元和 20 元，给定一个 100 元以内的金额，精确到元，计算出所有可能的用这些纸币组合出这个金额的方案。

[程序 3-7] Cash.java

```
// Cash.java
import java.util.Scanner;

public class Cash {
    public static void main(String[] args) {
        Scanner scan = new Scanner(System.in);
        int amount;
        do {
            System.out.println("请输入金额(1-100):");
            amount = scan.nextInt();
        } while ( amount <1 || amount > 100 );
        for ( int one = 0; one <=amount; ++one )
            for ( int five = 0; five <= amount/5; ++five )
```

```
            for ( int ten = 0; ten <= amount/10; ++ten )
                for ( int twenty = 0; twenty <= amount/20; ++twenty )
                    if ( one+five * 5+ten * 10+twenty * 20 == amount )
                        System.out.println(one+"张 1 元,"+five+"张 5 元,"+ten+"张 10 元,"
                        +twenty+"张 20 元->"+amount);
        }
    }
```

程序的一次运行结果如下：

```
12
2 张 1 元,0 张 5 元,1 张 10 元,0 张 20 元->12
2 张 1 元,2 张 5 元,0 张 10 元,0 张 20 元->12
7 张 1 元,1 张 5 元,0 张 10 元,0 张 20 元->12
12 张 1 元,0 张 5 元,0 张 10 元,0 张 20 元->12
```

第一行的 12 是用户输入的数据。

当然循环嵌套可以不止两层，任意多层都可以。不过在嵌套的循环里，我们要很小心循环变量的使用。假如我们不小心搞混了 n1 和 n2，像下面这样：

```
for ( int n1=0; n1<10; ++n1 )
    for ( int n2=0; n1<50; ++n1 )
        System.out.println(n1+":"+n2);
```

一开始在外循环的初始化中，n1 得到了初始值 0，然后进入内循环，n2 得到了初始值 0。接下来执行了一次 System.out.println(n1+":"+n2)；之后，在内循环里错误地递增了 n1 的值，而且判断 n1 是否小于 50。于是内循环循环了 50 次以后结束，这时候 n1 的值是 51。程序回到外循环的步进部分，n1 又加了 1 成为 52，然后在判断部分，n1<10 的条件不满足，于是外循环结束，整个程序循环了 50 次。

如果循环的条件是个永远为真的条件，那就构成了无穷循环，有时候我们也叫它们"死循环"。对于 while 和 do-while 循环，直接写一个 true 就构成了无穷循环；对于 for 循环，如果头部三个部分都省略，也就构成了无穷循环。下面三个就是无穷循环：

```
while ( true ) { }
do {} while (true);
for ( ; ; ) {}
```

一旦进入无穷循环，程序就出不来了，这似乎不合情理。所以我们需要其他的控制手段来离开无穷循环，这就是 break。

3.5 break 和 continue

我们已经在 switch-case 语句中用过 break 了，如果我们在一个循环体内使用 break 语句，break 将结束这个循环，直接跳到循环的下面一条语句，所以 break 的作用是离开循环。

我们还有一条控制循环的语句 continue。如果在一个循环体内使用 continue 语句，当前的这一轮循环将直接结束，从 continue 到循环体结束之间的语句都不会被执行，然后循环继续做下一轮循环。所以 continue 的作用是放弃当前轮循环而继续下一轮循环。

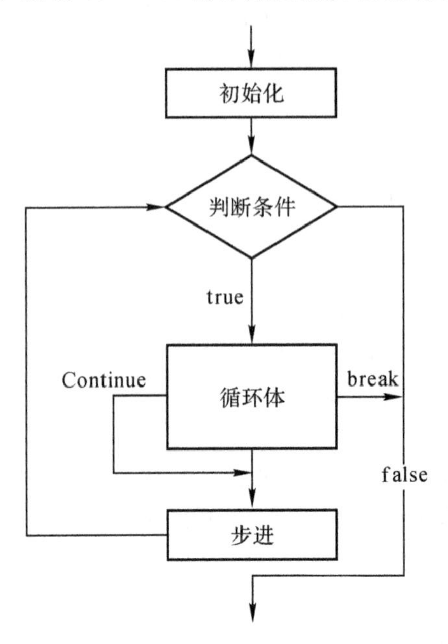

图 3.7 break 和 continue 示意

图 3.7 表现了在一个 for 循环中，break 和 continue 的不同去向，break 使循环结束，而 continue 则去做下一步循环。

break 和 continue 只能针对它们所在的最内层循环起作用，在循环嵌套的时候，如果在最内层的循环中需要 break 到最外层的循环时，上述的 break 是不够的。Java 让我们可以在一个循环前面加标号来标识一个循环，之后可以在 break 和 continue 语句后面带上那个标号，从而表明将 break 或 continue 哪个循环。

下面的程序还是计算纸币的分配，但是我们只需要一个结果就结束计算。

[程序 3-8] Cash2. java

```
//  Cash2.java
import java.util.Scanner;

public class Cash2 {
    public static void main(String[] args) {
        Scanner scan = new Scanner(System.in);
        int amount;
        do {
            System.out.println("请输入金额(1-100):");
            amount = scan.nextInt();
```

```
        } while ( amount <1 || amount > 100 );
        Outer:
        for ( int one = 0; one <=amount; ++one )
            for ( int five = 0; five <= amount/5; ++five )
                for ( int ten = 0; ten <= amount/10; ++ten )
                    for ( int twenty = 0; twenty <= amount/20; ++twenty )
                        if ( one+five * 5+ten * 10+twenty * 20 == amount ) {
                            System.out.println(one+"张 1 元,"+five+"张 5 元,"+ten+"张 10
                            元,"+twenty+"张 20 元->"+amount);
                            break Outer;
                        }
        }
    }
```

程序的一次运行结果如下：

```
请输入金额(1—100):
12
2张1元,0张5元,1张10元,0张20元—>12
```

在最外层的 for 循环前面的“Outer:”就是一个标号，这个标号必须是单独的一行，在标号后面不能出现任何内容，而标号的下一行，必须是一个循环语句。在最内层循环里，一旦找到一个解，我们就执行 break Outer;这个 break 带着的标号 Outer 就清楚地表明它将跳出 Outer 这个标号所标识的那个最外层的循环。

3.6 注释语句

从一开始学习写程序时，就应该养成良好的习惯，在代码中留下清楚明白的注释。注释一般用来阐述程序的思路等。

Java 语言提供了两种在程序中加注释的方法。一种是多行的注释，以一个“/ * ”开头，到一个“ * /”结尾，/ * 和 * /之间所有的内容都是注释，都不会被编译器编译成可执行的代码。比如：

```
/* 这是一个注释
   一个有多行
   的注释 */
```

另一种是单行的注释，这种注释以连续的两个斜线开头，这一行后面所有的内容就都是注释了，注释到一行结束为止。比如：

```
System.out.println("Hello");        //  输出 Hello
```

思考题与习题

一、概念思考题

1. 比较 break 与 continue 的区别。

2. 如果在 switch 语句的某个 case 中没有以 break 结尾会发生什么情况?

3. 什么是无穷循环? 如何写一个无穷循环?

4. 比较 while 循环与 do-while 循环的异同之处。

二、程序理解题

1. 写出以下代码段的执行结果。

```
int num=34, max=30;
if ( num >= max * 2 )
   System.out.println("zhang");
   System.out.println("huang");
System.out.println("zhu");
```

2. 写出以下代码段的执行结果。

```
int num = 1;
while ( num < 17) {
    System.out.println(num);
    Num += 5;
}
System.out.println(num);
```

3. 把以下代码段改写为一个等价的 for 循环。

```
int num = 1;
while ( num <20 ) {
    num ++;
    System.out.println(num);
}
```

4. 指出以下代码段的错误。

```
int count =24;
while ( count >0 ) {
    System.out.println(count);
    count ++;
}
```

5. 写出以下代码段的执行结果。

```
int num = 1;
while ( num < 16 ) {
    if ( num % 2 == 0 )
        System.out.println(num);
    num++;
}
```

三、编程题

1. 编写一个程序，输出1到100之间所有的素数。

2. 编写一个程序，输入一组整数，以-1结束，比较并输出其中的最大值和最小值。

第 4 章

使用对象

当我们定义了自己的类以后，就可以像使用基本类型一样使用这些类来定义变量和调用类里定义的方法。我们把类型是自己定义的类的变量叫做对象。使用对象是面向对象程序设计的基本功能。

本章主要内容：

- 制造对象
- 对象变量的赋值
- 对象的方法
- 类的静态成员
- 包裹类型
- 枚举类型
- 数组

4.1 制造对象

在第 2 章里，我们阐述了面向对象程序设计的基本原理，包括类和对象关系的基本概念。我们知道类是规范、规则，定义了属于这个类的对象应该具有的属性和方法。对象才是实体，是依据类的定义制造出来的实体，用以代表一定的数据和执行对这些数据的相应的操作。现在，让我们来深入研究这些问题。

在前面的例子程序中，我们多次地用到了 System. out. println()这个方法。这里，System. out是一个对象，代表了标准输出，而 println()是这个对象提供的方法。再进一步说，out 是一个对象，是 System 类的一个静态成员变量，而 System 是一个类，这个类提供了一些与系统有关的变量和方法。System 类是 Java 标准类库中的一个类，在 Java 的任何一个实现中都有，可以直接使用。

前面我们还用过 Scanner 这个类，一个 Scanner 类的对象代表了一个文本类型的输入流，比如键盘输入或文件。通过这个 Scanner 类的对象，我们可以从这个输入流中读入整数等基本类型的数据。我们用 new 这个运算符来创建一个 Scanner 类的对象，一旦一个 Scanner 类的对象被创建出来，我们就可以使用它所提供的服务——执行它的方法。

我们来看创建对象这件事情。在 Java 中，一个变量的类型可以是基本数据类型，如 int、char，也可以是类。也就是说，一个变量，可能代表一个基本数据，也可能代表一个对象。String 是 Java 标准类库中的一个类，用来表达一个字符串。下面的两行代码：

```
int number;
String name;
```

第一行定义了一个变量，名字是 number，类型是 int，变量里面放的是一个 int 的值。第二行也定义了一个变量，名字是 name，类型是 String，变量里面放的是一个引用，而不是一个 String 类的对象。这个变量将来要与一个 String 类的对象联系起来，指向一个 String 类的对象。一个对象变量并不真正存放那个对象，而只是那个对象的地址。就目前而言，name 这个变量还没有和任何 String 类的对象联系在一起。

上面的两行代码只是声明了两个变量，但是并没有对它们进行初始化，或者说，没有给它们确定的值。在使用变量之前给他们确定的值是非常重要的，否则的话，程序无法得到正确的运行结果。对于上面的 name 来说，没有初始值就意味着它并没有与任何对象联系在一起，试图通过它做任何事情都是错误的。Java 的编译器对初始化的检查非常严格，如果发现有变量在使用之前没有被初始化或赋值，会产生一个编译错误，而无法产生可执行文件。

一个对象变量可以被赋值为 null，null 是一个 Java 关键字，表示"没有"。一个值为 null 的对象变量表示它不与任何对象相关联。

"String name;"仅仅定义了一个变量，一个将来要与某个 String 类的对象联系起来的对象变量。但是此时此刻，我们并没有创建任何 String 类的对象。我们要用 new 这个运算符来创建一个对象。new 是一个运算符，用来创建对象。new 的结果是一个对象引用，于是可以赋值给一个对象变量，像这样：

```
number = 34;
name = new String("张三");
```

跟在 new 运算符后面的是 String 类的构造方法，构造方法是类的特殊的成员方法，当我们要创建这个类的一个对象的时候，某个构造方法就会被调用。构造方法的作用，是用来初始化对象。我们在后面的章节里会仔细阐述构造方法。在这里，"String("张三");"就是调用了 String 类的构造方法，并且把"张三"这个字符串常量传递给了这个构造方法，从而创建了或者说构造了一个 String 类的对象，其内容是"张三"。"name = new String("张三");"这一行代码做了三件事情：

(1)一个 String 类的对象被创建出来；

(2)调用 String 类的构造方法，用"张三"初始化了这个对象；

(3)让变量 name 与这个对象联系在一起，或者说，name 指向这个对象。

上面两行代码执行后，两个变量就像图 4.1 所示。

声明对象变量和创建相关联的对象可以一步完成：

```
String name = new String("张三");
```

就像我们声明和初始化一个基本类型变量一样。而且，由于 String 这个类太常用了，所

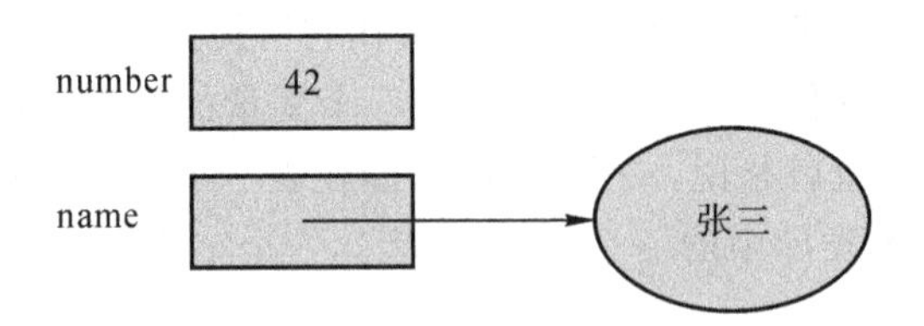

图 4.1 基本类型变量与对象类型变量

以 Java 允许一个 String 类的对象不通过明显地使用 new 运算符和调用 String 类的构造方法来创建，只需要给出一个字符串常量就可以，如：

```
String prompt = "同学们早上好";
```

尽管没有出现 new，仍然有一个新的 String 类的对象被创建了，而且被初始化为“同学们早上好”，并且使得变量 prompt 指向这个新的对象。

4.2 对象变量的赋值

赋值这个运算符的意思是把等号右边的值赋给等号左边的变量，或者说使得等号左边的变量具有等号右边的值。如果在两个基本类型的变量之间赋值：

```
int i=5,j=7;
i=j;
```

含义是非常简单清楚的：i 获得了 j 的值 7。于是赋值结束后，i 和 j 的值就都是 7 了。

假如我们有两个 String 类的对象变量：

```
String name1 = "张三";
String name2 = "李四";
```

开始的时候如图 4.2 所示。

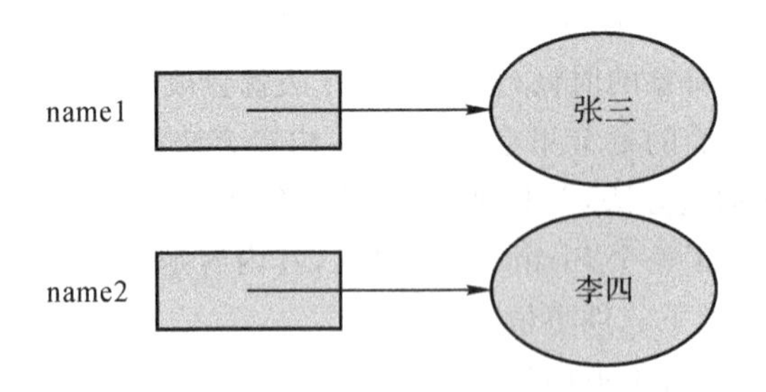

图 4.2 name1 和 name2

然后我们来做一个赋值：

```
name1 = name2;
```

这个赋值把 name2 的值赋给了 name1，或者说 name1 等于了 name2 的值。关键的问题是，对象变量 name2 的值是什么？name2 的值不是“李四”，而是指向了那个内容为“李四”的 String 类的对象的这个事实。因此赋值的结果，是使得 name1 也指向了 name2 所指的对象，如图 4.3 所示。

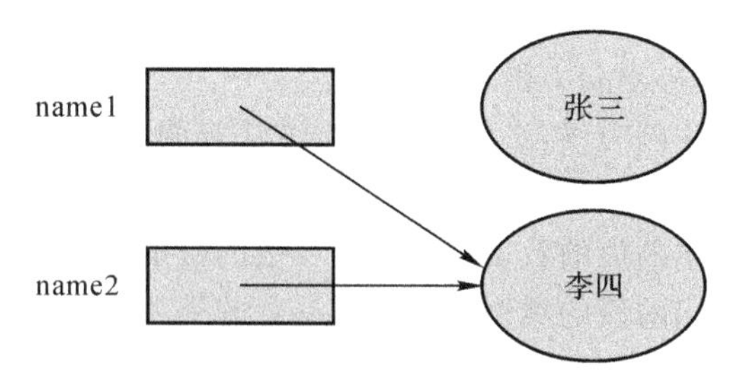

图 4.3　name1=name2

现在两个变量指向了同一个对象，对这两个变量做任何操作，都是对另一个对象进行的操作。如果我们通过 name1 改变了对象的内容，那么 name2 变量也得到相同的改变结果。

而 name1 原先所指的对象，则变成一个孤儿，没有任何一个变量指向它。显然它就不再对我们有用，因为事实上根本就没人知道它在那里了。在 Java 中，这样的对象最终会成为一个“垃圾”，而被自动垃圾回收机制清除掉。我们不需要在程序中特别处理它。

4.3　调用对象的方法

4.3.1　方法的调用

一旦一个对象被创建了，我们可以通过“.”这个运算符来访问它的成员。我们之前已经用过很多次“.”了，比如 System.out.println()。System.out 的“.”表明 out 是 System 的一个成员；out.println()的“.”表明 println()是 out 的一个成员。“.”运算符紧跟在一个对象变量的后面，后面跟上这个对象的方法，或者说在这个对象所属的类里定义的成员方法。比如对于

```
String name = new String("张三");
```

我们可以定义：

```
int size = name.length();
```

String 类的 length()方法没有任何参数，但是“()”还是需要的。“()”表示这是一个方法调用，否则的话，有可能被编译器误解为使用 name 对象的一个叫做 length 的成员变量。length()返回这个对象的长度，也就是字符串的长度，计数的单位是 Unicode 字符，因此这里的 name.length()的值是 2，即两个 Unicode 字符。

4.3.2　方法的参数

在第 3 章我们简单地提到了一个方法可以有一个参数表，参数表里可以没有参数，也可以有 1 个参数，或者多个参数。参数表里的参数在方法内部，就像定义在方法里的本地

变量一样被使用。如以下定义的方法 f()：

void f(int count, float side)

的参数表具有两个参数 int count 和 float side。

当我们调用一个方法的时候，必须按照那个方法声明的参数表，提供适当的值给那个方法。适当的参数的意思是：

(1)数量正确，即给出的值的数量和方法的参数的数量一致；

(2)类型正确，即给出的值的类型和方法的参数的类型一致；

(3)顺序正确，即给出的值与方法的参数的顺序一一对应。

因此当我们调用上面的 f()时，必须给出两个值，第一个是 int 类型的，而第二个是 float 类型的。比如这样：

```
f(10,2.0f);
```

当然调用方法的时候给的值也可以是变量或者表达式计算的结果，比如这样：

```
int i=20;
float t =3.2f;
f(i,t * 2);
```

这里 i 的值被传递给了 count，而 t * 2 的结果给了 side。

当我们调用方法传递参数时，发生的是值的传递，即调用的地方计算好每个参数对应的值，然后调用方法的时候把这些值赋给那个被调用的方法的对应的参数。

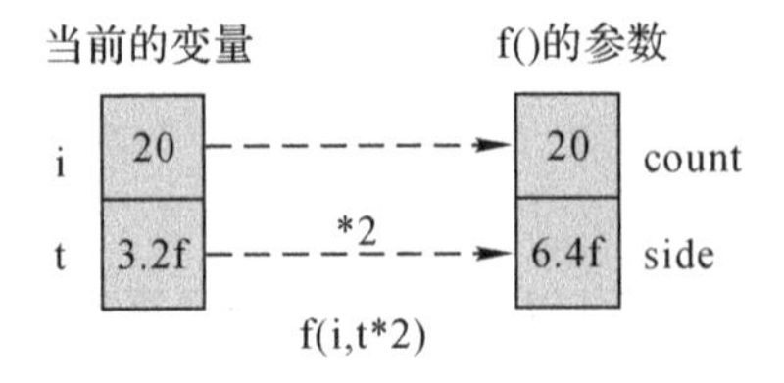

图 4.4 参数的传递

在方法内部，使用参数就和使用定义在方法内部的本地变量是一样的。唯一的区别是这些参数从外部，也就是从调用方法的地方得到了初始值。当我们进入方法以后，参数和调用方法的地方就没有任何联系了。我们修改参数的值和参数值的来源是没有关系的。比如上面的 f()方法里面，尽管 count 的来源是 i，但是 count 是 f()内部的一个变量，它只是初始化的时候接受了 i 的值。我们在 f()里面修改 count 的值，不会影响 f()外面的 i 的值。下面的类 Comp 有一个方法 max()，它接受两个整数作为输入，比较它们的大小，并由 System.out.println()输出大的那个值，同时给小的变量加 100。

[程序 4-1] Comp.java

```
// Comp.java
public class Comp {
  static void max(int a, int b) {
    if ( a> b ) {
      System.out.println(a);
      b += 100;
```

```
    } else if ( a < b ) {
      System.out.println(b);
      a += 100;
    }
  }

  public static void main(String[] args) {
    int i=10, j=11;
    System.out.println("i="+i+",j="+j);
    max(i,j);
    System.out.println("i="+i+",j="+j);
  }
}
```

程序的运行结果如下：

```
i=10,j=11
11
i=10,j=11
```

通过检查调用 max()前后 i 和 j 的值，我们知道我们可以放心地使用方法，而不必担心它们影响我们自己的变量。但是当方法的参数的类型是类而不是基本类型的时候，情况就不一样了。我们知道在基本类型的变量里存放的是数据本身，而在对象变量里存放的是引用，它们指向某个对象，它们的值是地址。因此，当我们把一个对象通过方法调用传递给方法时，我们实际上是让方法参数表里的参数指向了我们所拥有的那个对象，而不是克隆出了一个新的对象。这时候，如果我们在被调用的方法里对这个对象做任何的操作，实际上都是在对方法外面的那个对象做的操作。

[程序 4-2]　Replace.java

```
// Replace.java
class Char {
  char ch;
}

public class Replace {
  static void f(Char c) {
    if ( c.ch == 'a' )
      c.ch = 'z';
  }

  public static void main(String[] args) {
    Char ci = new Char();
    ci.ch = 'a';
```

```
        System.out.println(ci.ch);
        f(ci);
        System.out.println(ci.ch);
    }
}
```

程序运行的结果如下：

```
a
z
```

char 类是一个很简单的值类，里面只有一个成员变量：ch。f()方法接受一个 char 类的对象作为参数。然后判断这个对象里面的 ch，当 ch 为 a 时，将 ch 改变为 z。我们在 main()里创建了一个 char 的对象 ci，给它的 ch 赋值为 a，然后调用 f()，将 ci 传给它。实际上在这里发生的事情是，f()的参数 c 得到了变量 ci 的值，而变量 ci 的值就是它指向那个对象这个事实，于是 c 也就指向了 ci 所指的同一个对象。之后，在 f()里通过 c 所做的一切操作，事实上也就是对 ci 所指的对象所做的操作。因此，f()执行结束后，ci. ch 就成为了 z。

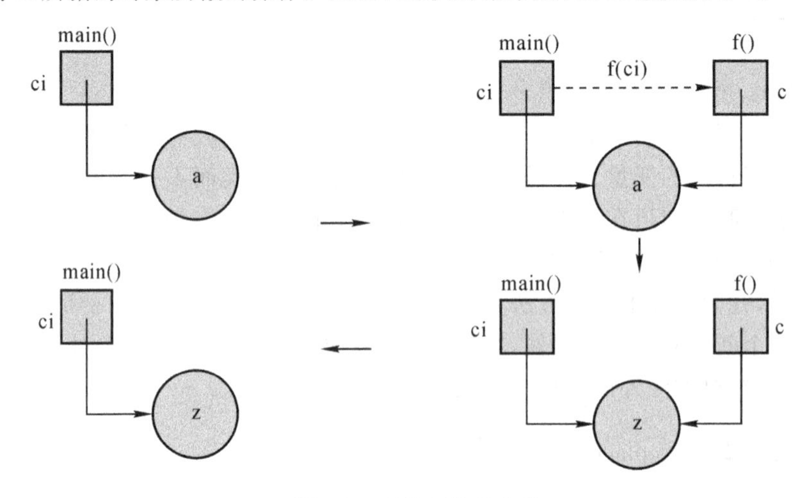

图 4.5 对象参数的传递

4.3.3 方法的返回值

当我们定义自己的类的方法时，如果方法有返回类型，那么我们必须使用 return 语句来返回值给调用者。返回类型可以是基本类型或者类，也可以用 void 表示没有返回值。如果没有返回值，就不可以用 return 语句返回任何值。

当 return 语句执行的时候，程序就回到调用这个方法的那个地方，显然那会是在另外一个方法里，然后从那里继续往下执行。return 有两种形式，最常见的 return 带着一个值，当然这可能是常数、变量或表达式，而且这个值得类型必须与方法的返回类型一致。当执行这样的 return 语句时，方法的运行就结束了，程序回到调用的地方，而且带着这个值回去。通常在调用的地方，这个方法的返回值会被用在一个赋值或者其他更复杂的表达式中。当然即使一个方法返回一个值，调用它的地方也可以忽略这个值。

另一种是不带任何值的 return，表示我们需要在这里结束这个方法的运行，回到调用的地方去。显然这个方法必须是返回类型为 void 的方法。一般来说方法并不需要一个 return 来返回调用的地方，当方法所有的语句都运行结束的时候，它就会自动回到调用的地方去。但是有时候我们可能希望控制方法的流程，比如当某些条件满足的时候，我们不执行后面的语句，而提前返回。

从软件产业化的角度看，一个方法里最好只有一个 return 语句，而且是写在方法的最后一行。有的时候也许需要一些技巧来实现这样的安排，而且方法也许会变得复杂起来。但是这样做对于今后维护这个方法是有好处的。因为这样的方法的出口是清楚的，我们不需要到处去寻找和修改它的 return 语句。

下面的程序读入两个整数，输出它们的最大公约数。

[程序 4-3] Query. java

```
// Query.java
import java.util.Scanner;

public class Query {
  // 返回 a.b 中较大的那个
  int max(int a, int b) {
    if ( a>b )
      return a;
    else
      return b;
  }

  // 返回 a.b 中较小的那个
  int min(int a, int b) {
    int result=a;
    if ( a>b )
      result =b;
    return result;
  }

  // 计算 a,b 的最大公约数
  int gcd(int a, int b) {
    int dividend = max(a,b);      // 被除数,两者大者
        int divisor = min(a,b);   // 除数,两者小者
        int remainder = divisor;  // 余数
        while ( remainder > 0 ) {
     divisor = remainder;
     remainder = dividend % divisor;
     dividend = divisor;
```

```
        }
        return divisor;
    }

    public static void main(String[] args) {
        System.out.print("输入两个整数");
        Scanner scan = new Scanner(System.in);
        int a = scan.nextInt();
        int b = scan.nextInt();
        Query q = new Query();
        System.out.println(a+"和"+b+"的最大公约数是"+q.gcd(a,b));
    }
}
```

程序运行的一次结果如下：

```
输入两个整数 12 210
12 和 210 的最大公约数是 6
```

其中 12 和 210 是用户输入的数据。

方法 max()接受两个整数作为参数，返回其中较大的那个；min()则正相反，返回两者的较小者。尽管这个例子非常小，我们还是分别在 max()和 min()中用了两种不同的编程风格。如果仔细体会，读者会发现单一 return 出口的好处。假如为了某种原因我们需要对返回的值作一个统一调整，比如乘以 2。那么对于 max()来说，我们就必须修改两处 return，而对于 min()就只需要修改一处。

gcd()方法计算两个整数的最大公约数。在 gcd()方法中调用了 max()和 min()方法，由于它们是同一个类的方法，所以可以直接写方法名字来进行调用。在 main()中，由于 gcd()是 Query 类的一个方法，为了能够使用 gcd()，我们必须首先创建一个 Query 类的对象 q，由这个对象来执行 gcd()方法。这是因为 gcd()方法是属于 Query 的某个对象的，main()尽管也是 Query 类的方法，但它是一个静态方法，它不属于任何对象。

4.4 类的静态成员

我们很早就接触到 static 这个关键字了，从我们的第一个 Java 程序 HelloWorld.java 开始，所有的 main()方法前面都有 static 这个关键字。现在是时候来解释这个 static 了。

4.4.1 静态成员变量

至今我们看过两种变量：

(1)本地变量：定义在方法内部，只在方法内有效。

(2)成员变量：定义为类的成员，只在这个类的对象中存在。

成员变量又被叫做对象变量，因为每个对象里面，都有这个变量的各自的“版本”。比如看下面的程序。

[程序 4-4] InstanceVariable. java

```
// InstanceVariable.java

public class InstanceVariable {
  int a;
  public static void main(String[] args) {
    InstanceVariable iv1 = new InstanceVariable();
    iv1.a = 16;
    InstanceVariable iv2 = new InstanceVariable();
    iv2.a = 18;
    System.out.println("iv1.a="+iv1.a);
    System.out.println("iv2.a="+iv2.a);
  }
}
```

程序运行的结果如下：

```
iv1.a=16
iv2.a=18
```

类 InstanceVariable 中定义了一个成员变量 a，在 main() 中我们创建了两个 InstanceVariable 类的对象 iv1 和 iv2，分别给两个对象的 a 赋值 16 和 18，然后输出两个对象的 a 的值。我们会看到每个对象有各自的 a 变量，互相独立。

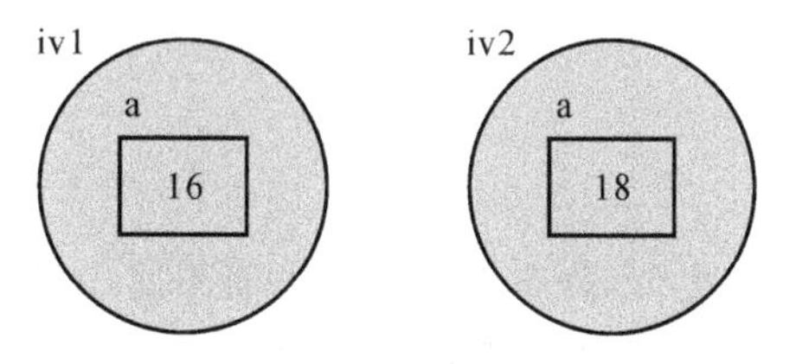

图 4.6 非静态成员变量

如果我们在成员变量的前面加上 static 关键字，这个变量就成为静态成员变量，我们又把这种变量叫做“类变量”，因为这样的变量在这个类的所有对象里只有一个，这个类的所有的对象“共享”同一个类变量。因此，一旦通过某个对象修改了静态变量的值，这个类的所有其他对象里面，这个静态变量的值就都跟着变了。

[程序 4-5] StaticVariable. java

```
// StaticVariable.java

public class StaticVariable {
  static int a;
  public static void main(String[] args) {
```

```
        StaticVariable sv1 = new StaticVariable();
        sv1.a = 16;
        StaticVariable sv2 = new StaticVariable();
        sv2.a = 18;
        System.out.println("sv1.a="+sv1.a);
        System.out.println("sv2.a="+sv2.a);
    }
}
```

程序运行的结果如下：

```
iv1.a=18
iv2.a=18
```

在这个例子程序里，成员变量 a 是一个 static 变量。我们在 main()里还是创建了两个 StaticVariable 类的对象 sv1 和 sv2，并先后修改 sv1.a 为 16，sv2.a 为 18。

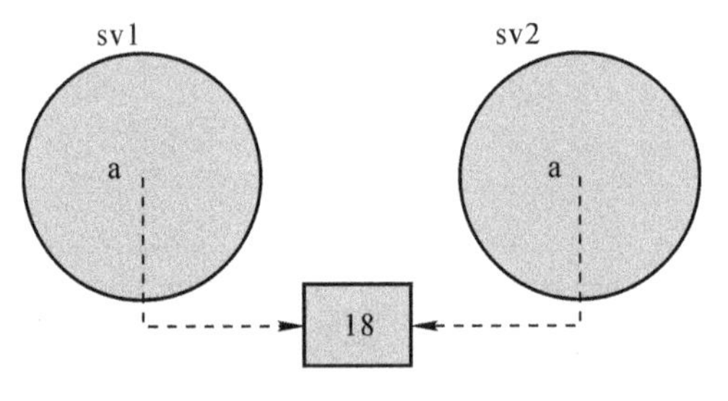

图 4.7 静态成员变量

由于 a 是一个静态成员变量，所以实际上 sv1.a 和 sv2.a 是同一个变量，因此在最后输出时，两个 a 的值都是 18。

4.4.2 静态方法

与静态成员变量的概念类似，静态方法属于类而不属于任何一个对象。因此我们不需要创建这个类的任何对象，只要通过类的名字就可以调用它的静态方法。在某个方法的返回值前面加上 static 关键字这个方法就成为静态方法。

由于静态方法可以不通过对象进行调用，因此在静态方法里，不能调用其他非静态方法，也不可以访问非静态成员变量。如果试图在静态方法里访问非静态的成员，Java 的编译器会不客气地给出一个编译错误。这是静态方法的特性，与通过类名字调用静态方法还是通过对象调用静态方法无关。这就是为什么在 main()方法里，不能访问非静态成员变量，也不能直接调用非静态方法。

4.4.3 Math 类

Math 类包含了常用的数学函数，如 sin()、cos()等，这些函数全部是 Math 类的静态方法，因此我们通过 Math 类的名字来调用这些函数。下面列出 Math 类中最常用的函数：

static int abs(int num)

　　返回 num 的绝对值

static double sin(double num)

static double cos(double num)

static double tan(double num)

　　返回 sin(num)、cos(num)和 tan(num)的相应值

static double asin(double num)

static double acos(double num)

static double atan(double num)

　　返回 $\sin^{-1}$(num)、$\cos^{-1}$(num)和 $\tan^{-1}$(num)的相应值

static double ceil(double num)

　　返回一个大于或等于 num 的最小的整数

static double floor(double num)

　　返回一个小于或等于 num 的最大的整数

static int round(double num)

　　返回 num 四舍五入的值

static double exp(double power)

　　返回 e 的 power 次方值

static double lg(double a)

　　返回 log 以 e 为底 a 的对数

static double pow(double num, double power)

　　返回 num 的 power 次方

static double sqrt(doube num)

　　返回 num 的平方根

static double random()

　　返回一个随机数；随机数由程序产生，遵循平均分布，分布在[0,1)之间

static int max(int a, int b)

　　返回 a,b 中的较大值

static int min(int a, int b)

　　返回 a,b 中的较小值

在 Math 类里还定义了两个常数：E 和 PI。下面的例子演示了大部分 Math 类的方法。

[程序 4-6] TestMath.java

```
//  TestMath.java

class TestMath {
```

```
public static void main(String[] args) {
   System.out.println("E: " + Math.E);
   System.out.println("PI: " + Math.PI);

   // abs()
   System.out.println("abs(1234.56): " + Math.abs(1234.56) );
   System.out.println("abs(-0.0): " + Math.abs(-0.0) );

   // ceil()
   System.out.println("ceil( 5.04): " + Math.ceil(5.04) );
   System.out.println("ceil(-5.04): " + Math.ceil(-5.04) );
   System.out.println("ceil(10): " + Math.ceil(10) );
   System.out.println("ceil(-0.03): " + Math.ceil(-0.03) );

   // floor()
   System.out.println("floor( 5.04): " + Math.floor(5.04) );
   System.out.println("floor(-5.04): " + Math.floor(-5.04) );
   System.out.println("floor(10): " + Math.floor(10) );
   System.out.println("floor(-0.03): " + Math.floor(-0.03) );

   // min() and max()
   System.out.println("min(-1.5, 1.5): " + Math.min(-1.5, 1.5) );
   System.out.println("max(-1.5, 1.5): " + Math.max(-1.5, 1.5) );
   System.out.println("min(-0.0, 0.0): " + Math.min(-0.0, 0.0) );

   // random()
   System.out.println("random(): " + Math.random() );

   // round()
   System.out.println("round( 1.5): " + Math.round(1.5) );
   System.out.println("round(-1.5): " + Math.round(-1.5) );

   // sqrt()
   System.out.println("sqrt( 45): " + Math.sqrt(45) );
   System.out.println("sqrt(-45): " + Math.sqrt(-45) );

   // trig functions
   System.out.println("sin(90): " + Math.sin(90) );
   System.out.println("cos(90): " + Math.cos(90) );
   System.out.println("tan(90): " + Math.tan(90) );
   System.out.println("asin(-0): " + Math.asin(-0) );
   System.out.println("acos(-0): " + Math.acos(-0) );
```

```
        System.out.println("atan(90): " + Math.atan(90) );
        System.out.println("toRadians(90) " + Math.toRadians(90) );
        System.out.println("toDegrees(Math.PI/2): " + Math.toDegrees(Math.PI/2));

        //  logs
        System.out.println("log(10): " + Math.log(10) );
        System.out.println("log(-10): " + Math.log(-10) );
        System.out.println("log(0.0): " + Math.log(0.0) );
        System.out.println("exp(5): " + Math.exp(5) );

        //  pow()
        System.out.println("pow(2,2): " + Math.pow(2,2));
    }
}
```

程序运行输出的结果如下：

```
E: 2.718281828459045
PI: 3.141592653589793
abs(1234.56): 1234.56
abs(-0.0): 0.0
ceil( 5.04): 6.0
ceil(-5.04): -5.0
ceil(10): 10.0
ceil(-0.03): -0.0
floor( 5.04): 5.0
floor(-5.04): -6.0
floor(10): 10.0
floor(-0.03): -1.0
min(-1.5, 1.5): -1.5
max(-1.5, 1.5): 1.5
min(-0.0, 0.0): -0.0
random(): 0.6132146829450127
round( 1.5): 2
round(-1.5): -1
sqrt( 45): 6.708203932499369
sqrt(-45): NaN
sin(90): 0.8939966636005579
cos(90): -0.4480736161291702
tan(90): -1.995200412208242
asin(-0): 0.0
```

```
acos(-0): 1.5707963267948966
atan(90): 1.5596856728972892
toRadians(90) 1.5707963267948966
toDegrees(Math.PI/2): 90.0
log(10): 2.302585092994046
log(-10): NaN
log(0.0): -Infinity
exp(5): 148.4131591025766
pow(2,2): 4.0
```

其中 sqrt(－45)和 log(－10)的结果是 NaN，这是因为这两个运算在数学上没有意义，所以输出的结果 NaN 的意思是：不存在的整数。

4.5 包裹类型

对于基本数据类型，Java 提供了对应的包裹(wrap)类型。这些包裹类型将一个基本数据类型的数据转换成对象的形式，从而使得它们可以像对象一样参与运算和传递。表 4.1 列出了基本数据类型所对应的包裹类型。

表 4.1 包裹类型

基本类型	包裹类型
boolean	Boolean
char	Character
byte	Byte
short	Short
int	Integer
long	Long
float	Float
double	Double

我们看到，除了 int 和 char 以外，其他的包裹类型就是把基本类型的名字的第一个字母大写。在 Java 的系统类库中，所有第一个字母大写的名字，都是类的名字。所以在编写程序的时候，一定要注意区分大小写，以免犯错。

4.6 枚举类型

Java 语言中可以定义枚举类型，枚举类型可以像基本类型和类一样用来定义变量。定义枚举类型的时候要列举出这个类型所有可能的值，所有的值都是名字，而不可以是数值。

下面的语句就定义了一个枚举类型 Season(季节),包含了四个可能的值:spring、summer、fall 和 winter,分别代表了春、夏、秋、冬四季:

```
enum Season {spring, summer, fall, winter}
```

Java 对枚举类型内的值的数量没有限制。一旦我们定义了一个枚举类型,我们就可以用这个类型来定义变量,比如:

```
Season time;
```

time 是一个 Season 枚举类型的变量,因此 time 只能取 Season 所规定的四种值之一,而不可以被赋以其他任何值。Java 的枚举类型是类型安全的,任何试图赋未定义的值给变量的行为都会直接导致编译错误。

枚举类型的值要通过类型名称来表达,比如:

```
time = Season.spring;
```

枚举类型适合表达值的范围是有限而明确可数的数据,比如 5 分制成绩可以用 ABCDF 五个字母来表示,我们可以用字符类型来表达,也可以定义一个枚举类型:

```
enum Grade { A, B, C, D, F}
```

这样一来,任何 Grade 类型的变量,就只可能存在 A、B、C、D 或 F 五种可能的值,不可能出现一个其他的分数了。假如我们还想细分 5 级分数,比如允许存在 A+、A-这样的分数,那么我们必须给 A+、A-起名字,如 Aplus、Aminus,而不能直接使用 A+、A-。因为根据第 3 章所讲的 Java 起名规则,A+、A-不是合法的 Java 名字。

枚举类型的变量不能做任何算术运算,因为它们不是整数或者任何类型的数字。枚举类型其实就是类,只是比较特殊的类而已。任何枚举类型都有两个固有的方法:

ordinal():返回该值在枚举类型中的位置,从 0 开始计数;

name():返回该值的名字。

[程序 4-7] Seasons.java

```
// Seasons.java
enum Season {spring, summer, fall, winter}

public class Seasons {
  public static void main(String[] args) {
    Season s1 = Season.spring;
    System.out.println(s1.ordinal());
    System.out.println(s1.name());
  }
}
```

程序的输出结果是:

```
0
spring
```

4.7 数 组

数据可以存放在变量里，每一个变量有一个名字、一个类型和它的生存空间。如果我们需要保存一些相同类型、相似含义、相同生存空间的数据，我们可以用数组来保存这些数据，而不是用很多个独立的变量。数组是长度固定的数据结构，用来存放指定的类型的数据。一个数组里可以有很多个数据，所有的数据的类型都是相同的。

整个数组是一个变量，我们要通过下标来访问其中的任一个数据，数组中的某一个数据被称作数组的元素。下面的语句：

```
int[] a = {1,2,3,4,5};
```

定义了一个数组变量 a，这个数组有 5 个元素，每一个元素都是一个 int 类型的变量，其值分别是 1、2、3、4 和 5。“都是一个 int 类型的变量”的意思是，每一个元素都可以像一个 int 类型的变量一样被赋值和参与运算。

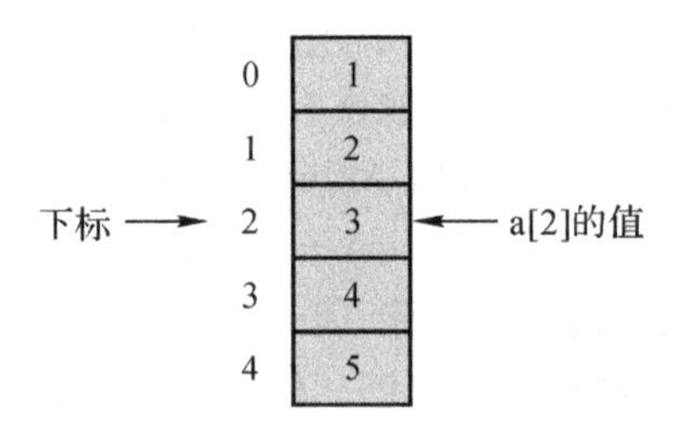

图 4.8 数组

定义数组变量时的[]表明这个变量是一个数组；而[]之前的类型，就是数组的每个元素的类型。

数组的下标从 0 开始计数，所以最大的下标是数组元素个数－1。我们用[]运算符来指出数组的某一个元素。因此 a[2]就是这个数组的下标为 2 的元素，也就是第三个元素，它的类型是 int。我们可以像使用 int 一样来使用 a[2]：

```
a[2] = 45;
a[count] = feet * 23;
int ki = a[2] * 32;
a[a[2]] = 6;        // 结果使 a[3]=6
```

Java 对数组的使用非常小心，在 Java 虚拟机中有数组下标检查机制。无论是读取数组元素的值还是对数组元素进行赋值，只要是访问数组的元素，就要进行下标检查，保证对数组的访问不越过数组的边界。如果出现对不存在的数组下标的访问，就会产生一个异常。异常的处理方法，请参看第 10 章。

4.7.1 数组的创建和使用

在 Java 语言中，数组实际上是对象，数组变量实际上就是对象的引用。所以，我们需要像创建对象一样来创建数组：

```
int[] a = new int[11];
```

上面的语句定义了一个数组变量 a，其基本类型（每个元素的类型）为 int；然后用 new 运算符创建了一个 int 型的数组，其元素个数为 11。在 new 运算符后面出现的是类型名称，类型名称后面的[]里必须要有一个整数值，表示要创建的数组的元素的个数。这个整数值可以是变量，因此 Java 的数组可以在运行的时候确定大小。但是一旦一个数组被创建出来，就没有办法去改变它的大小了。

```
int[] a = {1,2,3,4,5};
```

也是在创建数组，但是没有用 new 运算符，而是使用了集中初始化的方式创建数组。它们的效果是一样的，都是制造了一个 int 型的数组，让数组变量 a 指向那个数组。集中初始化在创建数组的同时，还能给每个元素赋以初值。

1. 数组. length

一旦创建了一个数组，我们就可以通过数组的一个固有成员 length 来得知数组的元素的个数。下面的程序创建了一个数组，并用一个 for 循环来遍历数组，输出其中的值。

[程序 4-8]　ArrayLength. java

```
// ArrayLength.java
public class ArrayLength {
  public static void main(String[] args) {
    int[] a = new int[(int)(Math.random() * 10)];
    for ( int i=0; i<a.length; ++i )
      a[i] = (int)(Math.random() * 100);
    for ( int i=0; i<a.length; ++i )
      System.out.println(a[i]);
  }
}
```

程序运行的一次结果如下：

```
47
13
35
25
33
72
23
6
91
```

我们用 Math. random()产生的随机数来制造数组，因此数组的大小是无法预知的。在其后循环中，我们使用了 a. length 来得到数组的元素个数。要注意的是，length 不是方法,因此没有()跟在后面。

2. for 数组

由于对数组的循环遍历非常常用,因此 Java 设有一个特别的 for 循环语法,能够让我们方便地遍历数组,上面的程序可以改写为:

[程序 4-9] ForArray.java

```
// ForArray.java

public class ForArray {
  public static void main(String[] args) {
    int[] array = new int[(int)(Math.random() * 10)+1];
    for ( int i=0; i<array.length; ++i )
      array[i] = (int)(Math.random() * 100);
    for ( int value: array )
      System.out.println(value);
  }
}
```

程序运行的一次结果如下:

```
79
52
2
61
72
35
91
52
21
58
```

上面的程序中的循环:

```
for ( int value: array )
```

的意思是,对 array 数组中每一个元素进行遍历,在每一步循环中,用 value 变量指代数组的某一个元素。因此在循环体内,就不再需要出现数组下标,value 直接用来指代数组的某一个元素。这种 for 循环被叫做 for-each 循环,但是这种 for-each 循环只能用来读取数组元素的值,而不能用来对数组元素赋值。所以我们做赋值的第一个循环,还是用了传统的 for 循环的形式。

3. 数组变量的赋值

由于数组变量实际上是对象引用,因此对数组变量的赋值也遵循对象引用赋值的规则。也就是说,当看见两个数组变量在做赋值操作时,千万不要以为那是在复制整个数组，实际上，那是使得等号左边的变量指向等号右边的变量所指的那个数组。

［程序 4-10］ ArrayAssignment. java

```
//  ArrayAssignment.java

public class ArrayAssignment {
  public static void main(String[] args) {
    int[] a1 = {1,2,3,4,5};
    int[] a2 = a1;
    for ( int i=0; i<a2.length; ++i )
      a2[i] ++;
    for ( int v : a1 )
      System.out.println(v);
  }
}
```

程序运行的结果如下：

```
2
3
4
5
6
```

int[] a2 = a1；做了一个赋值，实际上是使 a2 指向了 a1 所指的那个数组，所以之后对 a2 所做的任何操作，就是在对 a1 所指的数组做的操作。

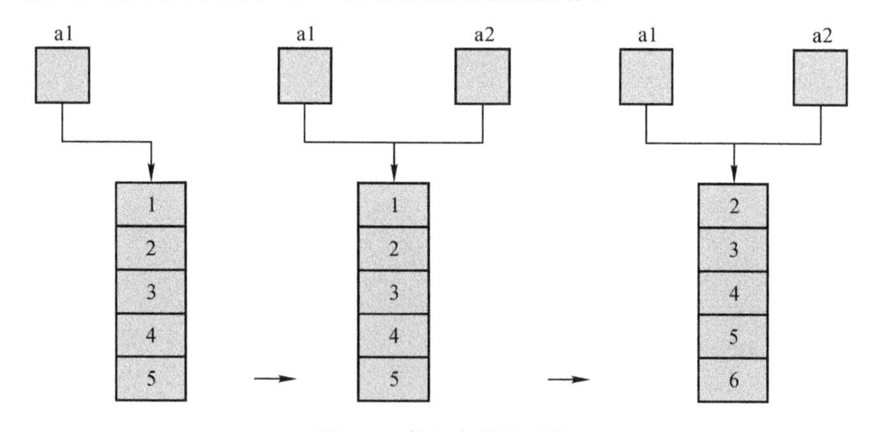

图 4.9　数组变量的赋值

4.7.2　对象数组

数组的类型表明数组每个元素的数据类型。因此一个 int 型的数组中，每个元素都是一个 int 型的变量，存放一个 int 型的数据；一个 double 型的数组中，每个元素都是一个

double型的变量，存放一个double型的数据。那么一个String类型的数组呢？一个我们自己定义的类的类型的数组呢？

一个int型的变量里面存放的是一个int型的数据，因此当我们把许多个int型的变量排列起来组成数组时，数组的每个元素都是一个int型的变量，存放一个int型的数据。一个对象变量里面存放的是对象的引用，而非对象本身，因此当我们把许多个对象类型的变量排列起来组成数组时，数组的每个元素仍然是引用，而非对象本身。

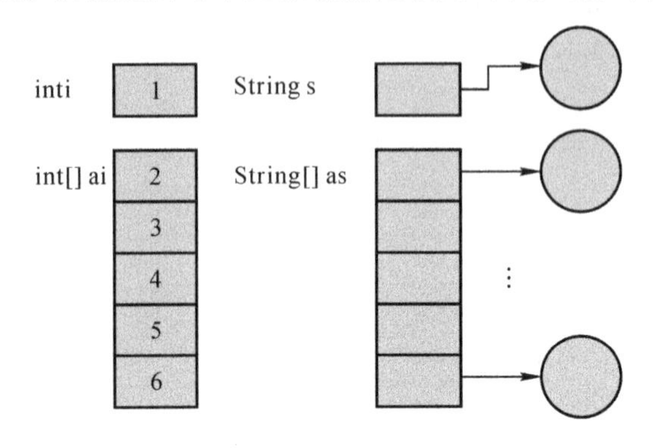

图 4.10　对象数组

所以，当我们用new创建了一个对象数组之后，数组的每个元素并没有被初始化，他们所要指向的对象并没有随着数组的创建而被创建出来。通常我们需要做进一步的操作来逐一创建每个元素所指向的对象。

[程序 4-11]　ObjectArray

```
// ObjectArray

class Value {
  int i;
}

public class ObjectArray {
  public static void main(String[] args) {
    Value[] av = new Value[(int)(Math.random() * 10)+1];
    for ( int i=0; i<av.length; ++i ) {
      av[i] = new Value();
      av[i].i = (int)(Math.random() * 100);
    }
    for ( Value v : av )
      System.out.println(v.i);
  }
}
```

程序运行的一次结果如下：

```
90
8
85
65
63
1
51
```

Value 是一个最简单的类，只有一个数据成员 i。我们在创建了 Value[] av 之后，必须通过遍历这个数组来给每个元素，也就是每个 Value 类的引用，创建一个相联系的 Value 类的对象。上面的例子中我们还可以看到，即使是对象类型的数组，for-each 循环也可以很好地用来遍历其中的每一个对象引用。

思考题与习题

一、概念思考题

1. 对象变量未赋初值前的值是什么？

2. 为什么类的静态成员变量的值在所有的对象中是相同的？

3. 为什么在 main() 中可以调用的方法、可以使用的成员变量必须是静态的？

4. 对象数组中的每一个成员是对象的引用还是对象本身？

二、程序理解题

写出以下代码的运行结果：

```
String s1, s2, s3;
s1 = "X'mas 是 12 月 25 日";
s2 = s1.toLowerCase();
s3 = s1 + " " +s2;
System.out.println(s3.replace('2','3'));
```

三、编程题

1. 写一个程序，读入两个点的坐标(x1,y1)和(x2,y2)，计算输出两点之间的距离。

2. 写一个程序，读入 20 个 10 以内的正整数，输出每个整数出现的次数。

第 5 章

初始化与访问控制

本章主要内容：

- 定义初始化
- 构造方法
- 方法重载
- 包
- 控制访问

5.1 定义初始化

在第 3 章里我们提到了在定义类的成员变量的时候，假如我们没有给初始化值，Java 程序运行的时候会自动给这个变量一个 0 值。当然这个 0 值针对不同的类型有不同的含义。对于所有的数值类型——包括整数和浮点数，0 就是数值意义上的 0；对于字符类型 char，0 值的意思是 Unicode 编码的 0，不是数字 0，而是一个不可见的字符；对于逻辑类型 boolean，0 值的意思是 false；而对于对象变量，0 值就是 null，表示该变量不指向任何对象。

我们也可以在定义类成员变量的时候直接在变量后面加上"="和一个初始值，在定义的时候给初始值就是定义初始化。比如下面的类 Diretor。

[程序 5-1]　Director.java

```
//  Director.java

public class Director {
   int dir = 90;
   public static void main(String[] args) {
      Director d = new Director();
      System.out.println(d.dir);
   }
```

```
}
```

程序的运行结果是：

```
90
```

Director 的成员变量 dir 有一个定义初始化值，因此任何 Director 的对象一旦被创建，里面的 dir 就有了 90 这个初始值。

做定义初始化的时候使用的值不一定要是编译时刻确定的常数，也可以是调用函数运算的结果，对象变量也可以在定义初始化的时候创造对象。

[程序 5-2]　Director2.java

```
// Director2.java

public class Director2 {
   int dir = 90;
   String name = new String("Delta Kilo");
   int speed = (int)(Math.random() * 150);
   public static void main(String[] args) {
      Director2 d = new Director2();
      System.out.println(d.name+"is running at "+d.dir+"as "+d.speed.);
   }
}
```

程序的一次可能的输出如下：

```
Delta Kilo is running at 90as 17.
```

在做定义初始化的时候，如果调用方法来给变量赋初始值，而方法又使用了成员变量做参数，要留心变量定义的顺序和方法中所用变量的顺序，下面的程序写法是不可以的：

```
class A {
   int i=f(j);
   int j=6;
...
}
```

因为 i 的初始化用到了 j 的值，而 j 的书写顺序在 i 的后面。因此当 i 要调用 f()做初始化的时候，j 还没有被初始化。交换一下 i 和 j 的顺序，写成这样就可以了：

```
class A {
   int j=6;
   int i=f(j);
...
}
```

5.2　构造方法

定义初始化保证了这个类的任何对象创建的时候，都会执行定义初始化语句来对成员变量设定一个确定的初始值。有的时候我们可能想在创建对象的时候做更多的动作，比如打印输出些东西，或者做变量赋值之外的更复杂的初始化动作。当然我们可以设计我们的类中有一个方法，比如叫做init()。然后任何时候我们创建这个类的对象，都得提醒自己不要忘了在对这个对象做任何动作之前，先得调用这个init()方法：

[程序 5-3] Director3.java

```
//  Director3.java

public class Director3 {
   int dir = 90;
   String name = new String("Delta Kilo");
   int speed = (int)(Math.random() * 150);

   void init() {
      System.out.println("A good way to init an object".);
   }

   public static void main(String[] args) {
      Director3 d = new Director3();
      d.init();
      System.out.println(d.name+"is running at "+d.dir+"as "+d.speed.);
   }
}
```

程序的一次可能的输出如下：

```
A good way to init an object.
Delta Kilo is running at 90as 112.
```

但是这样的安排依赖程序员的自觉和仔细，万一哪天哪个冒失的新手忘了在创建Director3的对象后执行init()，就可能造成严重的后果。

Java提供了一种机制——构造方法来解决这个问题。构造方法是一个特殊的方法，它与普通的方法相比较，有如下的不同之处：

(1)方法的名字就是类的名字；

(2)没有返回类型，也不能从方法内返回任何值；

(3)创建对象的时候会自动被调用，而且无法制止这种调用；

(4)不能通过对象或者类的“.”运算符直接调用。

我们把上面的Director3类改造一下，把init()改造成构造方法：

[程序 5-4] Director4.java

```
//  Director4.java

public class Director4 {
```

```
    int dir = 90;
    String name = new String("Delta Kilo");
    int speed = (int)(Math.random() * 150);

    Director4() {
        System.out.println("A good way to init an object".);
    }

    public static void main(String[] args) {
        Director4 d = new Director4();
        System.out.println(d.name+"is running at "+d.dir+"as "+d.speed.);
    }
}
```

程序的一次可能的输出如下：

```
A good way to init an object
Delta Kilois running at 90as 42
```

Director4()就是一个构造方法，它的名字与类的名字相同，没有返回类型，不返回值，在创建对象的时候自动被调用。

创建对象的时候，首先对象中所有的变量会得到 0 值，然后执行定义初始化，最后执行构造方法。

Director4 的构造方法没有参数，没有参数的构造方法叫做缺省构造方法。类假如没有定义任何构造方法，Java 的编译器会为我们配上一个自动缺省构造方法。当然这个自动缺省构造方法是空的，不做任何事情，只是为了满足编译的需要。

构造方法当然可以有参数，我们往往用这些参数来设定成员变量的初始值，这样不同的对象就可以有不同的初始值。在创建这样的类的对象的时候，我们必须在 new 后面写上对构造函数的调用，并传递给它适当的参数值：

[程序 5-5]　Director5.java

```
// Director5.java

public class Director5 {
    int dir = 90;
    String name = new String("Delta Kilo");
    int speed = (int)(Math.random() * 150);

    Director5(String s) {
        name = s;
        System.out.println("Captain "+s+" is on board".);
    }
```

```
    public static void main(String[] args) {
        Director5 d1 = new Director5("关公");
        Director5 d2 = new Director5("秦琼");
        System.out.println(d1.name+"is running at "+d1.dir+"as "+d1.speed.);
        System.out.println(d2.name+"is running at "+d2.dir+"as "+d2.speed.);
    }
}
```

程序的一次可能的输出如下：

```
Captain 关公 is on board.
Captain 秦琼 is on board.
关公 is running at 90as 142.
秦琼 is running at 90as 92.
```

Director5(String s)接受一个 string 类的对象作为参数，用这个参数来初始化成员变量 name。我们在 main()里创建了两个 Director5 的对象，分别用不同的字符串去初始化它们。

```
Director5 d1 = new Director5("关公");
```

就是创建了一个 Director5 的对象，并且把“关公”传递给了构造方法。

读者也许注意到在 Director5 类里，name 本身有一个定义初始化，给了它一个初始值，如果使用 Director4 的缺省构造方法就可以使用这个初始值，而使用 Director5 的构造方法的时候，必须在创建的时候给一个初始值。有没有可能当我们想要给初始值的时候用 Director5 的构造方法，而不想给的时候又可以用 Director4 的缺省构造方法呢？这就要用到方法重载了。

5.3 方法重载

如果一个类里有两个或两个以上的方法，方法的名称相同，但是参数表不同，它们就成为重载的方法。如果我们希望一个类里有几个不同的构造方法，它们的名称显然一定是相同的，而参数表可以是不同的；由于构造方法必须和类的名字相同，于是这些构造方法就构成了重载的构造方法。

[程序 5-6] Director6.java

```
// Director6.java

public class Director6 {
    int dir = 90;
    String name = new String("Delta Kilo");
    int speed = (int)(Math.random() * 150);
```

```
    Director6(String s) {
        name = s;
        System.out.println("Captain "+s+" is on board".);
    }

    Director6() {
        System.out.println("A good way to init an object".);
    }

    public static void main(String[] args) {
        Director6 d1 = new Director6("关公");
        Director6 d2 = new Director6("秦琼");
        Director6 d3 = new Director6();
        System.out.println(d1.name+"is running at "+d1.dir+" as "+d1.speed.);
        System.out.println(d2.name+"is running at "+d2.dir+" as "+d2.speed.);
        System.out.println(d3.name+"is running at "+d3.dir+" as "+d3.speed.);
    }
}
```

程序的一次可能的输出结果如下：

```
Captain 关公 is on board.
Captain 秦琼 is on board.
A good way to init an object.
关公 is running at 90 as 84.
秦琼 is running at 90 as 3.
Delta Kilois running at 90 as 117.
```

Director6 有两个构造方法，名称一样，但是参数表不同。当我们创建 Director6 的对象的时候，给构造方法不同的参数值，Java 编译器就知道该根据参数表来选择调用哪个构造方法。

同样，普通的方法也可以重载，只要满足名称相同、参数表不同的概念就可以了。名称相同、参数表也相同的话，编译器会产生编译错误。因为这样的方法，在被调用的时候，无法区分究竟该调用哪个。方法的名称和参数表，包括参数表里的参数的个数、顺序和每个参数的类型，叫做方法的签名。Java 的编译器通过对比方法调用时给出的名称以及值的个数、顺序和类型，来决定应该调用哪个方法。所有的方法必须要有不同的签名，否则编译器无从选择。

返回类型不是方法签名的一部分，因此两个方法如果仅仅是返回类型不同，是不可以同时存在的。也许你会认为编译器可以通过区别方法的返回值将赋值给哪个类型的变量来决定应该调用哪个方法，但是方法的返回值是可以被忽略而不被赋给任何变量的。所以仅是返回类型的不同不能构成方法的重载。

下面的程序里有重载的方法：

[程序 5-7] Director7.java

```
// Director7.java

public class Director7 {
   int dir = 90;
   String name = new String("Delta Kilo");
   int speed = (int)(Math.random() * 150);

   Director7(String s) {
      name = s;
      System.out.println("Captain "+s+" is on board".);
   }

   Director7() {
      System.out.println("A good way to init an object".);
   }

   void print() {
      System.out.println(name+"is running at "+dir+" as "+speed.);
   }

   void print(String target) {
      System.out.println(name+"is running at "+dir+" as "+speed+" to "+target.);
   }

   void print(Director7 d) {
      System.out.println(name+"is running at "+dir+" as "+speed+" to "+d.name.);
   }

   public static void main(String[] args) {
      Director7 d1 = new Director7("关公");
      Director7 d2 = new Director7("秦琼");
      Director7 d3 = new Director7();
      d1.print(d2);
      d2.print("孙悟空");
      d3.print();
   }
}
```

程序一次可能的输出结果如下：

```
Captain 关公 is on board.
Captain 秦琼 is on board.
A good way to init an object.
关公 is running at 90 as 8 to 秦琼.
秦琼 is running at 90 as 32 to 孙悟空.
Delta Kilois running at 90 as 142.
```

Director7 定义了三个 print()方法，有互不相同的参数表。当我们调用 print()的时候，给出不同的参数值，编译器就知道该调用哪个了：

```
d1.print(d2);          -->    void print(Director7 d)
d2.print("孙悟空");     -->    void print(String target)
d3.print();            -->    void print()
```

this

当一个类有多个构造方法的时候，我们可以在某个构造方法内，调用另一个构造方法。但是这种调用只能有一次，而且这句调用必须是这个构造方法内的第一条语句。

[**程序 5-8**]　Director8.java

```
// Director8.java

public class Director8 {
  int dir = 90;
  String name = new String("Delta Kilo");
  int speed = (int)(Math.random() * 150);

  Director8(String s) {
     this();
     name = s;
     System.out.println("Captain "+s+" is on board.");
  }

  Director8() {
     System.out.println("A good way to init an object.");
  }

  void print() {
     System.out.println(name+"is running at "+dir+" as "+speed.);
  }

  void print(String target) {
     System.out.println(name+"is running at "+dir+" as "+speed+" to "+target.);
  }
```

```
    void print(Director8 d) {
        System.out.println(name+"is running at "+dir+" as "+speed+" to "+d.name.);
    }

    public static void main(String[] args) {
        Director8 d1 = new Director8("关公");
        Director8 d2 = new Director8("秦琼");
        Director8 d3 = new Director8();
        d1.print(d2);
        d2.print("孙悟空");
        d3.print();
    }
}
```

程序的一次可能的输出如下：

```
A good way to init an object.
Captain 关公 is on board.
A good way to init an object.
Captain 秦琼 is on board.
A good way to init an object.
关公 is running at 90 as 89 to 秦琼.
秦琼 is running at 90 as 129 to 孙悟空.
Delta Kilo is Brunning at 90 as 107.
```

在构造方法 Director8(String s)里的第一句

```
this();
```

就是在调用另外一个没有参数的构造方法。

this 是一个 Java 关键字。this 除了可以在构造方法里调用另外一个构造方法外，还可以在非静态方法中作为一个特殊的对象变量。this 这个对象变量指向调用方法的那个对象。

[程序 5-9]　GetSet. java

```
// GetSet.java

public class GetSet {
    String name ="";
    void f(String name) {
        this.name = name;
    }
    public static void main(String[] args) {
        GetSet gs = new GetSet();
        gs.f("lala");
    }
```

```
}
```

在 f()里，参数表里的变量 name 要赋值给成员变量 name；而两个 name 总不能写成

```
name = name;
```

不然的话，编译器将无法分辨两个 name 各自指代什么。于是我们就使用了 this。当编译器执行

```
gs.f("lala");
```

的时候，在 f()里，this 就指向 gs。

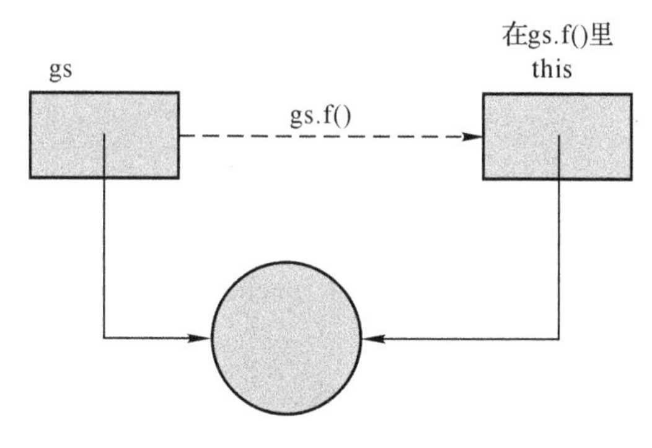

图 5.1　this 的作用

当调用 f()时，通过哪个对象调用 f()，f()里的 this 就指向哪个对象。this 在任何非静态方法里都存在，不需要定义，也不可以定义。由于静态方法属于类而不属于任何对象，无法与任何对象联系在一起，所以在静态方法里没有 this 变量。

5.4　包

面向对象程序设计的主要优点之一是对象重用，即对象可在多个场合被反复使用。在 Java 语言中，对象是类的实例，类是创建对象的模板；而对象是以类的形式表示的，因此对象重用就是类的重用。Java 通过一种称为包(package)的类的组织方式，对类和接口进行有效管理，包是实现类重用的一种方法。

5.4.1　包的概念

Java 中的包是类的集合，程序员可以将常用的类或功能相似的类放在同一个包中。类似于 Windows 系统用文件夹的方式组织存放文件一样，Java 通过目录存放各种类文件，并将同一个目录中的类和接口文件看成属于同一个包。通过这种方式，可以使程序模块结构清晰，并实现类的复用。

包是 Java 类的一种松散的组织方式。Java 不要求同一包中的类有明确的相互关系，如继承、引用等，但同一包中的类在默认情况下可以相互访问。为了方便编程和管理，通常将一起工作的类放在同一包(即同一个目录)中。

包的主要作用是：

(1)定义类名空间。如果有相同类名的两个类，只要放在不同的包中，Java 系统就能区别对待。

(2)控制类之间的访问。包是一个类名空间，同一个包中的类和接口不能重名，不同包中的类可以重名，类之间的访问控制通过类修饰符来控制。若类声明修饰符为 public，表明该类可以被所有的类访问；若类声明无修饰符，则表明该类仅供同一包中的类访问。

如果编写出的类没有声明自己属于任何包，Java 编译器把所有放在同一个目录下的没有声明自己属于任何包的类认定为一个默认包。前面给出的 Java 程序例子都属于这种情况。

5.4.2 创建包

将 Java 源程序的第一条语句写成一个 package 语句就可以创建一个指定的包，package 语句定义了类的类名空间。

在一般情况下，Java 源程序由四部分组成：

(1)可选的包(package)定义语句。若有 package 语句，其作用是将源文件中的类和接口纳入指定包。package 语句必须是源文件的第一条语句；

(2)若干 import 语句，其作用是引入程序所需要的包中的类；

(3)public 类声明，在一个源文件中如果定义多个类，则只能有一个类定义为 public 类；

(4)一个或多个类或接口的定义。

作为包的声明语句，其语法格式是：

```
package 包名;
```

该语句创建一个指定名字的包，包名可由一个字符串如 mypack 表示，也可由多个字符串组成，字符串之间用“.”间隔。

下面给出的是合法的创建包的语句：

```
(1)package mypack;
   public class MyProc
   {...}
(2)package my.pack.demo;
```

语句 package mypack 的作用是创建 mypack 包，它可以是当前目录下创建的 mypack 子目录，程序中定义的 MyProc 类编译得到的 MyProc.class 文件要存放在这个子目录中。语句 package my.pack.demo 中的符号“.”是目录分隔符，这个语句表明要创建的目录是：首先创建 my 子目录，然后在 my 目录下建 pack 目录，最后在 pack 目录下再建 demo 目录。

下面的程序定义属于 my.pack.demo 包的 Point 类的程序：

[程序 5-10] Point.java

```
// Point.java
package my.pack.demo;
public class Point
```

```
{
    int x,y;
    public Point() { setPoint(0,0); }
    public Point(int a,int b) { setPoint(a,b); }
    public void setPoint(int a,int b) { x=a; y=b;}
    public int getsum() { return x+y;}
}
```

如果使用下面命令编译，则在当前目录下产生 Point. class 类文件，此时需要自己分别建立 my\pack\demo 的目录结构，并将 Point. class 类文件放 demo 目录下。

```
javac Point.java
```

如果需要编译系统自动完成上面的工作，则需指定 Java 编译器的"—d 根目录名"编译选项。假设在当前目录下建立该包，则根目录名用"."表示，即使用如下命令：

```
javac -d . Point.java
```

如果包要建立在已经存在的 c:\tmp 目录，则使用命令：

```
javac -d c:\tmp Point.java
```

上面命令编译的结果如图 5.2 所示，目录 my、pack 和 demo 均由 javac 编译系统自动建立，且 Point. class 文件被放在 demo 目录中。

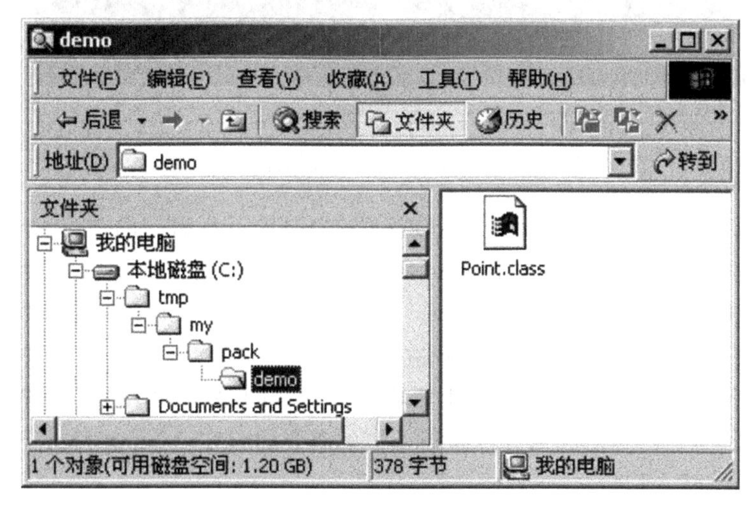

图 5.2 包的目录结构

5.4.3 使用包

在上面的例子中定义了 Point 类，如果需要使用 Point 类定义一个对象，则需先引入(import)包中的 Point 类，然后用 Point 类创建对象并调用对象中的方法。

[程序 5-11] PLDemo. java

```
// PLDemo.java
```

```
import my.pack.demo.Point;
public class PLDemo {
    public static void main(String[] args) {
        Point p=new Point(20,10);
        System.out.println("sum="+p.getsum());
    }
}
```

使用 javac PLDemo.java 编译程序时，命令窗口出现如图 5.3 所示的错误。

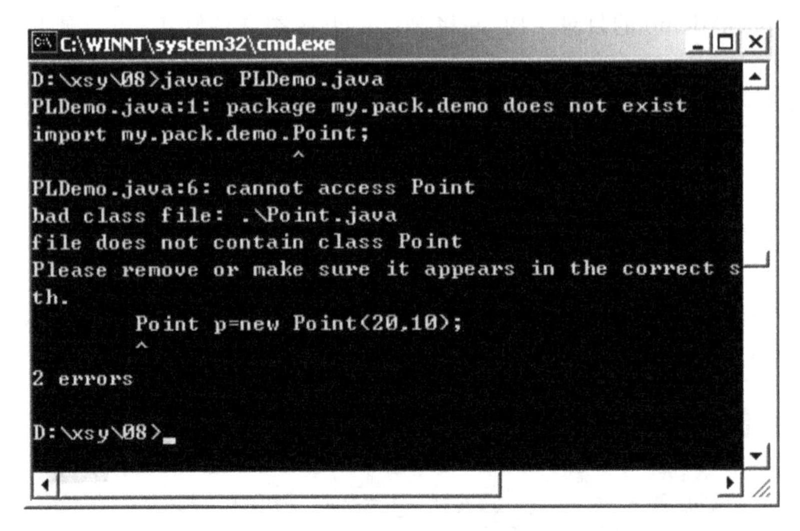

图 5.3　程序 PLDemo.java 编译错误信息

程序中有 import my.pack.demo.Point 语句，引入了所需要的类，为什么找不到包？编译系统指出 my.pack.demo 包不存在，那么 Java 系统如何去确定包的位置？查找包由 CLASSPATH 环境变量来定义。在 MS－DOS 中，CLASSPATH 的定义语法如下：

```
set CLASSPATH=根路径 1；根路径 2；根路径 3；...
```

Java 编译系统根据 CLASSPATH 环境变量指定的路径，依次在这些根目录下去寻找是否有需要的包，路径之间用分号间隔。如果需要的包在 c:\tmp 目录下，则使用下面命令设置 CLASSPATH：

```
set CLASSPATH=c:\tmp;.
```

再编译 PLDemo.java 程序，编译系统首先在 c:\目录下找 my.pack.demo 包；如果没找到再到 c:\tmp 目录下找；如果在所有的路径中都没找到需要的包，就提示图 5.3 所示的错误信息。如果在路径中找到需要的包和类，编译通过，程序的运行结果会如图 5.4 所示。

注意 CLASSPATH 定义中的“.”，它表示要在当前目录下寻找包和类。因为 PLDemo 类属于无名包，它的类文件在当前目录，如果没有定义“.”，运行 PLDemo 程序会报以下错误信息：

```
Exception in thread "main" java.lang.NoClassDefFoundError: PLDemo
```

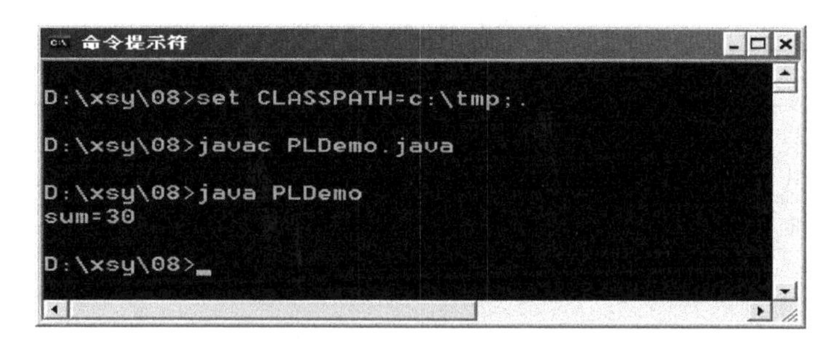

图 5.4　程序 PLDemo 的运行结果

5.5　访问控制

在第 2 章我们提到过，封装的定义是：把数据和对这些数据的操作放在一起。更严苛的定义是：用这些操作把数据隐藏起来，外界只能看见操作，而看不见数据。也就是说，数据应该由对象自己来管理，我们应该禁止对象外部对对象内部的数据进行直接操作。对象的内部数据应该与外部隔绝开来，外部只能访问对象公开提供的那些方法。这些对外界公开提供的方法，就构成了对象对外界的界面。

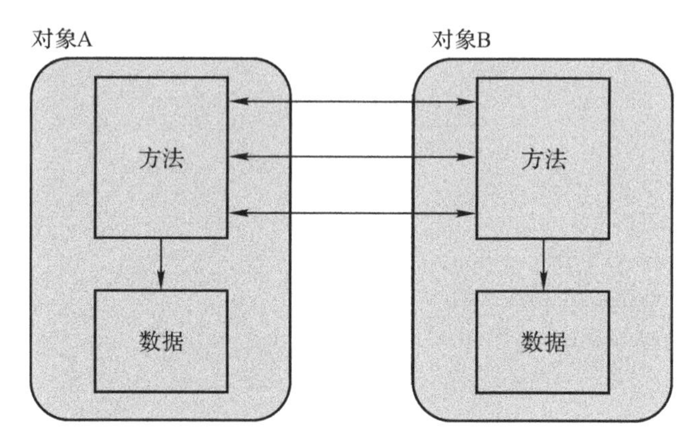

图 5.5　对象的界面

对象 A 要用到对象 B，于是我们称对象 A 为对象 B 的客户，反之亦然。作为客户，只能通过界面来使用对方的对象，而不能随心所欲地操纵对方的数据。只有对象自己的方法才能随心所欲地操纵自己的数据。

Java 语言提供了一些修饰符(modifier)来实现对象的封装，不同的修饰符表明对象成员的不同的访问属性。表 5.1 列出了 4 种可见性修饰符和它们的含义。

表 5.1 可见性修饰符

修饰符	含义
public	任何类的方法里都可以访问
protected	成员所在的类和它的子类以及同一个包内的其他类的方法里可以访问
无修饰符	成员所在的类和同一个包内的其他类的方法里可以访问
private	只有成员所在的类的方法里可以访问

子类的概念将在下一章中阐述。

5.5.1 类成员的访问属性

类的每一个成员，无论方法还是变量，前面都可以加上可见性修饰符来表明各自的访问属性。

如果一个成员的属性是 public 的，那么从任何其他类的任何方法里都可以直接用“.”运算符访问这个成员。所谓访问的意思是：对于方法可以直接调用，而对于成员变量，可以直接读取和赋值。

下面的程序里 Value 的方法和数据的属性都是 public 的，所以从 Access 类的方法里可以直接使用。

[程序 5-12] Access. java

```
// Access.java

class Value {
  public int i=0;
  public Value() {};
  public Value(int i) { this.i = i; }
  public int getValue() { return i; }
  public void setValue(int i) { this.i = i; }
}

public class Access {
  public static void main(String[] args) {
    Value v = new Value();
    v.i = 16;
    v.setValue(v.i * 2);
    System.out.println(v.getValue());
  }
}
```

程序的运行结果是：

```
32
```

Access类对于Value类来说就是一个外部成员，由于Value类所有的成员都是public的，所以Access这个外部成员可以直接访问Value类的所有的成员，而这并不是面向对象的良好设计。

我们可以设置成员变量为private类型来阻止外界的直接访问，只允许自己类的成员方法访问。

[程序5-13] Access2.java

```
// Access2.java

class Value2 {
  private int i=0;
  public Value2() {};
  public Value2(int i) { this.i = i; }
  public int getValue() { return i; }
  public void setValue(int i) { this.i = i; }
}

public class Access2 {
  public static void main(String[] args) {
    Value2 v = new Value2();
    v.setValue(16); //v.i = 16;
    v.setValue(v.getValue() * 2); //v.setValue(v.i * 2);
    System.out.println(v.getValue());
  }
}
```

程序的运行结果是：

```
32
```

Value2类的成员变量i的访问属性是private，于是在另外的类Access2中，就不能直接访问i了，而必须通过Value2的public的方法来访问。

通过一对getXXX()、setXXX()方法来访问私有成员变量的方式叫做变量的访问操作。你也许会觉得这是多此一举，为什么不让外界直接访问？这是因为采用这样的访问操作，写Value2类的程序员可以控制别人对它的数据的访问，比如，他可以取消setXXX()方法，使变量i成为对外界只读的数据；他可以修改内部的数据定义，把int改成long甚至double；他可以对外界的访问进行计数，等等。如果变量i的属性被设置成了public，那么他就没有任何办法做这些事情，也没有任何办法阻止别人滥用他的数据。

成员方法的属性也可以是private的，这样的方法是提供类内部使用的：

表 5.2 不同的访问属性的效果

	public	private
成员变量	破坏封装原则	确保了封装原则
方法	提供外界访问的界面	提供内部使用的方法

没有任何修饰符的成员的访问属性是“家庭”的，在同一个包内的其他类的方法内可以访问这些“家庭”的成员。这种访问属性提供了某种程度的方便和某种程度的保护——家庭内部的自由访问和保护，但是却不能阻止家庭成员的非法侵害。何况 Java 的包并不存在管理机制，任何人编写的类都可以声明自己属于某个包，于是就成为那个包的成员并进入该家庭了。所以我们的建议是：

(1)任何类的成员，都应该有明确的访问属性；

(2)任何的成员变量，都应该是 private 的；

(3)方法应该是具有明确的逻辑意义的，尽可能不要提供简单的访问操作。

5.5.2 类的访问控制

类和类成员一样也可以有访问属性，可以在 class 关键字前面加上 public 来声明一个类的访问属性。类的访问属性是指能否用这个类来定义变量，类的访问属性是相对“包”来说的：

• 如果一个类的属性是 public 的，意味着在任何其他类里都可以定义这个类的对象的变量。

• 如果类的定义前没有任何访问修饰符，意味着只有在这个类所属的包内的其他类里才可以定义这个类的对象的变量。

我们把一个.java 源程序文件叫做一个编译单元，一个编译单元中只能有一个属性为 public 的类，public 类的名字必须和文件的名字一样。一样的意思是指大小写也完全一样。尽管 Windows 操作系统不区分文件名的大小写，但是 Java 的编译器会严格地检查。

除了一个唯一的 public 的类，一个编译单元里还可以有其他类存在，但是那些类不可以是 public 的，它们缺省的属性是包内可访问的。当 Java 编译源程序文件时，会为每一个类生成一个.class 文件，文件名就是类的名字，而不是为每一个文件生成一个.class 文件。因此一个有三个类定义的.java 编译后就会生成三个.class 文件，每个类分别有一个。

[程序 5-14] Lunch.java

```
//  Lunch.java
class Sushi {
    private Sushi() {}

    public static Sushi makeSushi() {
```

```
            return new Sushi();
        }
        public static Sushi getSushi() { return ps1; }
        public void sauce() {
        System.out.println("Put some soy sauce on sushi.");
      }

      private static Sushi ps1 = new Sushi();
    }

    public class Lunch {
        public static void main(String[] args) {
            //! Sushi priv1 = new Sushi();
            Sushi priv2 = Sushi.makeSushi();
            priv2.getSushi().sauce();
        }
    }
```

程序的运行结果是：

```
Put some soy sauce on sushi.
```

上面的例子中，有一个 Sushi 类，它的构造函数是私有的。也就是说，这个类不能被外界所构造。不过这个类有一个成员方法 makeSushi()，用来返回一个 Sushi 类的对象。当我们需要一个 Sushi 类的对象的时候，可以要求 Sushi.makeSushi()来得到一个 Sushi 类的对象。显然 makeSushi()这个方法的属性必须是 static 的。如果它的属性不是 static，那就表明这个方法必须通过 Sushi 类的一个对象来调用，然而 Sushi 类必须通过这个方法才能得到。

思考题与习题

一、概念思考题

1. 初始化的顺序是什么？

2. 定义初始化时可以调用方法么？

3. 方法重载时返回类型可以用做区分么？

4. 属于某个包的类的 main()在启动执行时与不属于任何的包的类的 main()有什么区别？

5. 一个对象可以访问同一个类的另外对象的 private 的成员么？

二、程序理解题

写出该程序的运行结果。

```
class Address {
  private String streetAddress, city, state;
```

```
    private long zipCode;

    public Address (String street, String town, String st, long zip)
{
        streetAddress = street;
        city = town;
        state = st;
        zipCode = zip;
    }

    public String toString() {
        String result;

        result = streetAddress + "\n";
        result += city + ", " + state + " " + zipCode;

        return result;
    }
}

class Student {
    private String firstName, lastName;
    private Address homeAddress, schoolAddress;

    public Student (String first, String last, Address home, Address school)
{
        firstName = first;
        lastName = last;
        homeAddress = home;
        schoolAddress = school;
    }

    public String toString() {
        String result;

        result = firstName + " " + lastName + "\n";
        result += "Home Address:\n" + homeAddress + "\n";
        result += "School Address:\n" + schoolAddress;

        return result;
    }
}
```

```
public class StudentTest {
   public static void main (String[] args) {
      Address school = new Address ("38 Zheda Rd.", "Hangzhou",
                              "ZJ", 310027);

      Address jHome = new Address ("20 Yugu Rd.", "Hangzhou",
                              "ZJ", 310013);
      Student john = new Student ("John", "Smith", jHome, school);


      Address mHome = new Address ("123 Zhongshan Rd.", "Fuzhou", "FJ",
                              350000);
      Student marsha = new Student ("Marsha", "Jones", mHome, school);

      System.out.println (john);
      System.out.println ();
      System.out.println (marsha);
   }
}
```

三、编程题

1. 编程实现一个复数类 Complex，要求其实部和虚部用 private 的成员变量表达，并具有以下成员方法：

Complex()，构造方法，将实部、虚部都置为 0；

Complex(double r, double i)，构造方法，将实部、虚部分别初始化为 r 和 i；

Complex(Complex ref)，构造方法，将实部、虚部初始化为 ref 的实部、虚部；

double getReal()，返回实部；

double getImage()，返回虚部；

Complex add(Complex ref)，将自己与 ref 进行复数相加，用结果制造另外一个新的 Complex 对象返回。

2. 编写一个表达学生和课程关系的程序，定义两个类：Student 和 Course。在 Student 类里有一个 Course 的数组，表示学生所选的课程；在 Course 类里有一个 Student 的数组，表示选了该课程的学生。程序首先要求用户输入课程的数量，然后依次输入所有课程的名称；接着要求用户输入学生的数量，然后依次输入学生的信息。先输入学生的姓名，再输入该生选课的数量，接着输入该生选择的每一门课的名称。在输入的过程中，将信息填入相应的 Student 和 Course 对象中。最后，打印输出每个学生所选的所有的课程的列表和每个课程的所有选课的学生的列表。

第 6 章

继承与多态

面向对象程序设计语言有三大特性：封装、继承和多态性。继承是面向对象语言的重要特征之一，没有继承的语言只能被称作“使用对象的语言”。继承是非常简单而强大的设计思想，它提供了我们代码重用和程序组织等有力工具。

本章主要内容：

- 继承
- 多态性
- final
- 抽象与接口
- 内部类

6.1 继　承

在第 2 章介绍面向对象程序设计基本概念时，我们说过类是用来制造对象的规则。其后的章节里，我们不断地定义类，并用已定义的类制造一些对象。类定义了对象的属性和行为，就像施工图纸决定了房子将要盖成什么样子。

用一张施工图纸可以盖很多房子，它们都是相同的房子，但是坐落在不同的地方，有不同的人住在里面。假如现在我们想盖一座新房子，和以前盖的房子很相似，但是稍微有点不同。任何一个建筑师都会拿以前盖的房子的图纸来，稍加修改，成为一张新图纸，然后盖这座新房子。所以一旦我们有了一张设计良好的图纸，我们就可以基于这张图纸设计出很多相似但不完全相同的房子的图纸来。

基于已有的设计创造新的设计，就是面向对象程序设计中的继承。在继承中，新的类不是凭空产生的，而是基于一个已经存在的基础类而定义出来的。通过继承，新的类自动获得了基础类中所有的成员，包括成员变量和方法和各种访问属性的成员，无论是 public 还是 private。当然，在这之后，程序员还可以加入自己定义的新的成员，包括变量和方法。显然，通过继承来定义新的类，远比从头开始写一个新的类要简单快捷和方便。继承是支持代码重用的重要手段之一。

类这个词有分类的意思，具有相似特性的东西可以归为一类。比如所有的鸟都有一些共同的特性：有翅膀、卵生等等。鸟的一个子类，比如鸡，具有鸟的所有的特性，同时又有它自己的特性，比如飞不太高等等；而另外一种鸟类，比如鸵鸟，同样也具有鸟类的全部特性，但是又有它自己的明显不同于鸡的特性。

我们现在用程序设计的语言来描述这个鸡和鸵鸟的关系问题，首先有一个类叫做"鸟"，它具有一些成员变量和方法，从而阐述了鸟所应该具有的特征和行为；然后一个"鸡"类可以从这个"鸟"类派生出来，它同样也具有"鸟"类所有的成员变量和方法，然后再加上自己特有的成员变量和方法。无论是从"鸟"那里继承来的变量和方法，还是它自己加上的，都是"鸡"的变量和方法。

6.1.1　Java 的继承

我们把用来做基础派生出其他类的那个类叫做父类、超类或者基类，而派生出来的新类叫做子类。Java 用关键字 extends 表示这种继承/派生关系：

```
class ThisClass extends SuperClass {
    //...
}
```

继承表达了一种 is-a 关系，就是说，子类的对象可以被看作是父类的对象。比如鸡是从鸟派生出来的，因此任何一只鸡都可以被称作是一只鸟。但是反过来不行，有些鸟是鸡，但并不是所有的鸟都是鸡。如果用户设计的继承关系导致当用户试图把一个子类的对象看作是父类的对象时显得很不合逻辑，比如让鸡类从水果类得到继承，然后用户试图说：这只鸡是一种水果，所以这本鸡煲就像水果色拉，这显然不合逻辑。如果出现这样的问题，那就说明类的关系的设计是不正确的。

Java 的继承只允许单继承，即一个类只能有一个父类。

下面我们来看一个例子。

[程序 6-1]　Words. java

```
//  Words.java

class Book {
  protected int pages = 300;

  public void setPages(int pages) { this.pages = pages; }
  public int getPages() { return pages; }
}

class Dictionary extends Book {
  private int definitions = 5000;
```

```
    public double computeRatio() { return definitions / pages; }
    public void setDifinitions(int difinitions) {
        this.definitions = definitions;
    }
    public int getDefinitions() { return definitions; }
}

public class Words {
    public static void main(String[] args) {
        Dictionary xinhua = new Dictionary();
        System.out.println("页数:"+xinhua.getPages());
        System.out.println("词条数:"+xinhua.getDefinitions());
        System.out.println("每页词条数:"+xinhua.computeRatio());
    }
}
```

程序运行的结果是:

```
页数:300
词条数:5000
每页词条数:16.0
```

整个程序里我们定义了三个类:Book, Dictionary 和 Words。Dictionary 是从 Book 派生出来的,或者说 Dictionary 是 Book 的子类,或者说 Dictionary 是一种 Book,或者说一本 Dictionary 是一本 Book。Words 和他们没有这种类型的关系,但 Words 用到了 Dictionary。他们三个类的关系可以用 UML 的类关系图(图 6.1)表达。

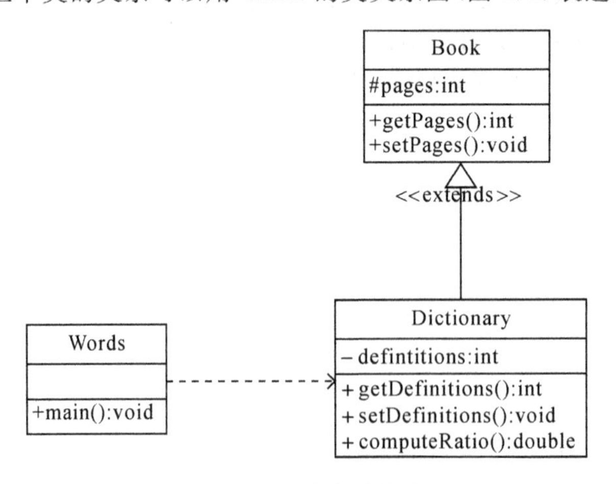

图 6.1 三个类的关系

Book 类里有一个属性为 private 的成员变量 pages,还有两个属性为 public 的方法 getPages()和 setPages()。当 Dictionary 类从 Book 类继承的时候,Dictionary 类得到了 Book 类的所有的成员:所有的成员变量和方法。因此 Book 类的 private 的成员变量

pages 和两个 public 的方法 getPages()和 setPages()现在都是 Dictionary 类的一部分。然后 Dictionary 类又加上了自己的成员变量 definitions 和三个属性为 public 的方法 getDefinitions()、setDefinitions()和 computeRatio()。

对理解继承来说，最重要的事情是，知道哪些东西被继承了，或者说，子类从父类那里得到了什么。答案是：所有的成员，除了构造方法。所有的父类的成员，包括变量和方法，都成为了子类的成员。构造方法是父类所独有的，因为它们的名字就是类的名字，所以父类的构造方法在子类中不存在。除此之外，子类继承得到了父类所有的成员。

6.1.2　继承得到的访问属性

虽然子类可以得到父类中所有的成员，但是得到不等于可以随便使用。每个成员有不同的访问属性，子类继承得到了父类所有的成员，但是不同的访问属性使得子类在使用这些成员时有所不同：有些父类的成员直接成为子类的对外的界面，有些则被深深地隐藏起来，即使子类自己也不能直接访问。表 6.1 列出了不同访问属性的父类成员在子类中的访问属性。

表 6.1　继承的访问属性

父类成员访问属性	在父类中的含义	在子类中的含义
public	对所有人开放	对所有人开放
protected	只有包内其他类、自己和子类可以访问	只有包内其他类、自己和子类可以访问
缺省	只有包内其他类可以访问	如果子类与父类在同一个包内：只有包内其他类可以访问；否则：相当于 private，不能访问
private	只有自己可以访问	不能访问

父类中属性为 public 的成员直接成为子类的 public 成员，属性为 protected 的成员也直接成为子类的 protected 成员。Java 中的 protected 的意思是包内和子类可访问，所以它比缺省的访问属性的严格性要宽一些。而对于父类的缺省的未定义访问属性的成员来说，他们是在父类所在的包内可见，如果子类不属于父类的包，那么在子类里面，这些缺省属性的成员和 private 的成员是一样的，均不可见。父类的 private 的成员在子类里仍然是存在的，只是子类中不能直接访问。我们不可以在子类中重新定义继承得到的成员的访问属性。如果我们试图重新定义一个在父类中已经存在的私有成员变量，那么我们是在定义一个与父类的成员变量完全无关的变量，在子类中我们可以访问这个定义在子类中的变量，在父类的方法中访问父类的那个，尽管它们同名但是互不影响。如果我们试图定义一个父类中已经存在的非私有成员变量，编译器会提示给我们一个编译错误。

[**程序 6-2**]　Words2.java

```
//  Words2.java
```

```
class Book2 {
  private int pages = 300;

  public void setPages(int pages) { this.pages = pages; }
  public int getPages() { return pages; }
}

class Dictionary2 extends Book2 {
  private int definitions = 5000;

  public double computeRatio() { return definitions / getPages(); }
  public void setDifinitions(int difinitions) {
    this.definitions = definitions;
  }
  public int getDefinitions() { return definitions; }
}

public class Words2 {
  public static void main(String[] args) {
    Dictionary2 xinhua = new Dictionary2();
    System.out.println("页数："+xinhua.getPages());
    System.out.println("词条数："+xinhua.getDefinitions());
    System.out.println("每页词条数："+xinhua.computeRatio());
  }
}
```

程序运行的结果是：

```
页数：300
词条数：5000
每页词条数：16.0
```

在这个例子里，父类 Book2 的成员变量 pages 是 private 的。因此在子类 Dictionary2 中，我们不能直接访问 pages，但是我们可以通过 Book2 的方法 getPages()来得到 pages 的值。pages 仍然是存在于 Dictionary2 的对象中的，否则我们即使通过 getPages()方法也无法得到这个值。getPages()方法是 Book2 的，所以它可以访问 pages。即使我们通过子类的对象来访问 getPages()，getPages()也还是可以访问 pages。

6.1.3 初始化和参数传递

在构造一个子类的对象时，父类的构造方法也是会被调用的，而且父类的构造方法在子类的构造方法之前被调用。在程序运行过程中，子类对象的一部分空间存放的是父类对象。因为子类从父类得到继承，在子类对象初始化过程中可能会使用到父类的成员，所以父类的空间正是要先被初始化的，然后子类的空间才得到初始化。在这个过程中，如果父类的构造方法需要参数，如何传递参数就很重要了。

[程序 6-3] Chess.java

```
// Chess.java

class Game {
    Game(int i) {
        System.out.println("构造 Game"+i);
    }
}

class BoardGame extends Game {
    BoardGame(int i) {
        super(i);
        System.out.println("构造 BoardGame"+i);
    }
}

public class Chess extends BoardGame {
    Chess() {
        super(44);
        System.out.println("构造 Chess");
    }
    public static void main(String[] args) {
        Chess x = new Chess();
    }
}
```

程序运行的结果如下：

```
构造 Game44
构造 BoardGame44
构造 Chess
```

上面的例子中，有一个 Game 类，BoardGame 是 Game 的子类。这个类中有一行

```
super(i);
```

我们前面讲到过用 this 来调用同一个类的其他构造方法，而这里使用 super 来调用父类的构造方法，把 i 作为参数传递给父类的构造方法。这个 super()必须写在构造方法的第一行，而且每个构造方法只能有一个 super()。

super 还有一个用处，如果子类中定义了和父类同名的方法，我们可以用 super 来表达我们需要调用父类的那个方法，像这样：

```
super.getPages();
```

如果我们在子类中定义了与父类同名而且同参数表的方法，我们说子类的这个方法覆盖了父类的方法。

6.2 多态性

6.2.1 覆 盖

如果子类的方法覆盖了父类的方法，我们也说父类的那个方法在子类有了新的版本或者新的实现。覆盖的新版本具有与老版本相同的方法签名，即相同的方法名称和参数表。因此，对于外界来说，子类并没有增加新的方法，仍然是在父类中定义过的那个方法。不同的是，这是一个新版本，所以通过子类的对象调用这个方法，执行的是子类自己的方法。

［程序 6-4］ Words3.java

```
// Words3.java

class Book3 {
  private int pages = 300;

  public void setPages(int pages) { this.pages = pages; }
  public int getPages() { return pages; }
}

class Dictionary3 extends Book3 {
  private int definitions = 5000;

  public double computeRatio() { return definitions / getPages(); }
  public void setDifinitions(int difinitions) {
    this.definitions = definitions;
}
  public int getDefinitions() { return definitions; }
  public void setPages(int pages) {
    if ( (getPages()+pages) % 2 == 0 )
      super.setPages(getPages()+pages);
    else
      super.setPages(getPages()+pages+1);
  }
}
```

```
public class Words3 {
  public static void main(String[] args) {
    Dictionary3 xinhua = new Dictionary3();
    xinhua.setPages(123);
    System.out.println("页数："+xinhua.getPages());
    System.out.println("词条数："+xinhua.getDefinitions());
    System.out.println("每页词条数："+xinhua.computeRatio());
  }
}
```

程序运行的结果如下：

```
页数：424
词条数：5000
每页词条数：11.0
```

Dictionary3 重新定义了 setPages()，现在在 Dictionary3 里，Book3 的 setPages()对外界就不可见了，当我们执行

```
xinhua.setPages(123);
```

的时候，我们执行的是 Dictionary3 的 setPages()。不过在 Dictionary3 的 setPages()里，我们还是可以通过

```
super.setPages()
```

来调用父类版本的 setPages()。

假如我们把 main()的第一句改成这样：

```
Book3 xinhua = new Dictionary3();
```

即把一个子类的对象赋值给了一个父类的变量，这就叫做向上类型转换。

6.2.2　向上类型转换

在 Java 语言中，子类的对象总可以被看作是父类的对象，而把子类的对象当作父类对象来使用就称为向上类型转换。

[程序 6-5]　Words4.java

```
//  Words4.java

class Book4 {
  protected int pages = 300;

  public void setPages(int pages) {
    System.out.println("Book.setPages()");
    this.pages = pages;
  }
```

```
    public int getPages() { return pages; }
}

class Dictionary4 extends Book4 {
    private int definitions = 5000;

    public double computeRatio() { return definitions / getPages(); }
    public void setDifinitions(int difinitions) {
        this.definitions = definitions;
    }
    public int getDefinitions() { return definitions; }
    public void setPages(int pages) {
        System.out.println("Dictionary.setPages()");
        this.pages = pages;
    }
}

public class Words4 {
    public static void main(String[] args) {
        Book4 xinhua = new Dictionary4();
        xinhua.setPages(123);
        System.out.println("页数："+xinhua.getPages());
    }
}
```

程序运行的结果如下：

```
Dictionary.setPages()
页数：123
```

我们在 main()里创建了一个 Dictionary4 的对象，把它赋值给了 Book4 的变量 xinhua，这种赋值就是向上类型转换。因为子类继承了父类中的所有的成员，父类所有属性为 public 的成员现在也都是子类的成员，所以父类所能做的动作子类都能做。我们总是可以通过父类的变量让一个子类的对象做父类可以执行的方法，因此向上类型转换是安全的。xinhua 是一个父类的变量，现在实际指向的是一个子类的对象。当我们通过 xinhua 调用 setPages()方法时，调用的是 xinhua 所指的对象的 setPages()方法，所以子类的 setPages()方法被调用了。

当调用一个方法，特别当这个方法在父类-子类关系中存在覆盖现象时，究竟应该调用哪个方法，所要用到的编程思想叫做绑定。

6.2.3 绑 定

绑定(binding)表明了调用一个方法的时候，我们使用的是哪个方法。绑定有两种：

一种是早绑定，又称静态绑定，这种绑定在编译的时候就确定了；另一种是晚绑定，即动态绑定，动态绑定在运行的时候根据变量当时实际所指的对象的类型动态地决定调用的方法。Java 缺省使用动态绑定。

[程序 6-6]　Shapes. java

```
//  Shapes.java

class Shape {
   void draw() {}
   void erase() {}
}

class Circle extends Shape {
   void draw() {
      System.out.println("Circle.draw()");
   }
   void erase() {
      System.out.println("Circle.erase()");
   }
}

class Square extends Shape {
   void draw() {
      System.out.println("Square.draw()");
   }
   void erase() {
      System.out.println("Square.erase()");
   }
}

class Triangle extends Shape {
   void draw() {
      System.out.println("Line.draw()");
   }
   void erase() {
      System.out.println("Line.erase()");
   }
}

public class Shapes {
   public static Shape randShape() {
```

```
        switch ( (int)(Math.random() * 3) ) {
            default:
            case 0: return new Circle();
            case 1: return new Square();
            case 2: return new Line();
        }
    }
    public static void main(String[] args) {
        Shape[]s = new Shape[9];
        for ( int i=0; i<s.length; ++i )
            s[i] = randShape();
        for ( int i=0; i<s.length; ++i )
            s[i].draw();
    }
}
```

程序的一次可能的输出如下：

```
Line.draw()
Circle.draw()
Circle.draw()
Square.draw()
Circle.draw()
Line.draw()
Circle.draw()
Square.draw()
Circle.draw()
```

Shape 类中有 draw()和 erase()两个方法。Circle、Square 和 Line 都继承自 Shape，并且也都定义了 draw()和 erase()方法。main()方法构造了一个 Shape 的数组。前面已经讲到对象的数组中存放的实际上是对象的引用，因此要一一为数组中的引用赋给一个对象，最后再依次调用 draw()方法。因为在编译的时候不可能知道会随机指向哪个对象，所以这里肯定使用了动态绑定。

静态绑定的优点在于效率比较高。动态绑定虽然效率低，但是比静态绑定灵活，并且带来了多态性(polymorphism)。多态性就是把一个子类的对象看作是它的父类的对象，然后调用父类中定义的方法时，实际上调用的是子类中定义的方法。比如，Circle、Square 和 Line 都继承自 Shape 类，是 Shape 类的子类，这些子类中也定义了 erase()方法。那么把子类的对象向上类型转换赋给一个父类的变量，而通过这个变量调用 erase()方法时，会调用实际所指的对象所属于的类的 erase()方法。

覆盖关系并不说明父类中的方法已经不存在了，而是当通过一个子类的对象调用这个方法时，子类中的方法取代了父类的方法，父类的这个方法被"覆盖"起来而看不见了。而当通过父类的对象调用这个方法时，实际上执行的仍然是父类中的这个方法。注意我们这里说的是对象而不是变量，因为一个类型为父类的变量有可能实际指向的是一个子类的对象。

除了final的方法，Java中所有方法都是动态绑定的。

6.3 final

在Java中，final这个关键字可以用在很多地方，成员变量、方法和类都可以是final类型的。不管用在哪里，final这个关键字都有“不可修改”的意思，当然不同的“不可修改”有不同的具体含义。

6.3.1 final的变量

final成员变量表明这个变量只能被赋值一次，而不是说它是静态常量。所以第一次在哪里赋值和赋什么值都可以是运行时刻决定的。

[程序6-7] FinalData.java

```
// FinalData.java
class Value {
   int i = 1;
}

public class FinalData {
   // 编译时确定的常数
   final int i1 = 9;
   static final int i2 = 99;
   public static final int i3 = 39;
   // 运行时确定的不可修改的变量
   final int i4 = (int)(Math.random() * 20);
   static final int i5 = (int)(Math.random() * 20);
   // 未做定义初始化的final变量
   final int i6;
   // final的对象变量
   final Value v2 = new Value();
   static final Value v3 = new Value();
   // 未做定义初始化的final对象变量
   final Value v4;
   // final的数组
   final int[] a = {1,2,3,4,5,6};
```

```
    FinalData() {
        i6 = 16;
        v4 = new Value();
    }

    public void print(String id) {
        System.out.println(
          id + ": " + "i4 = " + i4 + ", i5 = " + i5);
        for ( int i : a )
          System.out.print(i+" ");
        System.out.println();
    }

    public static void main(String[] args) {
        FinalData fd1 = new FinalData();
        //! fd1.i1++;                   // 错误
        fd1.v2.i++;                     // 变量所指的对象不是 final 的
        for ( int i = 0; i< fd1.a.length; ++i )
          fd1.a[i]++;                   // 数组本身并不是 final 的
        //! fd1.v2 = new Value();       // 错误
        //! fd1.v3 = new Value();       // 错误
        //! fd1.a = new int[3];         // 错误
        FinalData fd2 = new FinalData();
        fd1.print("fd1");
        fd2.print("fd2");
    }
}
```

程序的一次可能的运行输出如下：

```
fd1: i4 = 14, i5 = 8
2 3 4 5 6 7
fd2: i4 = 13, i5 = 8
1 2 3 4 5 6
```

FinalData 类中有一个 final 成员变量 i1，在定义初始化时它就被赋值。i2 前加了 static，表明它的空间是在类对象中的。i3 前面又多加了 public 修饰。i4 和 i5 的值是由随机方法得到的，这表明 final 变量的值不一定是在编译的时候就确定了的，而是要满足变量只被赋值一次。i6 甚至没有被定义初始化，但是在构造方法里进行了初始化。

Value 类的 final 引用 v2 的意思是 v2 引用的指向不能再被改变，也就是 v2 不能再指向其他对象，而不是 v2 所指向的对象不能被改变。final 数组 a 的含义与 v2 类似，是 a 不能再指向其他数组，而非 a 所指的数组不可修改。

6.3.2 final的方法

子类在继承父类的时候,父类中的final方法是不能被覆盖的。这一概念带来了其他的特点。Java中之所以默认使用动态绑定,是因为有向上类型转换的存在,使得我们在面对通过父类对象变量调用方法时,在编译时刻并不知道运行时会实际调用哪个子类中覆盖了的方法。但是如果使用了final,任何子类中就不能再定义这个方法。也就是说,在子类中不可能有这个方法的新版本。任何时候通过父类的对象变量调用这个final的方法时,无论这个变量实际指向的是哪个子类的对象,都只可能是调用父类的这个final的版本,方法的绑定在编译时就可以确定了。这个时候编译器就可以使用静态绑定来提高程序运行的效率。

另外,由于private的方法在子类是不可见的,也就是说,即使子类中可以重新定义这个方法,两个类之间的这个方法也毫无关系,不构成覆盖;它们分别在编译的时候静态绑定。因为方法私有表明只有类本身能访问,其父类、子类都不能访问。子类不可能覆盖父类的private方法,父类的private方法不可能在子类中出现新版本,因此private的方法就是final的,对private方法的调用就是静态绑定的。

6.3.3 final的类

final的类是不能被继承的,这样的类主要起到安全的作用。因为子类不能继承final的父类,这样就完全避免出现子类重新实现父类的方法以及其后向上类型转换给父类的对象变量而可能带来的安全隐患。在final类中所有方法都是final的。

6.4 抽象与接口

6.4.1 抽象方法与抽象类

在6.2节多态性里讲到过一个Shape类的例子,这个类有很多的子类,每个子类也都实现了父类的方法。实际上父类Shape只是一个抽象的概念而并没有实际的意义。如果请你画一个圆,你知道该怎么画;如果请你画一个矩形,你也知道该怎么画。但是如果我说:"请画一个形状。"你该怎么画?同样,我们可以定义Circle类和Rectangle类的draw(),但是Shape类的draw()该如何定义呢?

Shape类表达的是一种概念,一种共同属性的抽象集合,我们并不希望任何Shape类的对象会被创建出来。那么,我们就应该把这个Shape类定义为抽象的。我们用abstract关键字来定义抽象类。抽象类的作用仅仅是表达接口,而不是具体的实现细节。

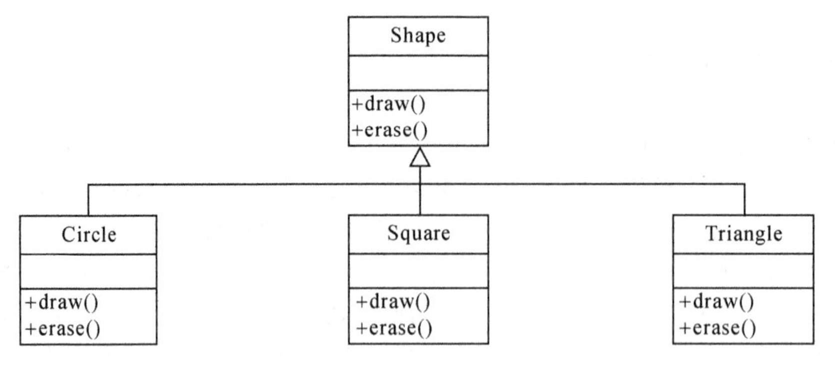

图 6.2　Shape 家族

抽象类中可以存在抽象方法，抽象方法也是使用 abstract 关键字来修饰。抽象的方法是不完全的，它只是一个方法签名而完全没有方法体。

[**程序 6-8**]　Shapes2.java

```
//  Shapes2.java

abstract class Shape {
   abstract void draw();
   abstract void erase();
}

class Circle extends Shape {
   void draw() {
      System.out.println("Circle.draw()");
   }
   void erase() {
      System.out.println("Circle.erase()");
   }
}

class Square extends Shape {
   void draw() {
      System.out.println("Square.draw()");
   }
   void erase() {
      System.out.println("Square.erase()");
   }
}

class Triangle extends Shape {
   void draw() {
```

```
        System.out.println("Triangle.draw()");
    }
    void erase() {
        System.out.println("Triangle.erase()");
    }
}

public class Shapes2 {
    public static Shape randShape() {
        switch ( (int)(Math.random() * 3) ) {
            default:
            case 0: return new Circle();
            case 1: return new Square();
            case 2: return new Triangle();
        }
    }
    public static void main(String[] args) {
        Shape[]s = new Shape[9];
        for ( int i=0; i<s.length; ++i )
            s[i] = randShape();
        for ( int i=0; i<s.length; ++i )
            s[i].draw();
    }
}
```

程序的一次可能的运行输出如下：

```
Circle.draw()
Circle.draw()
Square.draw()
Triangle.draw()
Triangle.draw()
Circle.draw()
Square.draw()
Circle.draw()
Circle.draw()
```

这里的 Shape 类是一个抽象类，其中的两个方法都是抽象方法。需要注意到

```
abstract void draw();
```

是一个抽象方法，它完全没有方法体，而

```
void draw() {};
```

是一个普通的方法，它有方法体，尽管在这个方法体内没有任何语句。

如果一个类有了一个抽象的方法，这个类就必须声明为抽象类。如果父类是抽象类，

那么子类必须覆盖所有在父类中的抽象方法,否则子类也将成为一个抽象类。一个抽象类可以没有任何抽象方法,所有的方法都有方法体,但是整个类是抽象的。设计这样的抽象类的目的就是为了避免制造出这个类的对象来。

6.4.2 接口:完全抽象的类

Java把抽象的概念又更推进了一步,这就是接口(Interface)。接口其实就是完全抽象的类,因此接口和类的地位是一样的,此前讲过的针对类的所有法则同样适用于接口。

接口所有的方法都是没有方法体的,而且都是public abstract类型的,即使用户没有这样声明。而接口中的所有成员变量都是public static final的变量,并且必须经过定义初始化,因为所有变量都必须在编译的时候有确定值。

[程序 6-9] Shapes3.java

```
//  Shapes3.java

interface Shape {
   void draw();
   void erase();
}

class Circle implements Shape {
   public void draw() {
       System.out.println("Circle.draw()");
   }
   public void erase() {
       System.out.println("Circle.erase()");
   }
}

class Square implements Shape {
   public void draw() {
       System.out.println("Square.draw()");
   }
   public void erase() {
       System.out.println("Square.erase()");
   }
}

class Triangle implements Shape {
   public void draw() {
       System.out.println("Triangle.draw()");
```

```
    }
    public void erase() {
        System.out.println("Triangle.erase()");
    }
}

public class Shapes3 {
    public static Shape randShape() {
        switch ( (int)(Math.random() * 3) ) {
            default:
            case 0: return new Circle();
            case 1: return new Square();
            case 2: return new Triangle();
        }
    }
    public static void main(String[] args) {
        Shape[]s = new Shape[9];
        for ( int i=0; i<s.length; ++i )
            s[i] = randShape();
        for ( int i=0; i<s.length; ++i )
            s[i].draw();
    }
}
```

程序的一次可能的运行输出如下：

```
Triangle.draw()
Square.draw()
Triangle.draw()
Triangle.draw()
Square.draw()
Triangle.draw()
Triangle.draw()
Square.draw()
Triangle.draw()
```

正如前面讲的，接口和类的地位是一样的。因此我们可以看到其定义方式跟类也是基本上一样的。当然，其中的所有方法都没有方法体。而当类从接口得到继承的时候，Java用另外一个词描述这个动作——实现(implements)。当然，实现接口的类必须覆盖接口中所有的方法，否则这个类就成为一个抽象类。

我们再看一个例子。

[程序6-10]　Store.java

```
// Store.java
```

```
interface Product {
   String MAKER = "My Corp";
   String PHONE = "7963628";
   int getPrice(int id);
}

class Shoe implements Product {
   public int getPrice(int id) {
      if ( id == 1 )
         return 5;
      else
         return 10;
   }
   public String getMaker() {
      return MAKER;
   }
}

public class Store {
   static Shoe hightop;
   public static void init() {
      hightop = new Shoe();
   }
   public static void main(String[] args) {
      init();
      getInfo(hightop);
      orderInfo(hightop);
   }
   public static void getInfo(Shoe item) {
      System.out.println("This Product is made by " + item.MAKER.);
      System.out.println("It cost $" + item.getPrice(1).);
   }
      public static void orderInfo(Product item) {
      System.out.println("To order from " + item.MAKER + " call " + item.PHONE + ".");
      System.out.println("Each item costs $" + item.getPrice(1));
   }
}
```

程序运行的结果是：

```
This Product is made by My Corp.
It cost $5.
To order from My Corp call 7963628.
Each item costs $5.
```

接口 Product 中有两个成员变量和一个方法。类 Shoe 实现了这个接口，因此也必须实现其中的 getPrice()方法。在 Store 类中有一个方法 orderInfo()，其参数是 Product 接口的变量 item。但是 Product 是接口，不能由它构造得到对象，所以，实际上 item 指向的是实现了 Product 接口的类所构造的对象。

Java 不允许多继承，但是允许一个类实现多个接口，也允许一个接口从多个接口得到继承，但是不允许接口从类继承。Shoe 类可以同时实现多个接口，只要这些接口中有一个是 Product 接口，那么 Shoe 类的对象就可以赋值给一个 Product 接口的变量。

下面再看一个例子。

[程序 6-11] Actor.java

```
// Actor.java

interface CanSing {
   void sing();
}

interface CanDance {
   void dance();
}

interface CanTalk {
   void talk();
}

class Singer {
   public void sing() {};
}

class Actor extends Singer implements CanSing, CanDance, CanTalk {
   public void talk() {}
   public void dance() {}
}
```

Actor 类继承了 Singer 类并实现了 CanSing、CanDance 和 CanTalk 接口。当类实现接口时，必须实现接口中的所有方法，否则这个类会成为抽象类。类中实现了 talk()和 dance()方法，而它的父类 Singer 已经实现了 sing()方法，那么这个方法就可以被 Actor 类用来满足 CanSingt 接口的要求，而不再需要另外定义 sing()方法。

6.5 内部类与匿名类

6.5.1 内部类

内部类就是指一个类定义在另一个类的内部，从而成为外部类的一个成员，因此一个类中可以有成员变量、方法，还可以有内部类。实际上Java的内部类可以被称为成员类，内部类实际上是它所在类的成员。所以内部类也就具有和成员变量、成员方法相同的性质。比如，成员方法可以访问私有变量，那么成员类也可以访问私有变量。也就是说，成员类中的成员方法都可以访问成员类所在外部类的私有变量。内部类最重要的特点就是能够访问外部类的所有成员。

[程序6-12] Queue.java

```
// Queue.java

interface Operator {
   Object current();
   void next();
   boolean end();
}

public class Queue {
   private Object[] arr;
   private int next = 0;
   public Queue(int size) {
      arr = new Object[size];
   }
   public void add(Object x) {
      if ( next < arr.length ) {
         arr[next++] = x;
      }
   }
   private class SOperator implements Operator {
      int i = 0;
      public Object current() {
         return arr[i];
      }
```

```
        public void next() {
            if ( i<arr.length )
                ++i;
        }
        public boolean end() {
            return i == arr.length;
        }
    }
    public Operator getOperator() {
        return new SOperator();
    }
    public static void main(String[] args) {
        Queue q = new Queue(10);
        for ( int i = 0; i<10; i++ )
            q.add(Integer.toString(i));
        Operator o1 = s.getOperator();
        while ( ! o1.end() ) {
            System.out.println((String)o1.current());
            o1.next();
        }
    }
}
```

这个程序编译后得到 3 个.class 文件：

```
Queue.class
Operator.class
Queue$SOperator.class
```

其中 Queue$SOperator.class 就是内部类 SOperator。

Queue 类实现了一个 queue 结构，在一个 Queue 对象中，可以存放一定数量的 Object 类的对象。Operator 接口提供了对 Queue 类的数据的访问方法，实际上，Operator 接口的设计，使得它可以适用于其他类似的数据结构。SOperator 类是实现了 Operator 接口的内部类，其中的 current()和 end()方法都直接访问了其外部类 Queue 的私有成员变量 arr。方法 getOperator()返回一个实现了 Operator 接口的引用，实际上它的返回值是一个 SOperator 的对象，这个对象的具体类型对外部来说是隐藏的。通过这个实现了 Operator 接口的对象，我们可以对 Queue 内部的数据进行访问，而不需要顾及 Queue 内部的结构。

6.5.2　匿名类

[程序 6-13]　Pack.java

```
//  Pack.java

interface Contents {
   int value();
}

class Pack {     public Contents cont() {
        return new Contents() {
           private int i = 11;
           public int value() { return i; }
        };           //  这里必须要有分号
   }
}

public class Sail {
   public static void main(String[] args) {
        Package p = new Package ();
        Contents c = p.cont();
        System.out.println(c.value());
   }
}
```

在 Pack 类的方法 cont()里，有一个 return 语句，粗看上去，就是制造了一个 Contents 的对象然后返回。但是且慢，后面还有东西：

```
{
    private int i = 11;
    public int value() { return i; }
};
```

这个像语句块一样用{}括起来的部分，里面有一个变量定义，还有一个方法定义。这其实是一个类定义，一个匿名的内部类，一个实现了 Contents 接口的匿名内部类。在 cont()里我们制造了这个匿名内部类的对象，并把它当作 Contents 的对象传递了出去。在 Sail 类的 main()里，我们通过 cont()得到了一个 Contents 的对象。尽管这个对象所属的类的细节在 Sail 类里是看不见的，但是我们可以只把它当作是 Contents 类的对象，比如调用它的 value()方法。

以后在 GUI 的消息机制里，我们会看到大量这种匿名类的运用。

思考题与习题

一、概念思考题

1. 父类和子类之间的关系是怎样的？

2. 继承如何支持了软件重用？

3. protected 的含义是什么？

4. super 有什么作用？

5. interface 与 class 有什么异同之处？

6. 覆盖与重载有什么关系？

7. Java 缺省使用何种绑定方式？

8. 什么样的方法会被静态绑定调用？

9. 绑定方式是由方法自身所决定的还是在调用方法的时候决定的？

二、程序理解题

1. 写出下面程序的输出结果。

```
class A {
   public int data=5;
   public void print() {
       System.out.println(data);
   }
}
class B extends A {
   public int data=2;
   public void print() {
       System.out.println(data);
   }
}
public class TestAB {
  public static void main(String[] args) {
       A a = new B();
       a.print();
       System.out.println(a.data);
   }
}
```

2. 写出以下程序的运行结果

```
public class A {
   public void m(int i) {
       System.out.println(10);
   }
}
public class B extends A {
   public void m(int k) {
       System.out.println(20);
   }
   public static void main(String[] args) {
       A p1 = new A();
       B p2 = new B();
```

```
        p1.m(1);
    p2.m(2);
  }
  }
```

三、编程题

1.设计一个程序，表达各种读物，如小说、杂志、期刊、课本等，每种读物有相同的属性，如页数、价格等，也有不同的属性，如杂志和期刊都有出版周期，而课本有适合对象。写一个测试类的main()来产生一系列随机的读物，并输出它们的信息。

2.将上题中的基础类“读物”改写成一个接口，并修改相应的代码。

3.编写程序实现求三角形、正方形和圆形的面积，要求先设计一个公共的父类，在其中定义求面积的方法，再继承得到各种形状。

第 7 章

Java 类库

编写 Java 程序就是设计各种类和接口，确定它们之间的相互关系和作用的过程，由类中的方法实现程序的功能。用户可以自行设计类和类中的方法。为了简化程序设计的过程，Java 系统事先设计并实现了一些常用的标准类。根据实现的功能不同，这些类被划分成不同的集合，每个集合称为一个包，所有的包构成 Java 类库，或称 Java 应用程序接口(API)。

本章主要内容：

- 类库介绍
- 字符串类
- 基础数据类
- 实用工具类

7.1 Java 类库

面向对象程序设计的主要优点之一是对象重用，即对象可在多个场合被反复使用。在 Java 语言中，对象是类的实例，类是创建对象的模板，对象以类的形式表示，因此对象重用就是类的重用。Java 通过一种称为包(package)的类的组织方式，对类和接口进行有效管理，包是实现类重用的一种方法。Java 系统提供了大量的实用包，这些包也称为应用程序接口(API)。

7.1.1 类库的使用

Java 提供了强大的应用程序接口(API)，即 Java 类库，它包括大量设计好的各种实用工具类，帮助程序员进行字符串处理、绘图、数学计算、网络应用等方面的编程。在 Java 程序设计中充分及合理地利用 Java 类库提供的类和接口，可以大大提高编程效率和程序质量，编写出短小精悍、功能强大的应用软件。

Java 类库一般有以下三种使用方式：

(1)直接使用系统类。使用 System.out.println()方法输出信息,就是使用 System 类的静态对象 out 中的方法。

(2)继承系统类。用户程序是某个系统类的子类,如 Java 小应用程序是 java.applet 包中 Applet 类的子类(参见第 8.1 节)。

(3)创建系统类的对象。图形界面程序要设计一个按钮时,可以创建一个 Button 类的对象来完成这个任务(参见 8.2.2 节)。

无论采用哪种方式,使用系统类的前提都是这个类是用户程序可见的类,因此用户程序需要用 import 语句引入它所需要的系统类或类所在的整个包。例如图形界面程序应该使用下面语句来引入 java.awt 包和 java.awt.event 包。

```
import iava.awt.*;
import java.awt.event.*;
```

Java 类库中的类都是字节码形式的代码,利用 import 语句将包引入到用户程序中,相当于程序在编译或运行时,包中所需的类的字节码可以加入到用户 Java 程序中,这样用户程序就可以利用这些系统类提供的各种功能。

7.1.2 常用类库简介

Java 类库提供以下常用的包:

(1)java.lang:提供 Java 语言的核心类,是运行 Java 程序必不可少的系统类,如基本数据类型、数学函数、字符串处理、线程、异常类等。每个 Java 程序编译、运行时系统自动引入 java.lang 包,故不需要在程序中使用"import java.lang.*"语句。

(2)java.io:包含实现 Java 程序与操作系统、用户界面以及其他 Java 程序进行数据输入输出的类,如基本输入输出流、文件输入输出流等。

(3)java.awt:也称 AWT 包,提供构建各种图形用户界面(GUI)的类,包括许多界面元素和资源。利用 java.awt 包,可以创建与平台无关、基于图形界面的用户程序。

(4)java.awt.event:事件处理类,使程序可以用不同的方式来处理不同类型的事件,并使图形界面元素本身有处理事件的能力。

(5)java.awt.image:提供处理和操作图片的 Java 类。

(6)javax.swing:Swing 包提供了内容更丰富、功能更强的图形界面组件,包括许多 AWT 中没有的新组件。Swing 包是 100%由 Java 开发的,不依赖于具体的 Windows 系统,可以在各种平台上实现。

(7)java.applet:提供编写运行于浏览器中的 Java Applet 程序的工具类,它包含少量几个接口和一个非常有用的 Applet 类。

(8)java.net:提供实现网络功能的类。Java 语言还在不停地发展和扩充,它的功能,尤其是网络功能,也在不断地发展中。

(9)java.util:是 Java 语言中的实用工具类,提供处理时间日期的 Date 类,处理变长数组的 Vector 类等。

(10)java.sql:提供通过 JDBC(Java DataBase Connection)连接数据库的类。利用这

个包可以使 Java 程序具有访问不同种类数据库(如 Oracle,SQLServer 等)的能力,大大拓宽了 Java 程序的应用范围,尤其是在商业应用领域。

(11)java. security:提供完善的 Java 程序安全性控制和管理的类。

(12)java. corba 和 java. corba. orb:这两个包将 CORBA(Common Object Request Broker Architecture,是一种标准化接口体系)嵌入到 Java 环境中,使 Java 程序可以存取、调用 CORBA 对象,并与 CORBA 对象共同工作。这样,Java 程序可以方便、动态地利用已经存在的由 Java 或其他面向对象语言开发的部件,简化软件的开发。

7.2　字符串类

字符串处理是编程中的常用操作。与许多其他程序设计语言的字符串处理不同,Java 将字符串作为 String 类或 StringBuffer 类的对象来处理。String 类和 StringBuffer 类都定义在 java. lang 包中,由系统缺省引入。二者都被声明为 final 类,不能被继承,以防止其功能被修改。

7.2.1　String 类

String 类用来处理字符串常量,与字符型数据不同,字符串用双引号括起来,如"abc"表示字符串常量,而字符型数据用单引号表示单个字符,如'd'。Java 的 String 类提供了十分丰富的字符串处理功能,如比较两个字符串,搜索子字符串,连接字符串以及改变字符串中字母的大小写状态等。

当创建一个 String 对象时,被创建的字符串是不能被修改的。这就是说一旦 String 对象被创建,将无法改变组成字符串的字符。从表面上看,这是一个严格的约束,但实际并非如此,对字符串能够执行各种类型的操作,区别在于每次改变字符串时都是创建一个新的 String 对象来保存新的内容,原始的字符串不变。

表 7.1　String 类的构造方法

构造方法	功能及参数描述
String()	创建空的字符串
String(byte[] bytes)	用字节数组 bytes 创建字符串
String(byte[] bytes, int offset, int length)	用字节数组 bytes 的 offset 位置开始的 length 个字节创建字符串
String(char[] value)	用字符数组 value 创建字符串
String(char[] value, int offset, int count)	用字符数组 value 的 offset 位置开始的 length 个字符创建字符串
String(String str)	用 String 对象 str 创建字符串
String(StringBuffer buffer)	用 StringBuffer 对象 buffer 创建字符串

举例：

```
String str1="12345";      // 直接用字符串常量定义
byte[] bb={97,98,99,100};     // 作为字符,是'a','b','c','d'
String str2=new String(bb,1,2);     // str2为"bc"
char[] cc={'H','e','l','l','o',',','J','a','v','a'};
String str3=new String(cc);     // str3为"Hello,Java"
```

表 7.2　访问字符串

常用方法	功能及参数描述
int length()	获取字符串的长度
char charAt(int index)	获取字符串下标index位置的字符 说明：下标0表示串中第1个字符
int indexOf(int ch)	获取字符串中与ch字符相同的第一个下标；若无，则返回－1
int indexOf(int ch, int fromIndex)	获取字符串中从位置fromIndex开始与ch字符相同的第一个下标；若无，则返回－1
int indexOf(String str)	获取字符串中与字符串str相同的第一个下标；若无，则返回－1
int indexOf (String str, int fromIndex)	获取字符串中从位置fromIndex开始与字符串str相同的第一个下标；若无，则返回－1

举例：

```
String str1="123456789012345";
int len=str1.length();                  // len=15
char ch=str1.charAt(9);                 // ch='0'
int addr1=str1.indexOf('3');            // addr1=2
int addr2=str1.indexOf('3',5);          // addr2=12
int addr3=str1.indexOf("345");          // addr3=2
int addr4=str1.indexOf("346");          // addr4=-1
```

表 7.3　字符串比较

常用方法	功能及参数描述
boolean equals(Object anObject)	与anObject对象比较字符串是否一样，相同返回true，否则返回false
boolean equalsIgnoreCase (String anotherString)	忽略大小写，与anotherString字符串比较两个对象的字符串是否一样，相同返回true，否则返回false
int compareTo(String anotherString)	与anotherString字符串比较两个对象的字符串是否一样，相同返回0，anotherString小，返回正数，否则返回负数

[程序 7-1]　各种使用字符串比较方法的示例程序。

```
//   StringDemo.java
```

```
public class StringDemo
{
  public static void main(String argv[])
  {
    String str1="abc";
    String str2=new String("abc");
    String str3=new String("aBc");
    String str4;
    str4=str2;
    System.out.println("str1 equal str2 ? "+str1.equals(str2));
    System.out.println("str1 == str2 ? "+(str1==str2));
    System.out.println("str2 == str4 ? "+(str2==str4));
    System.out.println("str1 equal str3 ? "+str1.equals(str3));
    System.out.println("str1 equal(IgnoreCase) str3 ? "
                       +str1.equalsIgnoreCase(str3));
    System.out.println("str1 compareTo str2 ? "+str1.compareTo(str2));
    System.out.println("str1 compareTo str3 ? "+str1.compareTo(str3));
    System.out.println("str1 compareTo \"abb\" ? "+str1.compareTo("abd"));
  }
}
```

程序的运行结果：

```
str1 equal str2 ? true
str1 == str2 ? false
str2 == str4 ? true
str1 equal str3 ? false
str1 equal(IgnoreCase) str3 ? true
str1 compareTo str2 ? 0
str1 compareTo str3 ? 32
str1 compareTo "abb" ? -1
```

说明：

(1)String类覆盖了父类Object的equals()方法，它比较两个String对象的字符串是否一样，如str1和str2是两个不同的String对象，但它们的字符串是一样的，所以str1.equals(str2)返回true。用str2.equals(str1)来比较得到的结果相同；

(2)双等号(==)判断两个对象是否相等，即是否是同一个对象，故str1==str2是false，str2==str4是true；

(3)"abc".compareTo("aBc")，返回'b'-'B'的值为32，而"abc".compareTo("abd")，返回'c'-'d'的值为-1，即返回第1个不等字符的差值。

表 7.4 字符串修改

常用方法	功能及参数描述
String concat(String str)	在字符串尾增加 str 得到一个新的字符串对象
String replace(char oldChar, char newChar)	将字符串中所有 oldChar 换成 newChar 得到一个新的字符串对象
String replaceAll (String regex, String replacement)	将所有 regex 字符串换成 replacement 得到一个新的字符串对象
String substring(int beginIndex)	截取从 beginIndex 位置开始到尾的字符串得到一个新的字符串对象
String substring (int beginIndex, int endIndex)	截取从 beginIndex 位置开始到结束位置为 endIndex 的字符串得到一个新的对象，不包括 endIndex 位置的字符
String toLowerCase()	将字符串中所有字符转换成小写
String toUpperCase()	将字符串中所有字符转换成大写

举例：

```
String s1="123456789012345";
String s2=s1.concat("Hi");           // s2 为"123456789012345Hi"
String s3=s1+"Java";                 // s3 为"123456789012345Java"
String s4=s1.replace('2','a');       // s4 为"1a345678901a345"
String s5=s1.replaceAll("234","bc"); // s5 为"1bc5678901bc5"
String s6=s1.substring(5);           // s6 为"6789012345"
String s7=s1.substring(5,12);        // s7 为"67890123"
String s8=s2.toLowerCase();          // s8 为"123456789012345hi"
String s9=s2.toUpperCase();          // s9 为"123456789012345HI"
```

说明：经过多次处理后字符串 s1 的内容没变。

表 7.5 其他类型转换成字符串

常用方法	功能及参数描述
static String valueOf(int i)	用整数构造字符串对象
static String valueOf(long l)	用长整数构造字符串对象
static String valueOf(float f)	用单精度浮点数构造字符串对象
static String valueOf(double d)	用双精度浮点数构造字符串对象

这些方法是 String 类定义的静态方法，可以通过类名访问。如果有一个单精度浮点数 56.1234 输出时要求保留 2 位小数，则需要用到上面的方法。做法是，首先用浮点数构造 String 对象，然后确定小数点的位置 idx，最后截取从开始位置到小数点后两位(idx+3)的子串作为输出信息。

[程序 7-2] 保留 2 位小数位输出单精度浮点数的程序。

```
//  StringOther.java
public class StringOther
{
  public static void main(String argv[])
  {
    float f=56.1234f;
    String str=String.valueOf(f);
    int idx=str.indexOf('.');
    String sf=str.substring(0,idx+3);
    System.out.println("f="+sf);
  }
}
```

程序的运行结果：

```
f=56.12
```

7.2.2　StringBuffer 类

StringBuffer 类创建可变长和可修改的字符串对象，有时称为字符串缓冲区，这点与 String 类不同。StringBuffer 对象可在其表示的字符串中插入或在尾部增加字符或子字符串，可以自动增加字符串存储空间，通常预留比实际需要更多的字符存储空间。StringBuffer 类的对象不仅能进行查找和比较等操作，还可以做添加、插入、修改等操作。

表 7.6　StringBuffer 类的构造方法

构造方法	功能及参数描述
StringBuffer()	创建容量大小为 16 字节的空字符串缓冲区
StringBuffer(int length)	创建指定容量大小为 length 字节的空字符串缓冲区
StringBuffer(String str)	创建初始值为 str 的字符串缓冲区，容量为 str 的长度加 16

举例：

```
StringBuffer sb1=new StringBuffer();         // 字符串长度为 0，容量为 16
StringBuffer sb2=new StringBuffer(80);       // 字符串长度为 0，容量为 80
StringBuffer sb3=new StringBuffer("abcd");   // 字符串为"abcd"，容量为 20
```

表 7.7　字符串缓冲区的访问

常用方法	功能及参数描述
int length()	获取字符串的长度
int capacity()	获取字符串缓冲区的容量
char charAt(int index)	获取字符串缓冲区下标 index 位置的字符
int indexOf(String str)	获取字符串缓冲区中与字符串 str 相同的第一个下标，若无，则返回－1

续表

常用方法	功能及参数描述
int indexOf(String str, int fromIndex)	获取字符串中从位置 fromIndex 开始与字符串 str 相同的第一个下标;若无,则返回-1
String substring(int start)	用字符串缓冲区从位置 start 开始到结尾的字符产生新 String 对象
String substring(int start, int end)	用字符串缓冲区从位置 start 开始到 end 结束(不含 end)的字符产生新 String 对象

举例:

```
StringBuffer sb1=new StringBuffer("abcdeabc");
int sb1len=sb1.length();          // sb1len=8
int sb1cap=sb1.capacity();        // sb1cap=24
char ch=sb1.charAt(2);            // ch='c'
int idx=sb1.indexOf("ab",2);      // idx=5
```

表 7.8 字符串缓冲区的修改

常用方法	功能及参数描述
void setLength(int newLength)	设置字符串缓冲区的容量为 newLength,原超出该长度的字符被清空
void setCharAt(int index, char ch)	将字符串 index 位置的字符改为 ch
StringBuffer append(参数)	在字符串缓冲区尾部增加参数数据。 参数说明: boolean b:加 true 或 false 字符串 char c:加字符 c int i:加整数 i long l:加长整数 l float f:加单精度浮点数 f double d:加双精度浮点数 d String str:加字符串 str
StringBuffer insert(int offset, 参数)	在字符串缓冲区 offset 位置插入参数数据。 参数说明: boolean b:加 true 或 false 字符串 char c:加字符 c int i:加整数 i long l:加长整数 l float f:加单精度浮点数 f double d:加双精度浮点数 d String str:加字符串 str
StringBuffer delete(int start, int end)	删除字符串缓冲区从 start 位置开始到 end 之前(不含 end 位置)的字符

举例:

```
StringBuffer sb2=new StringBuffer("1234567890");
sb2.setCharAt(2,'a');
```

```
String str=sb2.toString();        // str="12a4567890"
sb2.setLength(5);
String sb2s=new String(sb2);      // sb2s="12a45"
```

[程序7-3]　字符串缓冲区增加、修改、删除等操作处理的程序。

```
//  StringBufferDemo.java
public class StringBufferDemo
{
    public static void main(String argv[])
    {
        String s="Hello";
        boolean b=false;
        char c=' ';
        int i=9;
        long l=123456789;
        float f=1.2345f;
        double d=123.456789;
        StringBuffer buf1=new StringBuffer();
        buf1.append(s); buf1.append(c);
        buf1.append(b); buf1.append(c);
        buf1.append(i); buf1.append(c);
        buf1.append(l); buf1.append(c);
        buf1.append(f); buf1.append(c);
        buf1.append(d);
        System.out.println("buf1="+buf1);
        StringBuffer buf2=new StringBuffer();
        buf2.insert(0,s); buf2.insert(0,c);
        buf2.insert(0,b); buf2.insert(0,c);
        buf2.insert(0,i); buf2.insert(0,c);
        buf2.insert(0,l); buf2.insert(0,c);
        buf2.insert(0,f); buf2.insert(0,c);
        buf2.insert(0,d);
        System.out.println("buf2="+buf2);
        buf1.delete(1,4);
        System.out.println("buf1="+buf1);
    }
}
```

程序的运行结果：

```
buf1=Hello false 9 123456789 1.2345 123.456789
buf2=123.456789 1.2345 123456789 9 false Hello
buf1=Ho false 9 123456789 1.2345 123.456789
```

7.3 基本数据类

在 Java 程序设计中，整型(int)、长整型(long)、单精度浮点数(float)和双精度浮点数(double)等是常用的基本数据类型，比如循环结构中的循环变量一般采用整型变量。这些数据类型不是面向对象的，然而由于使用方便，Java 语言也支持对它们的通常处理。

Java 语言同时提供了基本数据类型的相应的类，支持这些基本类型数据与它们相应的类之间、以及与 String 对象之间的相互转换等处理。本节将介绍 Integer 类、Long 类、Float 类和 Double 类，它们都由 java. lang 包提供。

7.3.1 Integer 类

使用 Integer 类，可以实现整数(int)与 String 类对象之间的相互转换，这是在许多场合需要用到的基本操作，Integer 类的构造方法和常用方法见表 7.9 和 7.10。

表 7.9 Integer 类的构造方法

构造方法	功能及参数描述
Integer(int value)	用整数 value 创建 Integer 对象
Integer(String s)	用字符串 s 创建 Integer 对象

表 7.10 Integer 类的常用方法

常用方法	功能及参数描述
int intValue()	获取 Integer 对象的整型数值
static int parseInt(String s)	直接将字符串 str 转换成整数
static Integer valueOf(String s)	用字符串 str 构造 Integer 对象
String toString()	将 Integer 对象转换成 String 对象

例如，要将字符串"123"转换成整数 123 进行四则运算，可使用以下两种方法：

(1)调用 Integer 类的静态方法实现：int first= Integer. parseInt("123")；

(2)构造 Integer 对象，使用对象的 intValue()方法：

```
Integer iObj=new Integer("123");
int second= iObj. intValue()。
```

7.3.2 Long 类

使用 Long 类可以实现长整数(long)与 String 类之间的相互转换，Long 类的构造方法和常用方法见表 7.11 和 7.12。

表 7.11　Long 类的构造方法

构造方法	功能及参数描述
Long(int value)	用长整数 value 创建 Long 对象
Long(String s)	用字符串 s 创建 Long 对象

表 7.12　Long 类的常用方法

常用方法	功能及参数描述
int intValue()	获取 Long 对象的整型数值，长整数大于最大整数时会截断
long longValue()	获取 Long 对象的长整型数值
static long parseLong(String s)	直接将字符串 str 转换成长整数
static Long valueOf(String s)	用字符串 str 构造 Long 对象
String toString()	将 Long 对象转换成 String 对象

7.3.3　Float 类

使用 Float 类可以实现单精度浮点数(float)与 String 类之间的相互转换，Float 类的构造方法和常用方法见表 7.13 和 7.14。

表 7.13　Float 类的构造方法

构造方法	功能及参数描述
Float(float value)	用单精度浮点数 value 创建 Float 对象
Float(double value)	用双精度浮点数 value 创建 Float 对象
Float(String s)	用字符串 s 创建 Float 对象

表 7.14　Float 类的常用方法

常用方法	功能及参数描述
float floatValue()	获取 Float 对象的单精度浮点数值
double doubleValue()	获取 Float 对象的单精度浮点数值，转换成双精度类型
static float parseFloat(String s)	直接将字符串 str 转换成单精度浮点数
static Float valueOf(String s)	用字符串 str 构造 Float 对象
String toString()	将 Float 对象转换成 String 对象

7.3.4 Double 类

使用 Double 类可以实现双精度浮点数(double)与 String 类之间的相互转换，Double 类的构造方法和常用方法见表 7.15 和 7.16。

表 7.15 Double 类的构造方法

构造方法	功能及参数描述
Double(double value)	用双精度浮点数 value 创建 Double 对象
Double(String s)	用字符串 s 创建 Double 对象

表 7.16 Double 类的常用方法

常用方法	功能及参数描述
double doubleValue()	获取 Double 对象的双精度浮点数值
float floatValue()	返回 Double 对象的单精度浮点数值，可能会发生截断
static double parseDouble(String s)	直接将字符串 str 转换成双精度浮点数值
static Double valueOf(String s)	用字符串 str 构造 Double 对象
String toString()	将 Double 对象转换成 String 对象

7.4 实用工具类

Java 语言为方便编程提供了许多实用功能类，如日期时间操作、排序、二分查找、随机数生成和类集等。其中大部分功能由 java.util 包提供，它是一个被广泛使用的包。

7.4.1 日期类

Java 提供 3 个日期处理类：Date 类、Calendar 类和 DateFormat 类。早期版本的 Date 类在 JDK1.3 及以后版本中有些方法被标为 deprecated，即过时方法。虽然这些方法现在还能用，但在将来的某个 JDK 版本中可能就不支持了，因此建议少用 Java 类的过时方法，Date 类的这些标为过时的方法在 Calendar 类中有对应的替代方法。Date 类使用方便，用 Date 类编写的程序比较常见，且 Date 类不是所有的方法都过时。本节介绍 java.util 包的 Date 类和 Calendar 类，这些类的构造方法和常用方法见下列表说明。

表 7.17 Date类的构造方法

构造方法	功能及参数描述
Date()	用系统日期时间数据创建Date对象
Date(int year, int month, int day)	用整数year(年), month(月), day(日)创建Date对象,deprecated
Date(int year, int month, int date, int hrs, int min, int sec)	用整数年、月、日、时、分、秒创建Date对象,deprecated
Date(long date)	用长整数date创建Date对象,date表示从1970年1月1日00:00:00时开始到该日期时刻的微秒数

表 7.18 Date类的常用方法

常用方法	功能及参数描述
boolean after(Date when)	日期比较,日期在when之后返回true,否则返回false
boolean before(Date when)	日期比较,日期在when之前返回true,否则返回false
long getTime()	返回从1970年1月1日00:00:00时开始到目前的微秒数
int getYear() void setYear(int year)	获取对象的年值,deprecated 设置对象的年值为year,deprecated
int getMonth() void setMonth(int month)	获取对象的月值,deprecated 设置对象的月值为month,deprecated
int getDate() void setDate(int date)	获取对象的日值,deprecated 设置对象的日值为date,deprecated
int getHours() void setHours(int hrs)	获取对象的时值,deprecated 设置对象的时值为hrs,deprecated
int getMinutes() void setMinutes(int min)	获取对象的分值,deprecated 设置对象的分值为min,deprecated
int getSeconds() void setSeconds(int sec)	获取对象的秒值,deprecated 设置对象的秒值为sec,deprecated

表 7.19 Calendar类的构造方法

构造方法	功能及参数描述
protected Calendar()	用缺省时区和本地语言创建Calendar对象
protected Calendar(TimeZone zone, Locale aLocale)	用指定时区zone和本地语言aLocale创建Calendar对象

表7.20　Calendar类的常用方法

属性和常用方法	功能及参数描述
static int YEAR static int MONTH static int DAY_OF_MONTH	表示对象日期的年、月、日属性
static int DAY_OF_YEAR static int WEEK_OF_YEAR	表示对象日期是该年的第几天、第几周属性
static int HOUR static int MINUTE static int SECOND	表示对象日期的时、分、秒属性
int get(int field)	获取对象属性field的值，属性是上面描述的静态常量
void set(int field, int value)	设置对象属性field的值为value
boolean after(Object when)	日期比较，日期在when之后返回true，否则返回false
boolean before(Object when)	日期比较，日期在when之前返回true，否则返回false
static Calendar getInstance()	获取Calendar对象
Date getTime()	由Calendar对象创建Date对象
long getTimeInMillis()	返回从1970年1月1日00:00:00时开始到目前的微秒数
void setTimeInMillis(long millis)	以长整数millis设置对象日期，millis表示从1970年1月1日00:00:00时开始到该日期时刻的微秒数

从Calendar类的常用方法可以看出，Date类中过时的方法在Calendar类中都通过统一的get()、set()方法来实现。

Calendar对象的获得，一般不是采用new来创建，而是通过Calendar类的静态方法getInstance()创建Calendar对象，得到当前系统的日期时间。如创建对象采用Calendar now= Calendar.getInstance()语句，而获得月份数据采用now.get(Calendar.MONTH)，返回的0到11分别表示1到12月。

[程序7-4]　使用Calendar类和Date类的示例程序。

```
//  CalendarDemo.java
import java.util.*;
public class CalendarDemo
{
   Calendar now;
   Date dd;
   int year,month,date,hour,minute,second;
   public void getCalendar()
   {
       now=Calendar.getInstance();              // 取系统时间
       dd=now.getTime();                        // 创建Date对象
       year=now.get(Calendar.YEAR);             // 取年值
       month=now.get(Calendar.MONTH)+1;         // 取月值
```

```
        date=now.get(Calendar.DATE);              // 取日期值
        hour=now.get(Calendar.HOUR_OF_DAY);  // 取小时值
        minute=now.get(Calendar.MINUTE);       // 取分值
        second=now.get(Calendar.SECOND);       // 取秒值
    }
    public void PrintDate()
    {
        getCalendar();
        System.out.println("Calendar对象:"+year+"年"+month+"月"+date+"日");
        System.out.println("Date对象:"+dd.getYear()+"年"+dd.getMonth()+"月"
                        +dd.getDate()+"日");
    }
    public void PrintTime()
    {
        getCalendar();
        System.out.println("Calendar对象:"+hour+"时"+minute+"分"+second+"秒");
        System.out.println("Date对象:"+dd.getHours()+"时"+dd.getMinutes()+"分"
                        +dd.getSeconds()+"秒");
        System.out.println("Calendar:"+now.getTimeInMillis()+"微秒数");
        System.out.println("Date:"+dd.getTime()+"微秒数");
    }
    static public void main(String args[])
    {
    CalendarDemo cd=new CalendarDemo();
    cd.PrintDate();
    cd.PrintTime();
    }
}
```

程序的运行结果：

```
Calendar对象:2007年1月18日
Date对象:107年0月18日
Calendar对象:16时36分30秒
Date对象:16时36分30秒
Calendar:1169109390425微秒数
Date:1169109390425微秒数
```

7.4.2 Arrays类

Java 2在java.util包中增加了一个Arrays类，它提供了在数组运算时很有用的排序和二分查找等静态方法。尽管这些方法在技术上不属于类集，但它们提供了跨越类集和数组的桥梁。

表 7.21　Arrays 类的常用方法

常用方法	功能及参数描述
static void sort(参数类型[] a)	对数组 a 进行排序，结果保存在 a 中，其中参数类型可以是： byte　char　short　int long　float　double　Object
static void sort(参数类型[] a, int fromIndex, int toIndex)	对数组 a 的从 fromIndex 开始到 toIndex(不包括)之间的元素进行排序，结果保存在 a 的相应位置上，其中参数类型可以是： byte　char　short　int long　float　double　Object
static int binarySearch(参数类型[]a,参数类型 key)	对数组 a 进行二分查找，其中参数类型是： byte　char　short　int long　float　double　Object 返回：若在数组 a 中找到 key，返回 key 在 a 中的下标，否则返回负值 说明：二分查找时数组 a 必须先排序

举例：

```
int[] a={5,3,4,6,1,2};                    // 定义 6 个元素的整数数组 a,a[0]=5
Arrays.sort(a,1,5);                       // 对 a 排序,a={5,1,3,4,6,2}
Arrays.sort(a);                           // 对 a 排序,a={1,2,3,4,5,6}
int idx=Arrays.binarySearch(a,5);         // idx=4,表明 5 在 a 中的下标
int idx1=Arrays.binarySearch(a,8);        // idx1=-7,返回负数表明 8 不在 a 中
```

7.4.3　Random 类

Random 类属于 java.util 包，它提供伪随机数生成器的功能，产生的随机数服从均匀分布。可以使用系统时间或给出一个长整数作为“种子”构造 Random 对象，然后使用对象的方法获得一个个随机数。

表 7.22　Random 类的常用方法

构造方法及常用方法	功能及参数描述
Random()	用系统时间作种子构造 Random 对象
Random(long seed)	用 seed 作种子构造 Random 对象
int nextInt()	返回一个整形随机数
int nextInt(int n)	返回大小在 0 到 n 之间的整形随机数
long nextLong()	返回一个长整形随机数
float nextFloat()	返回在 0.0 到 1.0 之间的单精度随机数
double nextDouble()	返回在 0.0 到 1.0 之间的双精度随机数

[程序7-5] 使用随机数生成器的程序。

```
// RandomDemo.java
import java.util.Random;
class RandomDemo
{
    public static void main(String args[])
    {
        Random rand = new Random();
        int i,prob,oth=0,cnt1=0,cnt2=0,cnt3=0,cnt4=0;
        for(i=0;i<100;i++)
        {
          prob = (int) (100 * rand.nextDouble());
          if (prob < 25)          cnt1++;
          else if (prob < 50)     cnt2++;
          else if (prob < 75)     cnt3++;
          else if (prob < 100)    cnt4++;
          else                    oth++;
        }
        System.out.println("cnt1="+cnt1);
        System.out.println("cnt2="+cnt2);
        System.out.println("cnt3="+cnt3);
        System.out.println("cnt4="+cnt4);
        System.out.println("oth ="+oth);
    }
}
```

程序的运行结果：

```
cnt1=21
cnt2=28
cnt3=24
cnt4=27
oth =0
```

7.4.4 Vector类

Vector类提供了一种类似于数组的顺序存储的向量数据结构，实现允许不同类型对象共存的动态数组功能，比较适合在下列情况使用：

(1)需要处理的对象数目不定；

(2)需要将不同类的对象放在一个数据结构中；

(3)需要在这个数据结构中频繁插入或删除对象；

(4)在不同类之间需要传递大量不同对象，这样可以传递一个Vector对象。

Vector 类是一种类集(Collection),但 Vector 类包含了许多不属于类集框架的以前版本遗留下来的方法。随着 Java2 的发布,Vector 被重新设计,扩展了 AbstractList 类并实现了 List 接口,因此现在它与类集是完全兼容的。Vector 类的构造方法见表 7.23。

表 7.23 Vector 类的构造方法

构造方法	功能及参数描述
Vector()	创建默认大小为 10 的向量对象
Vector(int initialCapacity)	创建指定大小为 initialCapacity 的向量对象
Vector(int initialCapacity, int capacityIncrement)	创建指定大小为 initialCapacity、增量为 capacityIncrement 的向量对象
Vector(Collection c)	由类集 c 中的元素创建向量对象

向量对象开始都有一个初始容量,达到初始容量后,再在该向量中增加存储对象时,向量被自动分配存储空间。通过分配超过需要的内存,系统减小了可能的分配次数。

Vector 类提供常用方法支持类似数组的运算和与 Vector 向量大小相关的运算,如允许向量增加、删除和插入元素,测试向量的内容和检索指定的对象等,其常用方法见表 7.24。

表 7.24 Vector 类的常用方法

常用方法	功能及参数描述
boolean add(Object obj) void addElement(Object obj)	在向量的尾部增加 obj 对象,向量大小加 1,容量加 1
void add(int index, Object obj) void insertElementAt(Object obj, int index)	在向量指定位置 index 处放 obj 对象,该位置及后面的对象向后移动 1 个位置
int capacity() int size()	返回向量的容量 返回向量中的对象个数
void setElementAt(Object obj, int index)	将向量指定位置 index 处的对象换成 obj
boolean removeElement (Object obj)	删除向量中的第 1 个 obj 对象,向量大小减 1 删成功返回 true,否则 false
void removeElementAt(int index)	删除向量中指定位置 index 处的对象
void removeAllElements() void clear()	删除向量中所有对象,向量大小设为 0
Object get(int index)	返回位置 index 处的对象
int indexOf(Object obj)	返回向量中与 obj 匹配的第 1 个对象下标
int indexOf(Object obj, int index)	返回向量中从 index 位置开始与 obj 匹配的第 1 个对象下标

[程序 7-6] 使用 Vector 类的程序。

```
// VectorDemo.java
```

```
import java.util.*;
public class VectorDemo
{
    Vector vect=new Vector(1,5);
    public void addVector()
    {
        vect.add(new Integer(12));
        System.out.println("Add 1 Vector 容量:"+vect.capacity());
        vect.addElement(new Long(34567890));
        System.out.println("Add 2 Vector 容量:"+vect.capacity());
        vect.add(1,new Float("12.34"));
        vect.insertElementAt(new Double("5.6789"),1);
        System.out.println("Add 4 Vector 容量:"+vect.capacity());
    }
    public void prtVector()
    {
        for(int i=0;i<vect.size();i++)
            System.out.println("第["+(i+1)+"]对象 "+vect.get(i));
    }
    public void delVector()
    {
        vect.removeElement(new Long(34567890));
        System.out.print("Remove-Vector 容量:"+vect.capacity());
        System.out.println("Vector 向量大小:"+vect.size());
        prtVector();
        vect.removeAllElements();
        System.out.print("RemoveAll-Vector 容量:"+vect.capacity());
        System.out.println("Vector 向量大小:"+vect.size());
    }
    public static void main(String args[])
    {
        VectorDemo vd=new VectorDemo();
        vd.addVector();
        vd.prtVector();
        vd.delVector();
    }
}
```

程序的运行结果：

```
Add 1 Vector 容量:1
Add 2 Vector 容量:6
Add 4 Vector 容量:6
第[1]对象 12
第[2]对象 5.6789
第[3]对象 12.34
第[4]对象 34567890
Remove-Vector 容量:6     Vector 向量大小:3
第[1]对象 12
第[2]对象 5.6789
第[3]对象 12.34
RemoveAll-Vector 容量:6     Vector 向量大小:0
```

说明：

(1)创建 vect 对象时指定初始容量为 1，增量为 5，故增加 1 个对象时显示容量为 1，再增加 1 个时，显示容量为 6；

(2)注意定义的 prtVector()方法，输出向量中的所有对象。它不是静态的，故在 main()方法中首先创建 VectorDemo 类的 vd 对象，通过 vd 调用 prtVector()。

7.4.5 System 类

System 类属于 java. lang 包，是功能强大、非常有用的特殊类，它提供了标准的输入输出处理，如程序输出信息使用的语句 System. out. println()，就是利用 System 类的静态类对象 out 中的方法。这个类不能被实例化，即不能创建 System 类的对象，它定义的变量和方法都是 static 的，通过类名来引用，同时 System 类还是 final 类，不能被继承。

System 类还提供获取系统运行时的相关信息的方法，关于输入输出的相关概念参见第 11 章。

表 7.25 System 类的属性和常用方法

属性及常用方法	功能及参数描述
static InputStream in	标准输入流对象
static PrintStream out	标准输出流对象
static void exit(int status)	程序或线程运行终止退出
static long currentTimeMillis()	返回从 1970 年 1 月 1 日 00:00:00 时开始到目前的微秒数
static String getProperty (String key)	返回 key 代表的属性值，key 的取值如下： java. version:Java 的版本 java. home:Java 的安装目录 java. class. path:CLASSPATH 环境变量 user. name:登入系统的用户名 user. dir:用户工作目录

[程序 7-7] 输出系统运行环境信息的程序。

```
//  PropertyDemo.java
public class PropertyDemo
{
  public static void main(String argv[])
  {
    long btime=System.currentTimeMillis();
    System.out.println("java.version = "+System.getProperty("java.version"));
    System.out.println("java.home = "+System.getProperty("java.home"));
    System.out.println("java.class.path = "+System.getProperty("java.class.path"));
    System.out.println("user.name = "+System.getProperty("user.name"));
    System.out.println("user.dir = "+System.getProperty("user.dir"));
    long atime=System.currentTimeMillis();
    System.out.println("获取并输出上述信息耗时:"+(atime-btime)+"微秒");
  }
}
```

程序的运行结果：

```
java.version = 1.4.1
java.home = c:\jbuilder8\jdk1.4\jre
java.class.path = .;
user.name = Admin
user.dir = D:\教材编写\Java 语言基础\07
获取并输出上述信息耗时:10 微秒
```

思考题与习题

一、概念思考题

1. 简述包的概念和包的使用方法。

2. 简述与包相关的类的属性和方法的访问控制。

3. 举例说明 Java 类库的使用方法。

4. 简述 Java 类库中下列包的功能：

(1)java.lang (2)java.io (3)java.awt

(4)java.awt.event (5)java.applet (6)java.util

5. 试比较 String 类和 StringBuffer 类的异同。

6. 数组有没有 length()这个方法？String 有没有 length()这个方法？是否可以继承 String 类？

7. 对于字符串 String f="25.1462"，按照四舍五入原则求保留 2 位小数的单精度浮点数，应该如何处理？

8. 举例说明 Random 类和 Math 类提供的 random()方法在处理随机数方面的异同。

二、选择题

1. 设有下面两个赋值语句：

```
a = Integer.parseInt("1024");
b = Integer.valueOf("1024").intValue();
```

下述说法正确的是(　　)。

A. a是整数类型变量，b是整数类对象

B. a是整数类对象，b是整数类型变量

C. a和b都是整数类对象并且它们的值相等

D. a和b都是整数类型变量并且它们的值相等

2. 在Java中，存放字符串常量的对象属于(　　)类对象。

A. Character　　B. String

C. StringBuffer　　D. Vector

3. 下面的语句的作用是：(　　)。

```
Vector MyVector = new Vector(100,50);
```

A. 创建一个数组类对象MyVector，有100个元素的空间，每个元素的初值为50

B. 创建一个向量类对象MyVector，有100个元素的空间，每个元素的初值为50

C. 创建一个数组类对象MyVector，有100个元素的空间，若空间使用完时，以50个元素空间单位递增

D. 创建一个向量类对象MyVector，有100个元素的空间，若空间使用完时，以50个元素空间单位递增

三、程序理解题

1. 写出下面程序的输出结果。

```
class StringDemo
{
    public static void main(String args[])
    {
        String s1="AbCdEabcde";
        String s2="bc";
        System.out.println("s1="+s1);
        System.out.println("s1的长度:"+s1.length());
        System.out.println("s2="+s2);
        System.out.println("s2的长度为:"+s2.length());
        System.out.println("s1大写形式="+s1.toUpperCase());
        System.out.println("s2小写形式="+s2.toLowerCase());
        for (int i=0;i<s2.length();i++)
            System.out.println("s2中的第"+i+"个字符是:"+s2.charAt(i));
        if(s1.compareTo(s2)==0)
            System.out.println("s1与s2相等");
        else
            System.out.println("s1与s2不相等");
```

```
        if (s1.indexOf(s2)!=-1)
        {
            System.out.println("s2是s1的子串");
            System.out.println("s2在s1中的位置为:"+s1.indexOf(s2));
        }
        else
            System.out.println("s2不是s1的子串");
        System.out.println("经过以上操作后,s1="+s1);
        System.out.println("经过以上操作后,s2="+s2);
    }
}
```

2. 写出下面程序的输出结果。

```
class StringBufferDemo
{
    public static void main(String args[])
    {
        String s = "Hello!";
        System.out.println("s="+s);
        StringBuffer sb = new StringBuffer(s);
        int i = sb.length();
        for(int j=i-2;j>=0;j--)
        {
            sb.append(s.charAt(j));
        }
        System.out.println("s="+sb);
    }
}
```

3. 写出下面程序的输出结果。

```
import java.util.*;
class ArrayDemo
{
    public static void main(String args[])
    {
    int a[]={50,10,20,40,30},ret;
    System.out.println("数组a为:");
    for(int i=0;i<a.length;i++)
        System.out.print(a[i]+" ");
    System.out.println();
    ret=Arrays.binarySearch(a,30);
    if(ret>=0)
        System.out.println("30在数组a中的位置:"+ret);
```

```
    else
        System.out.println("30 不在数组 a 中!");
    Arrays.sort(a);
    System.out.println("sort 处理后,数组 a 为:");
    for(int i=0;i<a.length;i++)
        System.out.print(a[i]+" ");
    System.out.println();
    ret=Arrays.binarySearch(a,30);
    if(ret>=0)
        System.out.println("30 在数组 a 中的位置:"+ret);
    else
        System.out.println("30 不在数组 a 中!");
    }
}
```

四、编程题

1. 定义整型数组 a[10],随机产生 0 到 100 之间的 10 个整数赋给该数据,顺序输出整个数组的值。

2. 定义双精度数组 d[10],随机产生 10 个 0 到 10 之间的双精度浮点数赋给该数据,按从大到小的顺序输出整个数组的值。

3. 编写属于 my.pack 包的 MyNumGroup 类,它有属性 int len 和 float f[10],其中 len 指明数组 f 中的元素个数;它定义 ProduceNum(int n,float big) 方法,作用是随机产生 n 个不超过 big 的浮点数赋给 f 数组,数组长度保存在 len 属性中;并定义 PrtAll() 方法输出 f 中的 len 个元素。再编写没有包 package 语句的主类 MyNumDemo 的程序,它创建 MyNumGroup 的对象 mng,并调用 mng 的 ProduceNum(5,100f) 方法,最后调用 mng 的 PrtAll() 方法。

4. 随机产生 10 个 0 到 1000 之间的双精度浮点数,保留 3 位小数输出每个数的平方根值以及这 10 个数的最大值和最小值。

第 8 章

Java GUI（Ⅰ）

Java 是一门网络编程语言，它得以广泛流行的一个重要原因是：由其编写的 Java 小应用程序（Applet）可嵌入 HTML 网页而发布到 Internet 上，使 Internet 能“动”起来。在网络浏览器的支持下，Applet 程序不仅能向用户提供友好的图形用户界面（GUI），而且还可展示丰富多彩的多媒体信息，并实现用户与网络系统的动态交互。

本章主要内容：

- Applet 小应用程序
- 图形界面组件
- 事件处理

8.1 小应用程序

Applet 是用 Java 语言编写的小应用程序。当用户浏览包含 Applet 的网页时，这些 Applet 从网络中下载到用户的计算机上，并运行在用户计算机的浏览器中。由于是在本地计算机上运行，为保证安全，Java 系统对 Applet 在本地的执行有以下限制：

- 除非授权，Applet 不能读写本地计算机的文件系统；
- Applet 在用户计算机上只能与保存该 Applet 的服务器进行通信；
- Applet 在用户计算机上不能再运行或加载本地程序。

虽然 Applet 与图像、声音、动画等多媒体文件一样是从网络下载的，但它与这些多媒体文件格式并不相同，而且 Applet 可以接收用户的输入，实现与用户动态地交互，而不仅仅是动画的显示和声音的播放，这与用 HTML 语言编写的动态网页是不同的。

8.1.1 Applet 简介

前面我们介绍 Java 的程序类型时提到 Java Applet 小应用程序。Applet 程序是用 Java 语言编写的一段代码，它不能单独运行，与 Java 应用程序（Application）的区别在于它们执行方式不同。Application是从程序类的main()方法开始执行的，而Applet是在浏览器中或通过模拟器appletviewer运行，因此，必须创建一个HTML文件，通过HTML语言告诉浏览器要载入的Applet字节码文件，以及如何运行并获得它的执行结果。Applet的下载、执行过程如图8.1所示。

编写Applet程序，定义类时必须继承java.applet包中的Applet类，作为Applet类的子类。Applet程序框架结构如下：

```
import java.applet.Applet;
public class class_name extends Applet
{...}
```

可以不引入Applet类，而直接指明它所在的包，即用类的完整路径表示：

```
public class class_name extends java.applet.Applet
{...}
```

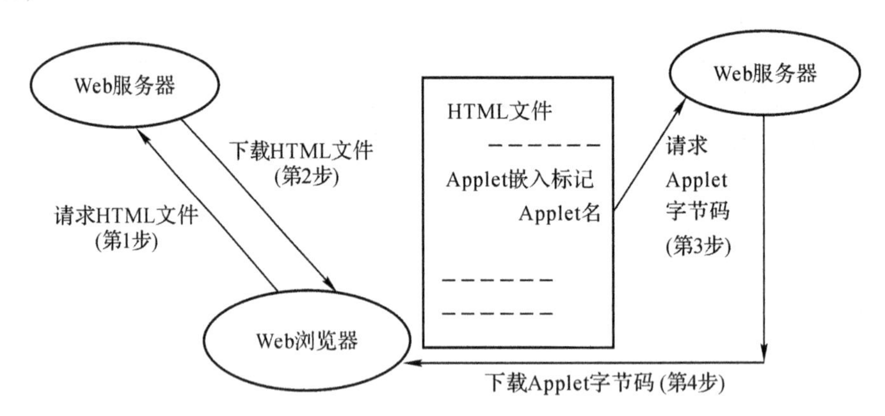

图8.1　Applet程序的下载与执行过程

Applet程序不需要main方法，它通过paint(Graphics g)方法或图形界面组件在浏览器中输出信息，如在窗口左上角横向50像素，纵向100像素处显示“Hello,Java”字符串，可以使用如下语句：

```
g.drawString("Hello,Java",50,100)
```

信息的输出位置涉及屏幕坐标系。Java坐标系是一个二维网格，可以标识屏幕上点的位置，坐标单位用像素表示。坐标系由一个x坐标(水平坐标)和一个y坐标(垂直坐标)组成。在缺省状态下，原点位于屏幕左上角坐标(0,0)处，x坐标是从左向右移动的水平距离，y坐标是从上向下移动的垂直距离，图8.2中的坐标(x,y)表示点与原点的水平距离是x，垂直距离是y。

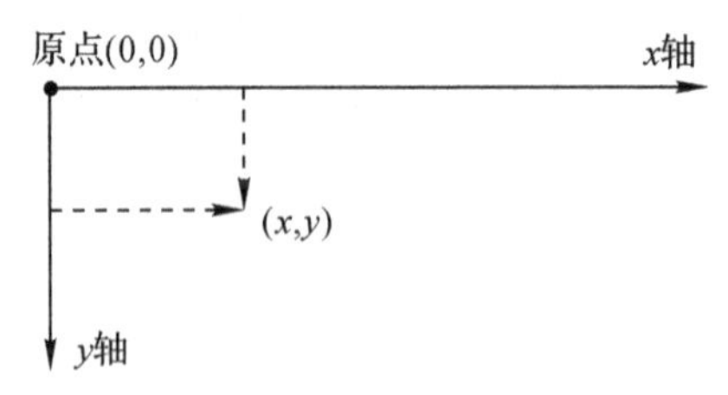

图8.2　屏幕坐标系

Graphics 类定义在 java.awt 包中，可使用语句“import java.awt.*”引入包中的所有类，由编译程序去确定实际需要引入的类。

[程序 8-1]　编写显示格式为“时:分:秒”的时钟程序，运行结果见图 8.3。

```
//  Clock1.java
import java.applet.*;
import java.awt.*;
import java.util.Date;
public class Clock1 extends Applet
{
    public void paint(Graphics g)
    {
        Date timeNow=new Date();
        String strTime=timeNow.getHours()+":"
                  +timeNow.getMinutes()+":"+timeNow.getSeconds();
        g.drawString(strTime,100,20);
    }
}
```

相应的 HTML 文件取名为 Clock1.html，文件内容如下：

```
<html>
<body>
<applet code=Clock1.class width=200 height=200>
</applet>
</body>
</html>
```

图 8.3　程序 Clock1 的运行结果

说明：

(1)在命令窗口输入 appletviewer Clock1.html 命令或通过浏览器打开 Clock1.html，小应用程序被执行，在像素点(100,20)处显示了时间；

(2)时间在 1 秒 1 秒过去，但显示的时钟不会变动。用其他应用程序窗口，如记事本窗口盖住浏览器窗口显示的时钟，再单击显示时间的窗口，将发现时间改变了；

(3)在 8.1.3 节，我们介绍时钟变化的原因，即程序的执行过程。要设计走时的 Applet 时钟程序，参见第 12 章多线程中的介绍。

8.1.2 HTML 语言

Applet 程序经编译产生的字节码文件，必须嵌入到 HTML 文件中，由解释 HTML 文件的 Web 浏览器来执行它，充当其虚拟机。

1. 超文本 HTML

超文本标记语言(Hyper Text Markup Language)是一种网页编程语言，自从诞生以来就一直得到广泛运用和发展。最初的超文本只能进行单调的文本链接，现已发展到具有图形、音频、视频等多媒体处理的能力。Java 小应用程序是嵌在 HTML 文档中实现多媒体和交互功能的，所以简单了解 HTML 是必要的。

HTML 是一种标签编程语言，可以用任何文本编辑器进行编辑。其中的标签由浏览器解释，产生 Web 页面的外观。

HTML 文件以<html>标签开始，中间为各种标签描述的网页内容，可以分为头部和主体两部分，最后以</html>标签结束。头部定义标签(如定义标题)放在<head>...</head>标签对中，主体中的网页内容标签放在<body>...</body>标签对中。加入相应的标签能制作出面貌各异的页面，如 Web 页面上的水平直线，在 HTML 语言中的标签符号为<hr>。

2. 标签

HTML 语言中的标签有两种表示格式：

(1)单个标签格式：<HTML 标签>。用小于(<)符号和大于(>)符号括起来表示，如上面提到的<hr>标签和表示段落分段的<p>标签；

(2)成对标签格式：<HTML 标签>...</HTML 标签>。它的特点是，成对的两个标签基本一样，唯一差别在于第 2 个标签比第 1 个多了个除号(/)。

[**程序 8-2**] 显示画面如图8.4 所示的 HTML 文件。

```
<html>
<head>
<title>Java 程序设计基础</title>
</head>
<body>
<h2>Java 程序设计基础</h2>
<hr>
<h4>Java 程序设计基础</h4>
<h5>Java 程序设计基础</h5>
</body>
</html>
```

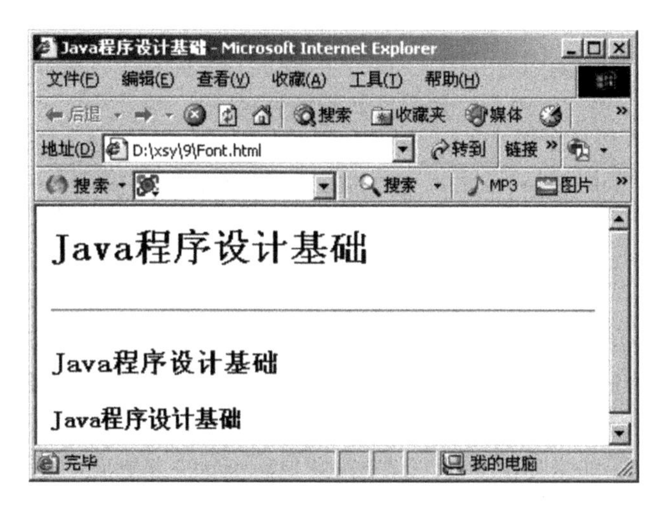

图 8.4　HTML 网页

浏览器窗口的标题由标签对<title>...</title>定义；窗口中显示了三种字体的文字，定义在标签对<body>...</body>中，分别由<h2>、<h4>和<h5>标签对定义；所有的标签都包含在标签对<html>...</html>之间。

3. Applet 标签

支持 Applet 程序的标签对是<applet 属性>和</applet>，在 HTML 文件的主体中，其中属性可定义执行的字节码文件名，浏览器窗口的宽度和高度等，属性间通过空格分隔。例如，下面的代码指出执行的 Applet 程序是 Clock1.class，浏览器的初始窗口宽度为 200，高度为 200。

```
<applet code="Clock1.class" width=200 height=200>
</applet>
```

用 code 属性指定字节码文件名时，可以不加扩展名.class，还可以不加双引号，即 code=Clock1 或 code="Clock1"都是正确的。

8.1.3　Applet 执行流程

每个小应用程序都是 Applet 类的子类，浏览器在下载字节码文件的同时自动装载它，并创建该小应用程序类的实例对象，在适当时候自动调用该对象的几个主要方法，这就是小应用程序的执行流程，或称它的生命周期。

Applet 的生命周期包括四个状态：初始态、运行态、停止态和消亡态。当小应用程序类被装载并实例化后立即执行 init()方法，进入初始态；然后马上执行 start()方法，Applet 程序进入运行态；当浏览器从 Applet 程序所在页面转入其他页面时，Applet 程序执行stop()方法进入停止态；在停止态中，如果浏览器又重新装载该 Applet 程序所在的页面，则 Applet 程序又开始调用 start()方法，进入运行态；如果浏览器关闭，则 Applet 程序在调用 stop()方法后再调用 destroy()方法，进入消亡态而结束程序的执行，如图 8.5

所示。

小应用程序生命周期中的 init()、start()、stop()和 destroy()四个方法由父类 Applet 定义,可以被子类覆盖而实现小应用程序的相关处理。

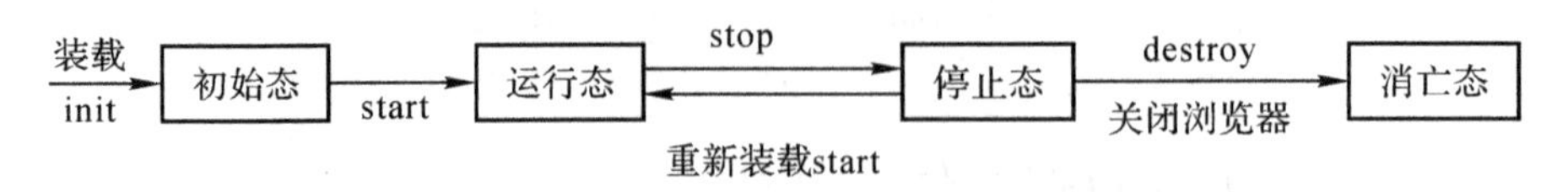

图 8.5 Applet 的生命周期

(1)init()方法:编写的小应用程序启动时,如果提供 init()方法,即覆盖父类 init()方法,则该 init()方法被调用。init()方法仅被执行一次,主要用来做初始化操作,如初始化变量、字体,装载图像文件或声音文件等。

(2)start()方法:如果提供 start()方法,则执行 init()方法后调用 start()方法,它实现小应用程序要完成的功能。一般通过重载父类的 start() 方法实现程序的功能。

(3)stop()方法:如果提供 stop()方法,当用户从 Applet 程序所在的 Web 页面切换到其他页面或关闭页面时,浏览器会自动调用 stop()方法,让 Applet 程序停止运行。

(4)destroy()方法:如果提供 destroy ()方法,当用户关闭 Applet 程序窗口时,先执行 stop()方法,然后再执行此方法。该方法一般做些资源释放工作,结束程序的运行。

在 Applet 中还有一个重要的 paint()方法,它的主要作用是刷新屏幕,在浏览器界面中显示文字、图形和其他界面元素。浏览器在下面三种情况下将调用 paint()方法:

(1)当浏览器首次显示 Applet 时,在执行完 init、start 方法后,会自动调用 paint()方法刷新窗口;

(2)当用户调整窗口大小或窗口被覆盖后又重新显示时,浏览器会根据需要调用 paint()方法,对屏幕进行刷新;

(3)当 repaint()方法被调用时,浏览器首先将 Applet 对象所占据的屏幕空间清空,然后调用 paint()方法重画。

至此,我们可以理解程序 8-1 的时钟程序的行为。该程序没有 init()和 start()方法,程序启动后调用父类的这些方法,接下来调用 paint()方法刷新屏幕,显示时钟,然后不做任何事情了。当浏览器窗口被覆盖后又重新被选中时,需要刷新屏幕而调用 paint()方法,因为每次执行 paint()方法会重新取系统日期,故显示的时间被改变了。

下面例子展示了 Applet 的生命周期,使我们能清晰地理解 Applet 的执行流程。

[程序 8-3] 展示 Applet 生命周期的小应用程序,运行结果见图 8.6 和 8.7。

```
// AppletLife.java
import java.applet.Applet;
import java.awt.* ;
public class AppletLife extends Applet {
    String buffer="";
    int count=0;
    public void showMessage(String newMessage)
    {
```

```
        buffer=buffer+newMessage;
        System.out.println(newMessage);
        repaint();
    }
    public void init()
    {
        showMessage("[init] Applet...");
    }
    public void start()
    {
        showMessage("[start] Applet... ");
    }
    public void stop()
    {
        showMessage("[stop] Applet... ");
    }
    public void destroy()
    {
        showMessage("[destroy] Applet ...");
    }
    public void paint(Graphics g)
    {
        g.drawString(buffer,5,15);
        buffer=buffer+count;
        count++;
    }
}
```

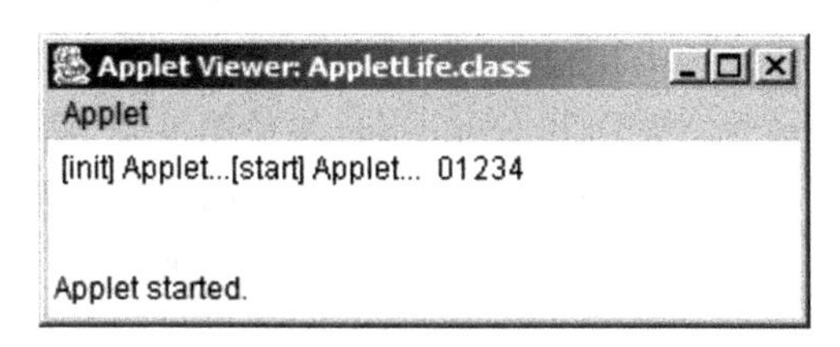

图 8.6　程序 AppletLife 的执行结果

```
D:\xsy\9>appletviewer AppletLife.html
[init] Applet...
[start] Applet...
[stop] Applet...
[destroy] Applet ...

D:\xsy\9>
```

图 8.7 命令窗口程序 AppletLife 的执行结果

说明：

(1)当浏览器窗口被多次覆盖后再选中时，通过图 8.6 显示信息的"[init] Applet... [start] Applet...01234"中的"01234"，可看出 paint()方法被执行多次；

(2)当关闭浏览器窗口时，执行了 stop()方法和 destroy()方法，见图 8.7。

8.2 图形界面

操作界面是用户与计算机交互的接口，用户界面的功能是否完善、使用是否方便直接影响用户对应用软件的使用。因此，设计和构造用户界面，是软件开发中的一项重要工作。图形用户界面(Graphics User Interface，简称 GUI)就是为应用程序提供一个图形化的操作界面，借助菜单、按钮等标准界面元素和鼠标操作，帮助用户方便地向计算机发出命令、启动操作，并将系统运行的结果同样以图形的方式显示给用户，使应用程序具有画面生动形象、操作简便的优点，免去了使用字符界面软件时用户必须记忆各种命令的麻烦，深受广大用户的喜爱和欢迎，已经成为应用软件的实际设计标准。

为了方便编程人员开发图形用户界面软件，Java 提供了抽象窗口工具包(Abstract Windowing ToolKit，缩写为 AWT)和 Swing 包(参见第 9 章)两个图形界面工具包。在这两个工具包中提供了丰富的类支持创建与平台无关的用户界面。编程人员可方便地使用这些类来生成各种标准图形界面和处理图形界面的各种事件。

在 Java 中图形界面程序的编写实质是采用 Java 提供的各种类库(或称应用程序接口 API)来构件，所以对各种类的了解程度决定了程序的质量。

我们拟采用这样的形式来介绍这些图形界面类：首先对类进行简单说明，然后用表格给出类的构造方法和常用方法，再通过例子加深对类的理解和使用，并对程序的重点、难点及涉及的其他知识给出说明。

图形组件既可用于独立应用程序(Application)，也可用于小应用程序(Applet)。在小应用程序中使用图形界面对象，需要使用容器(Container)类的 add()方法，将图形对象加入用户程序的窗口中显示。Applet 类的继承关系如图 8.8 所示，可知 Container 类也是 Applet 类的父类，故 add()方法被用户的小应用程序继承。

```
java.lang.Object
   +--java.awt.Component
         +--java.awt.Container
               +--java.awt.Panel
                     +--java.applet.Applet
```

图 8.8 Applet 类的继承关系图

8.2.1 标签类

Label 类被称为标签，它是使用起来最简单的组件。标签用一个标签类的对象表示，可以显示一行文本，它不接受用户的输入，也无事件响应。

表 8.1 Label 类的构造方法

构造方法	功能及参数描述
Label()	创建空的标签
Label(String text)	创建标识为 text 的标签，缺省 text 左对齐

表 8.2 Label 类的常用方法

属性及常用方法	功能及参数描述
String getText()	获取标签对象的文本
void setText(String text)	设置标签对象的文本为 text
void setForeground(Color c)	设置标签对象的颜色，见第 10.1.1 节
void setFont(Font f)	设置标签对象的字体，见第 10.1.2 节

[程序 8-4] 显示 2 个标签的小应用程序，运行结果参考图 8.9 显示的两个标签。

```
// LabelDemo.java
import java.awt.*;
import java.applet.*;
public class LabelDemo extends Applet
{
    public void init()
    {
        Label one = new Label("One");
        Label two = new Label();
        two.setText("Two");
        add(one);
        add(two);
    }
}
```

说明：程序使用了 Label 类的两种创建方法，代码在 init()方法中。这些处理代码也可放 start()方法中，即将程序中的 init 改为 start，运行结果一样。

8.2.2 按钮类

按钮是最常用的一种组件，按钮 Button 类包含一个按钮标签，且按钮被点击后能产生一个事件消息，传递给事件处理程序处理。

表 8.3 Button 类的构造方法

构造方法	功能及参数描述
Button()	创建空标签的按钮
Button(String label)	创建按钮标签为 label 的按钮

表 8.4 Button 类的常用方法

属性及常用方法	功能及参数描述
String getLabel()	获取按钮对象的标签文本
void setLabel(String label)	设置按钮对象的标签文本为 label
void addActionListener (ActionListener al)	增加对按钮对象的事件监听，使在按钮上的鼠标事件(如单击)能被传给事件处理程序

[程序 8-5] 显示 2 个标签和2 个按钮的小应用程序，运行结果见图 8.9。

```
// ButtonDemo.java
import java.awt.*;
import java.applet.*;
public class ButtonDemo extends Applet
{
    public void init()
    {
        Label one = new Label("One");
        Label two = new Label();
        two.setText("Two");
        Button btn1 = new Button("Button One");
        Button btn2 = new Button();
        btn2.setLabel("Button Two");
        add(one);
        add(two);
        add(btn1);
        add(btn2);
    }
}
```

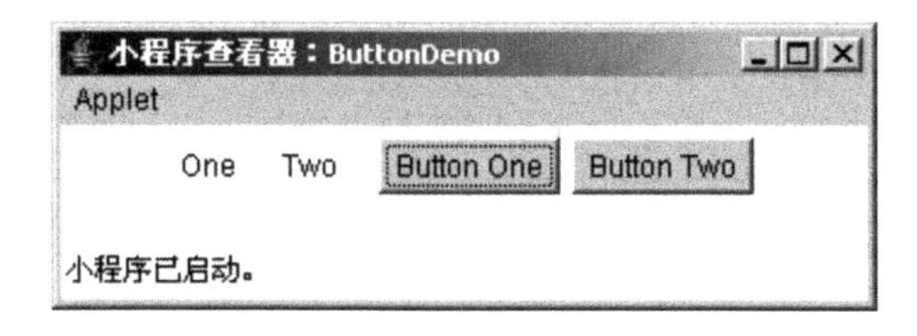

图 8.9　程序 ButtonDemo 的运行结果

说明：鼠标单击按钮“Button One”或“Button Two”均没有任何处理，原因是没有事件处理，即在按钮对象上监听这一动作并提供按键后的处理程序。事件处理见 8.3 节。

8.2.3　文本类

文本类是文本编辑的组件，AWT 提供 TextField 类和 TextArea 类。

文本域 TextField 可接受用户通过键盘输入的一行文本，编辑时可使用箭头键、剪切键、粘贴键以及鼠标选定等。

表 8.5　TextField 类的构造方法

构造方法	功能及参数描述
TextField()	创建初始内容为空的文本域
TextField(int columns)	创建初始内容为空、宽度为 columns 列的文本域
TextField(String text)	创建初始内容为 text 的文本域
TextField(String text, int columns)	创建初始内容为 text、宽度为 columns 列的文本域

表 8.6　TextField 类的常用方法

属性及常用方法	功能及参数描述
int getColumns()	获取文本域的宽度
void setColumns(int columns)	设置文本域的宽度为 columns
String getText()	获取文本域的文本
void setText(String text)	设置文本域的文本为 text
void setEchoChar(char c)	设置文本域的回显字符为 c，比如输入密码的输入框，设置回显字符为 *，则输入的任何字符显示都是 *
void setEditable(boolean b)	设置文本域的编辑属性。b 为 true，表示用户可编辑，为 false，文本域内容不可修改
void addActionListener (ActionListener al)	增加对文本域的事件监听，由按 Enter 键引发

表中的 getText()和 setEditable()方法不是由 TextField 类提供的，而是通过继承得到的，它由 TextField 类的父类 TextComponent 定义。

文本区 TextArea 对象则可接受用户输入的多行文本,能用箭头键、剪切键、粘贴键以及鼠标选定等方式来编辑文本,自动支持滚动条功能。

表 8.7 TextArea 类的构造方法

构造方法	功能及参数描述
TextArea()	创建初始内容为空的文本输入区
TextArea(int rows, int columns)	创建初始内容为空,rows 行、columns 列的文本输入区
TextArea(String text)	创建初始内容为 text 的文本输入区
TextArea(String text, int rows, int columns)	创建初始内容为 text,rows 行、columns 列的文本输入区
TextArea(String text, int rows, int columns, int scrollbars)	创建初始内容为 text,rows 行、columns 列,具有滚动条的文本输入区

表 8.8 TextArea 类的常用方法

属性及常用方法	功能及参数描述
void append(String str)	在原文本尾增加字符串 str
int getColumns() int getRows()	获取文本区的列数 获取文本区的行数
String getText() void setText(String text)	获取文本区的文本 设置文本区的文本为 text
void setEditable(boolean b)	设置文本区的编辑属性。true 表示可编辑,false 表示不可编辑

[程序 8-6] 显示 1 个文本域和 1 个文本区的程序,运行结果见图 8.10。

```
//  TextClassDemo.java
import java.applet.*;
import java.awt.*;
public class TextClassDemo extends Applet
{
    TextField tf;
    TextArea ta;
    public void init()
    {
        tf=new TextField(TextField,30);
        ta=new TextArea(TextArea\nHello Java,3,30);
        add(tf);
        add(ta);
    }
}
```

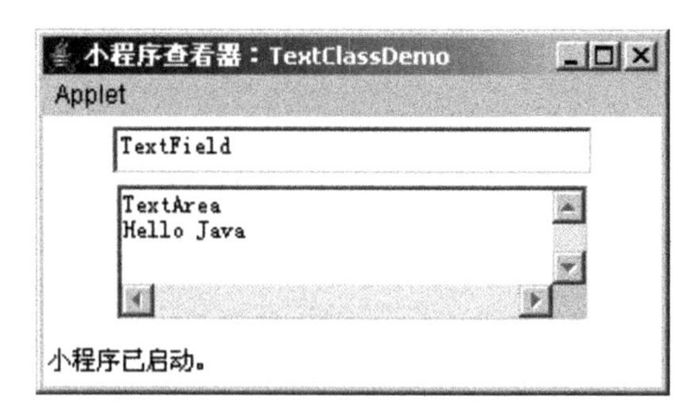

图 8.10 程序 TextClassDemo 的运行结果

说明：

(1)可以使用光标键、复制、粘贴等操作在两个对象之间进行文本编辑，字符'\n'表示换行；

(2)可以修改文本域中的初始信息，按回车可以触发事件，本例没有捕获事件并进行事件处理。

8.2.4 列表类

AWT 提供的列表界面元素是 Choice 类和 List 类，从 Choice 列表对象中仅能选择一个选项，而从 List 对象中可以选择多个选项。

Choice 类生成弹出式的列表项，可以说它是一种弹出菜单形式。当列表框未激发时，它仅占据够用的空间来显示当前的选项。当用户点击它时，含所有选项的列表被弹出，可以从中进行选择。列表中的每一项都是一个字符串，以左对齐的标签形式出现，并按被加入列表框对象的顺序排列。

表 8.9 Choice 类的构造方法

构造方法	功能及参数描述
Choice()	创建空的 Choice 列表

表 8.10 Choice 类的常用方法

属性及常用方法	功能及参数描述
void add(String item)	在列表中增加选项 item
void addItem(String item)	在列表中增加选项 item
int getItemCount()	获取列表对象的选项数
String getItem(int index)	获取列表对象第 index 选项文本
int getSelectedIndex()	获取列表对象被选项的索引
String getSelectedItem()	获取列表对象被选项的文本
void select(String str)	设置选择 str 项
void addItemListener(ItemListener al)	增加对列表项的事件监听

[程序 8-7]　显示包含 3 个选项的 Choice 列表框的程序，运行结果见图 8.11。

```
//  ChoiceDemo.java
import java.applet. * ;
import java.awt. * ;
public class ChoiceDemo extends Applet
{
    public void init()
    {
        Choice testChoice=new Choice();
        testChoice.addItem("Item 1");
        testChoice.addItem("Item 2");
        testChoice.addItem("Item 3");
        add(testChoice);
    }
}
```

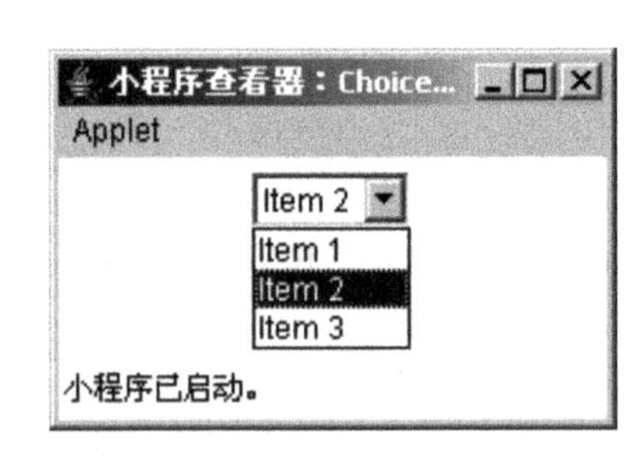

图 8.11　程序 ChoiceDemo 的运行结果

List 类可以创建一个简洁的支持滚动条的选项列表。在缺省情况下，List 对象也只能选择其中的一项；通过给出控制参数，List 可被构造成能选择其中多个选项的对象。

表 8.11　List 类的构造方法

构造方法	功能及参数描述
List()	创建空的 List 列表
List(int rows)	创建显示 rows 行可见选项的 List 列表
List (int rows, boolean multipleMode)	创建显示 rows 行可见选项的 List 列表，multipleMode 表示是否支持多选，true 表示可选多个选项，false 表示不可以

表 8.12　List 类的常用方法

属性及常用方法	功能及参数描述
void add(String item)	在 List 对象尾增加选项 item
void add(String item, int index)	增加 item 为 List 对象的第 index 选项
int getItemCount()	获取 List 对象的选项数
String getItem(int index)	获取 List 对象第 index 选项的文本
String[] getItems()	获取 List 对象所有选项的文本
String[] getSelectedItems()	获取 List 对象中被选中的所有选项文本

[程序 8-8]　显示包含 6 个选项的 List 列表框的程序，运行结果见图 8.12。

```
//  ListDemo.java
import java.applet.*;
import java.awt.*;
public class ListDemo extends Applet
{

    public void init()
    {
        String name[]={"北京","上海","杭州","广州","南京","长沙"};
        List list=new List(4,true);
        for (int j=0;j<name.length;j++)
            list.add(name[j]);
        add(list);
    }
}
```

图 8.12　程序 ListDemo 的运行结果

说明：

(1)当选项数多于可见选项行数时，列表自动产生滚动条；

(2)单击选中某选项，再单击则取消选中。

8.2.5　复选框类

复选框 Checkbox 是一种用来将选项开启或关闭的组件，它由一个小方框组成，其中可能包含一个复选标记。每个复选框都有一个标签来描述它所代表的选项，可以通过点击复选框来改变是否选中的状态。

复选框可以单独使用，也可将多个复选框放入 CheckboxGroup 复选框组对象中，使得在这组选项中仅能选择其中一项，实现单选框的功能。

表 8.13　Checkbox 类的构造方法

构造方法	功能及参数描述
Checkbox()	创建空的复选框，缺省为未选中
Checkbox(String label)	创建标签为 label 的复选框，缺省为未选中
Checkbox (String label, boolean state)	创建标签为 label 的复选框，state 设置选择状态，true 为选中，false 为未选中
Checkbox (String label, boolean state, CheckboxGroup group)	创建标签为 label 的复选框，并放置到 group 复选框组，state 设置选择状态，true 为选中，false 为未选中

表 8.14　Checkbox 类的常用方法

属性及常用方法	功能及参数描述
String getLabel()	获取复选框标签
boolean getState()	判断复选框是否被选中，被选中返回 true，否则返回 false
void setLabel(String label)	设置复选框标签为 label
Object[] getSelectedObjects()	获取被选中的选项对象数组

[程序 8-9]　实现多选和单选选择题的程序，运行结果见图 8.13。

```
// CheckboxDemo.java
import java.awt.*;
import java.applet.Applet;
public class CheckboxDemo extends Applet
{
    String Uni[]={"清华大学","北京大学","浙江大学","天津大学"};
    Checkbox c[]=new Checkbox[4];
    CheckboxGroup cg=new CheckboxGroup();
    public void init()
    {
        add(new Label("请选择所在地在北京的大学:"));
        for(int i=0;i<4;i++)
        {
```

```
            c[i]=new Checkbox(Uni[i]);
            add(c[i]);
        }
        add(new Label("请选择你认为是最好的大学:"));
        for(int i=0;i<4;i++)
        {
            c[i]=new Checkbox(Uni[i],false,cg);
            add(c[i]);
        }
        Checkbox cb=new Checkbox("缺省被选中的复选框",true);
        add(cb);
    }
}
```

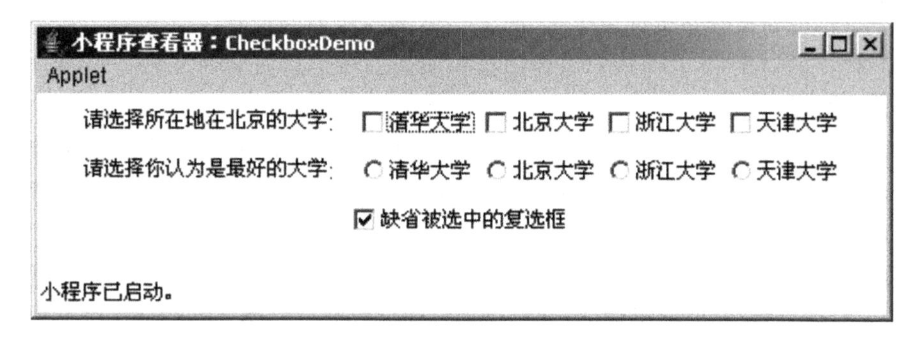

图 8.13　程序 CheckboxDemo 的运行结果

8.3　事件处理

我们在程序 8-5 中指出，单击程序界面的按钮没有任何反应，也就是说，设计的图形界面程序还不能响应用户的任何操作。要使图形界面程序能接收用户的操作，必须对图形界面程序加上事件处理机制。

图形界面程序的设计和实现工作主要有两个：一是创建组成程序界面的各种元素，指定它们的属性和位置关系，构成图形用户界面的物理外观；二是定义图形界面组件的事件及对各种不同事件进行响应，实现应用软件与用户的交互功能。

图形用户界面应用之所以能为广大用户所喜爱，并最终成为应用软件事实的标准，很重要的一点就在于图形界面程序设计的事件驱动机制，它可以根据产生的事件来决定执行相应的程序段。事件(Event)代表了对象的状态和可执行的操作。例如，在图形用户界面应用中，用户通过鼠标对特定图形界面元素进行单击、双击等操作来实现与应用的交互。

Java 的小应用程序是基于事件驱动的，事件处理是小应用程序编程的核心。许多小应用程序需要响应的事件是被用户触发的，这些事件以消息的方式传递给小应用程序，由特定的方法来处理。

8.3.1 事件模型

对事件的处理有多种模式，Java采用委托事件模型来处理事件。委托事件模型的特点是将事件的处理委托给独立的对象，而不是组件本身，将用户界面对象与程序处理逻辑分开。整个“委托事件模型”由产生事件的对象（事件源）、事件对象以及监听者对象（包括事件处理程序）所组成。

委托事件模型定义了标准一致的机制去产生和处理事件，它的概念十分简单：一个事件源（Source）产生一个事件（Event）并将它送给一个或多个监听者（Listeners），由监听者对象的方法处理。

产生事件的对象会在事件发生时，产生与该事件相关的信息并将其封装在一个称之为“事件对象”的对象中，并将该对象传递给监听者对象。监听者对象根据该事件对象的信息决定执行相应的处理程序。

监听者对象要能收到事件对象，产生事件的对象必须增加事件监听注册，并指明监听者对象，这样当事件产生时，产生事件的对象就会主动通知监听者对象，由监听者对象接收事件对象并处理事件。

下面举例说明事件处理。设计运行界面如图8.14所示的小应用程序，它由1个标签、2个文本输入域（1个用于输入；另一个用于输出，其中文本不可修改）和1个按钮组成。如果在第1个文本输入域输入“Bob”，然后用鼠标单击按钮对象“Ok”，则该按钮“Ok”就是事件源，此时java运行系统产生ActionEvent类的对象e，该对象为事件对象，包含了事件发生时的相关信息（如哪个按钮被单击）；事件监听者接收事件对象e，并交给actionPerformed()方法处理，在输出文本域中显示“Bob，Welcome！”。

图8.14 程序AppletButtonEvent的运行结果

[程序8-10] 按钮的事件处理程序，运行结果见图8.14。

```
// AppletButtonEvent.java
import java.applet.*;
import java.awt.*;
import java.awt.event.*;
public class AppletButtonEvent extends Applet implements ActionListener
{
```

```
    TextField input, output;
    public void init()
    {
        Label prompt = new Label("Input name: ");
        Button btn=new Button("Ok");
        input = new TextField(6);
        output = new TextField(20);
        output.setEditable(false);
        add(prompt);
        add(input);
        add(btn);
        add(output);
        btn.addActionListener(this);
    }
    public void actionPerformed(ActionEvent e)
    {
        output.setText(input.getText()+ ", Welcome!");
    }
}
```

说明：

(1)事件处理涉及的类或接口，如 ActionListener 接口定义在 java.awt.event 包中，所以要加载此包；

(2)按钮事件处理方法 actionPerformed()由接口 ActionListener 定义，小应用程序继承 Applet 类的同时要实现 ActionListener 接口；

(3)为了能监听按钮 btn 上的事件，在按钮对象上要设置事件监听，通过使用语句“btn.addActionListener(this)”来实现，this 表明由小应用程序自己的 actionPerformed()方法来处理事件；

(4)单击“Ok”按钮，方法 actionPerformed()被执行，做的工作是从第1个输入域中取出内容，拼上字符串“,Welcome!”后在不可修改的文本输出域中输出；

(5)文本域对象 input、output 应作为程序 AppletButtonEvent 类的变量，不能定义在 init()方法中，若定义在 init()方法中，input、output 将作为 init 的局部变量，在 actionPerformed()方法中将无法访问到。

8.3.2 事件及监听者

Java 事件处理机制的核心是代表各种事件的类，它们主要由 java.awt.event 包提供，表8.15中列举了常用的事件类，并对它们进行了简要描述，表8.16给出事件、接口和处理方法之间的关系。

表 8.15　常用的事件类

事件类	描　　述
ActionEvent	常在单击按钮、在文本域 TextField 中按“Enter”键或双击列表项时触发
ItemEvent	复选框或列表类的选项事件，当选项状态发生改变时触发
KeyEvent	键盘事件，当输入信息，即按键时触发

表 8.16　事件类、事件源、接口和处理方法的关系

事件类	事件源(组件)	实现接口	处理方法
ActionEvent	Button TextField	ActionListener	actionPerformed (ActionEvent)
ItemEvent	List Choice Checkbox	ItemListener	itemStateChanged (ItemEvent)
KeyEvent	TextField TextArea	KeyListener	keyPressed(KeyEvent) keyReleased(KeyEvent) keyTyped(KeyEvent)

1. ActionEvent 类

ActionEvent 类有两个重要的方法：

(1)String getActionCommand()，获得命令的名字。对于按钮对象，命令的名字和按钮上的标签相同，这样可以得知哪个按钮触发了事件；

(2)Object getSource()，返回触发事件的组件对象的引用。

例如，定义 Button bt1 = new Button("Button1")和 Button bt2 = new Button("Button2")两个按钮，在按钮 bt2 上单击鼠标，产生事件为 ActionEvent 类的对象 e，则 e. getActionCommand()得到“Button2”字符串，e. getSource()获得 bt2。

2. ItemEvent 类

当一个复选框或者列表框被点击，或者是一个可选择的选项被选择或取消选定时产生该类事件。ItemEvent 类还定义了如下所示的整型常量标识：

(1)static int DESELECTED：用户取消选定的一项；

(2)static int SELECTED：用户选择一项；

(3)static int ITEM_STATE_CHANGED：选项状态的改变。

ItemEvent 类有两个重要的方法：

(1)Object getItem()，获得一个产生事件的选项的引用，返回的值与图形组件相关，见表 8.17 的说明；

(2)ItemSelectable getItemSelectable()，获得一个产生事件的事件源对象的引用。

表 8.17　getItem 对不同组件事件返回的 Object 对象

图形界面组件	GetItem 返回的 Object 对象
Choice	返回的是选中的 Choice 选项标签的 String 对象
List	返回的是选中的 List 选项下标的 Integer 对象

[**程序 8-11**]　列表框 Choice 的事件处理程序，运行结果见图 8.15。

```
//  ChoiceEvent.java
import java.applet.*;
import java.awt.*;
import java.awt.event.*;
public class ChoiceEvent extends Applet implements ItemListener
{
    Choice cc=new Choice();
    Label lbl=new Label("城市区号:"),
          lb2=new Label("城市名称:"),
          lb3=new Label("          ");
    String code[]={"010","020","021","0571"},
           name[]={"北京","广州","上海","杭州"};
    public void init()
    {
        setLayout(new FlowLayout());
        for (int j=0;j<code.length;j++)      // 添加选项到 Choice 对象
            cc.add(code[j]);
        add(lbl);
        add(cc);
        add(lb2);
        add(lb3);
        cc.addItemListener(this);      // 注册 cc 给监听对象
    }
    public void itemStateChanged(ItemEvent e)
    {
        int c=0;
        String str=(String)e.getItem();      // 获取选项的标签
        System.out.println(e.getItem());
        for(int i=0;i<code.length;i++)
          if(str==code[i])      // 确定选项在 code 中的下标
          {
              c=i;
              break;
          }
```

```
        lb3.setText(name[c]);      // 显示城市名
    }
}
```

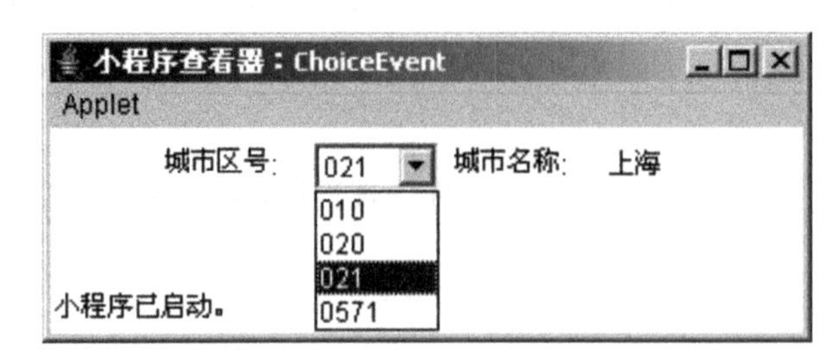

图 8.15 程序 ChoiceEvent 的运行结果

[程序 8-12] 列表框 List 的事件处理程序,运行结果见图 8.16。

```
// ListEvent.java
import java.applet.*;
import java.awt.*;
import java.awt.event.*;
public class ListEvent extends Applet implements ItemListener
{
    List l1=new List(3);
    Label lb1=new Label("城市区号:"),
          lb2=new Label("城市名称:"),
          lb3=new Label("          ");
    String code[]={"010","020","021","0571"},
           name[]={"北京","广州","上海","杭州"};
    public void init()
    {
      setLayout(new FlowLayout());
      for (int j=0;j<code.length;j++)      // 添加选项到 List 对象
          l1.add(code[j]);
      add(lb1);
      add(l1);
      add(lb2);
      add(lb3);
      l1.addItemListener(this);      // 注册 l1 给监听对象
    }
    public void itemStateChanged(ItemEvent e)
    {
      int c;
      Integer ii=(Integer)e.getItem();      // 获取选项的标签
      c=ii.intValue();
```

```
        lb3.setText(name[c]);      // 显示城市名
    }
}
```

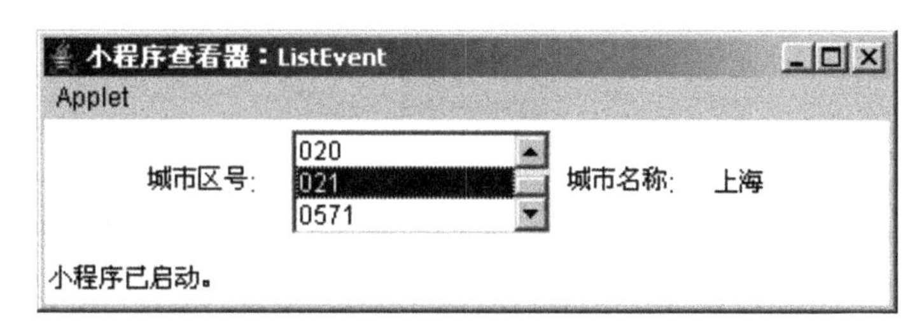

图 8.16　程序 ListEvent 的运行结果

3. KeyEvent 类

在文本类组件 TextField 和 TextArea 中，如果进行 addActionListener()监听，则按回车键将引发 ActionEvent 类的事件。如果进行 addKeyListener()监听，那么按的任何键都将产生 KeyEvent 类的事件，它定义了键值常量和获取键值的方法：

(1)按键的键值静态常量，如 VK_A 到 VK_Z 表示大写字母 A 到 Z；

(2)char getKeyChar()，返回按下的键值字符。

[程序 8-13]　按键输入处理的程序，运行结果见图 8.17。

```
//  KeyEventDemo.java
import java.applet.*;
import java.awt.*;
import java.awt.event.*;
public class KeyEventDemo extends Applet implements ActionListener,KeyListener
{
    String str;
    TextField tf1=new TextField(10);     // 用来输入文字
    TextArea tf2=new TextArea(5,10);     // 用来显示文字
    public void init()
    {
     add(tf1);
     tf2.setEditable(false);
     add(tf2);
     tf1.addActionListener(this);
     tf1.addKeyListener(this);
    }
    public void actionPerformed(ActionEvent ee)
    {
     str=tf2.getText()+"\n"+tf1.getText()+"\n";
     tf1.setText("");
```

```
        tf2.setText(str);
        }
        public void keyTyped(KeyEvent e)
        {
         if(e.getKeyChar()! ='\n')      // 按 Enter 不处理
         {
           str=tf2.getText()+e.getKeyChar();
           tf2.setText(str);
         }
        }
        public void keyPressed(KeyEvent e)
        {}
        public void keyReleased(KeyEvent e)
        {}
}
```

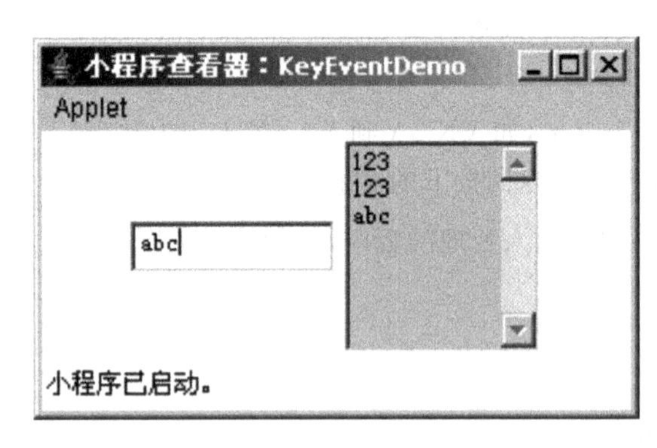

图 8.17　程序 ListEvent 的运行结果

说明：

(1)在文本域对象 tf1 上设置了两个监听者，每按一个键(除回车键\n)该键值都将显示在 tf2 对象中，按回车键则将 tf1 的文本放 tf2 的尾部，如图 8.17 所示；

(2)需要实现两个接口的所有方法。我们使用 KeyListener 接口的 keyTyped()方法，还要实现接口 KeyListener 的另外两个方法，此处提供两个空方法。

8.3.3　内部类监听者

在 Java 语言中，可将一个类定义在另一个类中，这样的类叫作"内部类"。内部类非常有用，特别是在事件处理方面。因为利用内部类可对那些逻辑上相互联系的类进行分组，并控制一个类在内部类里的"可见性"，即内部类可访问另一个类的变量和方法。

[程序 8-14]　内部类的示例程序。

```
//  InnerClassDemo.java
public class InnerClassDemo
```

```
{
    private int total=10;
    class InnerClass
    {
        int x;
        InnerClass(int xx)
        {x=xx;}
        void InnerPrint()
        {
            System.out.println("Super private [total]: "+total);
            System.out.println("Inner class [x]: "+x);
        }
    }
    public void show()
    {
        InnerClass ic=new InnerClass(20);
        ic.InnerPrint();
    }
    public static void main(String args[])
    {
        InnerClassDemo icd=new InnerClassDemo();
        icd.show();
    }
}
```

程序运行结果：

```
Super private [total]: 10
Inner class [x]: 20
```

说明：

(1)InnerClass 类定义在 InnerClassDemo 类中，编译后生成的 class 文件名由两个类名中间加“$”符号构成，如图 8.18 所示。

```
命令提示符
2007-04-11  13:03    <DIR>          ..
2006-01-14  17:10               552 InnerClassDemo.java
2007-04-11  13:04               930 InnerClassDemo$InnerClass.class
2007-04-11  13:04               648 InnerClassDemo.class
               3 个文件          2,130 字节
               2 个目录  2,616,918,016 可用字节

D:\xsy\08>java InnerClassDemo
Super private [total]: 10
Inner class [x]: 20
```

图 8.18　程序 InnerClassDemo 的运行结果

(2)InnerClass 类中的 InnerPrint()可以访问 InnerClassDemo 类的私有变量，如果不

是定义为内部类，即 InnerClass 类定义在外面，则 InnerClass 类无法访问另一个类的私有变量。

在 Java 事件处理模型中，事件是交给一个监听者对象去处理的。如果在程序中实现相应的接口，则事件传给程序类本身去处理，即由程序类中重载接口定义的方法去处理。下面我们给出由内部类监听者对象处理事件的例子。

[程序 8-15]　按钮的内部类的事件处理程序，运行结果见图 8.14。

```
// InnerButtonEvent.java
import java.applet.*;
import java.awt.*;
import java.awt.event.*;
public class InnerButtonEvent extends Applet
{
    TextField input, output;
    public void init()
    {
        Label prompt = new Label("Input name: ");
        Button btn=new Button("Ok");
        input = new TextField(6);
        output = new TextField(20);
        output.setEditable(false);
        add(prompt);
        add(input);
        add(btn);
        add(output);
        btn.addActionListener(new InnerEvent());
    }
    class InnerEvent implements ActionListener
    {
        public void actionPerformed(ActionEvent e)
        { output.setText(input.getText() + ", Welcome!"); }
    }
}
```

说明：

(1)本程序的功能与例 8.10 的一样，但没有实现 ActionListener 接口，而是定义内部类 InnerEvent 来实现 ActionListener 接口，提供事件处理方法；

(2)监听按钮的语句改为 btn.addActionListener(new InnerEvent())，由内部类对象处理事件，而不是 this；在内部类重载的 actionPerformed() 方法中可以直接访问 InnerButtonEvent 类的 output 变量。

思考题与习题

一、概念思考题

1. 简述 Java 的 Application 和 Applet 两种应用程序的异同。

2. 简述 Java 小应用程序的执行过程。

3. 简述下列 Java 图形界面类的作用。

(1)Label (2)Button (3)TextField

(4)TextArea (5)Choice (6)List

(7)Checkbox (8)CheckboxGroup

4. 举例说明 Java 的事件处理方法。

5. 简述 ItemEvent 类、ItemListener 接口和 itemStateChanged(ItemEvent)方法的功能以及它们之间的关系。

6. 简述内部类的概念和功能。

二、选择题

1. 下列哪种方法在 Applet 生命周期中只执行一次?( )

A. init() B. paint()

C. repaint() D. run()

2. Applet 程序的 paint()方法在下列何种情况下会被调用?( )

A. 当浏览器运行 Applet 时

B. 当 Applet 内容被覆盖后又重新显示时

C. 当执行 repaint()方法时

D. 包括以上三种情况

3. 为了防止 Java Applet 程序中含有恶意代码而对客户端造成损害,以下哪一种行为不属于浏览器禁止的行为。( )

A. 访问 Applet 程序所在服务器的资源

B. 读写本地计算机的文件系统

C. 运行本地计算机的可执行程序

D. 访问与本地计算机相连的其他计算机

4. 在 Java 图形用户界面编程中,若显示一些不需要修改的文本信息,一般使用什么类的对象来实现?( )

A. Label B. checkbox

C. TextArea D. TextField

5. 能创建一个标识有“关闭”按钮的语句是( )。

A. TextField b = new TextField(关闭);

B. Label b = new Label(关闭);

C. checkbox b = new Checkbox(关闭);

D. Button b = new Button(关闭);

6. 小应用程序具有Button事件处理的能力，则需要引入的包是(　　)。

A. java.applet　　B. java.io

C. java.awt.event　D. java.util

三、程序理解题

1. 画出下面程序刚运行时的界面图，并回答以下问题：

(1)首先在"USERNAME:"标签后的文本域内输入java，按回车键，程序界面将发生哪些变化？

(2)然后在"PASSWORD:"标签后的文本域内输入密码123456，按回车键，画出此时程序的运行界面图。

```
import java.awt.*;
import java.awt.event.*;
import java.applet.Applet;
public class TextAppletListen extends Applet implements ActionListener
{
    TextArea a=new TextArea(6,50);
    TextField f1=new TextField(10),f2=new TextField(10);
    public void init()
    {
        add(a);
        add(new Label("USERNAME:"));
        add(f1);
        add(new Label("PASSWORD:"));
        add(f2);
        f2.setEchoChar('*');
        f1.addActionListener(this);
        f2.addActionListener(this);
    }
    public void actionPerformed(ActionEvent e)
    {
        if(e.getSource()==f1)
            a.append(f1.getText()+"\n");
        else
            a.append(f2.getText()+"\n");
    }
}
```

2. 理解下面程序的功能，并回答以下问题：

(1)程序运行后，在"Input"标签后的文本输入域field中输入abc，然后单击一次"Append"按钮，则在文本区area中显示的信息是什么？

(2)接着上面继续操作，再单击一次"Delete"按钮，此时文本区area中显示的信息又是什么？

(3)接着上面继续操作,此时单击"Display"和"Total"按钮,文本区 area 中显示的信息各是什么?

```
import java.util.*;
import java.awt.*;
import java.awt.event.*;
import java.applet.*;
public class Z_VectorMethod extends Applet implements ActionListener
{
    Vector vect;
    Label label;
    TextField field;
    TextArea area;
    Button b1,b2,b3,b4;
    public void init()
    {
        vect=new Vector(1,1);
        label=new Label("Input");
        field=new TextField(20);
        area=new TextArea(10,33);
        b1=new Button("Append");
        b2=new Button("Delete");
        b3=new Button("Display");
        b4=new Button("Total");
        add(label);
        add(field);
        add(b1);
        add(b2);
        add(b3);
        add(b4);
        add(area);
        b1.addActionListener(this);
        b2.addActionListener(this);
        b3.addActionListener(this);
        b4.addActionListener(this);
    }
    public void actionPerformed(ActionEvent e)
    {
        if(e.getSource()==b1)
        {
            vect.addElement(field.getText());
            area.append("Insert:"+field.getText()+"\n");
```

```
            }
            else if(e.getSource()==b2)
            {
                if(vect.removeElement(field.getText()))
                  area.append("Delete:"+field.getText()+"\n");
                else
                  area.append("Delete:"+field.getText()+" not exist\n");
            }
            else if(e.getSource()==b3)
            {
                StringBuffer str=new StringBuffer();
                for(int i=0;i<vect.size();i++)
                {
                  str.append(vect.get(i)).append("\n");
                }
                area.setText(null);
                area.append("All:\n"+str.toString());
            }
            else if(e.getSource()==b4)
            {
                area.setText(null);
                area.append("Total:num="+vect.size()+",Capacity="+
                                  vect.capacity()+"\n");
            }
        }
    }
```

四、编程题

1. 编写Java小应用程序，使它能够接受用户输入的两个整数，并有一个按钮，单击按钮时输出两个整数之间的所有素数；在浏览器窗口显示时，每行显示10个素数。

2. 编写具有如下图所示外观的统计英文字符、数字的小应用程序。在文本输入域中输入一行字符串，单击"统计"按钮，在不可编辑的文本区中显示统计结果。

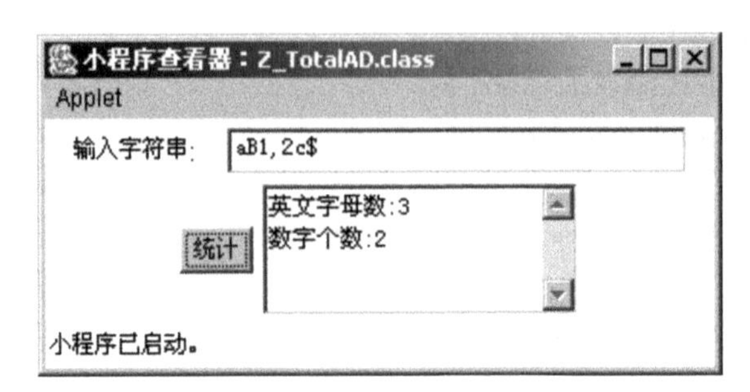

3. 编写具有加(+)、减(－)、乘(*)、除(/)简单四则运算功能的计算器小应用程序。程序的设计思想与外观可以自由发挥，比如设计如下图所示的四则运算器。

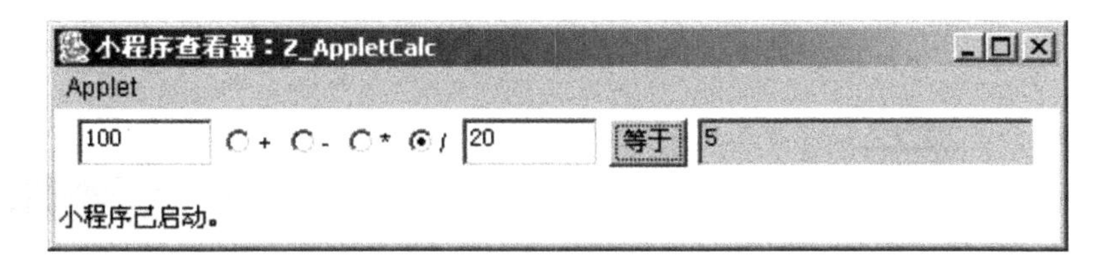
小程序查看器：Z_AppletCalc
Applet
100
+
-
*
/
20
等于
5
小程序已启动。

第 9 章

Java GUI(Ⅱ)

第 8 章主要围绕 Java 小应用程序介绍了图形用户界面(GUI)的设计开发。本章继续介绍 Applet 程序的相关处理和 Swing 组件,并介绍 Java 独立应用程序(Application)的图形界面程序设计技术。

本章主要内容:

- 颜色与字体设置
- 布局管理
- Swing 组件
- 窗体应用
- 菜单设计
- 对话框应用

9.1 颜色与字体设置

在浏览器窗口输出文本信息时,通过设置输出文本的颜色、字体及大小,可使输出界面达到美观漂亮的效果。如用 setBackground()方法可设置小应用程序窗口的背景颜色,用 setForeground()方法可设置字符显示的前景颜色。这两个方法由 Applet 的父类 Component 提供,最后被用户的小应用程序继承,Applet 类的继承关系如图 8.8 所示。

在小应用程序的 init()方法中加入两条语句:"setBackground(Color. green);"及"setForeground(Color. red);",即将小应用程序窗口的背景颜色设为绿色,前景颜色设为红色。

9.1.1 颜色类

Java 是以一种方便的、与设备无关的方式支持颜色处理的,Java 程序在输出色彩时虽然受到显示硬件的限制,但是 Java 系统将找到与之最相近的颜色。因此,编写 Java 程序无需关心由于硬件设备所支持的显示方式不同而引起的颜色差别。颜色可由三原色，即红色、绿色和蓝色调制而成。在Java中通过Color类来处理各种颜色，Color类定义了许多颜色的静态常量和成员方法，我们可以使用预先定义的颜色对象，如红色为Color.red，也可以构建Color类的对象，自定义需要的颜色。

表9.1 Color类的构造方法

构造方法	功能及参数描述
Color(int r, int g, int b)	使用r,g,b三个整数指定红、绿和蓝三种颜色的值来创建Color对象，r,g,b的取值范围为0～255
Color(float r, float g, float b)	使用r,g,b三个浮点数指定三原色的值来创建Color对象，r,g,b的取值范围为0.0～1.0

表9.2 Color类的常用方法

属性及常用方法	功能及参数描述
static Color red	红色，r,g,b值分别为255,0,0
static Color green	绿色，r,g,b值分别为0,255,0
static Color blue	蓝色，r,g,b值分别为0,0,255
static Color black	黑色，r,g,b值分别为0,0,0
static Color white	白色，r,g,b值分别为255,255,255
static Color yellow	黄色，r,g,b值分别为255,255,0
static Color orange	橙色，r,g,b值分别为255,200,0
static Color cyan	青蓝色，r,g,b值分别为0,255,255
static Color magenta	洋红色，r,g,b值分别为255,0,255
static Color pink	淡红色，r,g,b值分别为255,175,175
static Color gray	灰色，r,g,b值分别为128,128,128
static Color lightGray	浅灰色，r,g,b值分别为192,192,192
static Color darkGray	深灰色，r,g,b值分别为64,64,64
int getRed()	获得对象的红色值
int getGreen()	获得对象的绿色值
int getBlue()	获得对象的蓝色值

创建以r、g、b三原色调制的一个颜色对象，使用下面语句：

```
Color c1=new Color(r,g,b)
```

使用setBackground(c1)，可将背景设为c1颜色，而用setForeground(c1)语句设置输出字符的颜色为c1。在paint(Graphics g)中，还可用g对象的setColor()方法来设置前景颜色，如设置字符显示颜色为黄色，采用如下语句：

```
g.setColor(Color.yellow)
```

下面设计如图9.1所示的小应用程序，它由1个标签和1个文本域组成，当按下数字、英文字母时，字符在输入框中显示的同时，在浏览器窗口的下方也会显示所按下的键值。当按下r键、g键、b键时，还分别将窗口的背景颜色依次变成红色、绿色、蓝色；按其他键时，窗口背景颜色设为白色。

图 9.1　程序 keyColorProc 的运行结果

[程序 9-1]　键盘及颜色处理的程序，运行结果见图 9.1。

```
//  keyColorProc.java
import java.awt. * ;
import java.awt.event. * ;
import java.applet. * ;
public class keyColorProc extends Applet implements KeyListener
{
    Color c;
    Label l=new Label("Input R G B");
    TextField tf=new TextField(10);
    char PressKey;
    public void init()
    {
        add(l);
        add(tf);
        tf.addKeyListener(this);
    }
    public void paint(Graphics g)
    {
        if ( PressKey != 0 )
        {
            g.drawString("Press Key: "+PressKey,60,50);
        }
    }
    public void keyPressed(KeyEvent e)
    {
        c=Color.white;
        PressKey=e.getKeyChar();
        if(PressKey=='r')
            c=Color.red;
        else if(PressKey=='g')
            c=Color.green;
```

```
        else if(PressKey=='b')
            c=Color.blue;
        setBackground(c);
        repaint();
    }
    public void keyTyped(KeyEvent e)
    {}
    public void keyReleased(KeyEvent e)
    {}
}
```

说明：

(1)键盘事件处理通过 KeyListener 接口来实现，见 8.3.2 节。在文本域对象上进行监听键盘事件使用 tf.addKeyListener(this)语句；

(2)通过事件对象 e 的 getKeyChar()方法获得按下的字符型键值，根据按键设置背景颜色，并调用 repaint()刷新屏幕。

9.1.2　字体类

编辑 Word 文档时可使用各种不同的字体，如 Courier New、Times New Roman、黑体、楷体、宋体等来实现各种排版效果。字体已从传统的排版领域发展成为生成各种编排效果的计算机文档和能输出美观漂亮文字信息的图形界面程序的重要部分。在 Java 的小应用程序中可以使用 Graphics 类提供的如下成员方法输出字符信息。

表 9.3　Graphics 类的字符输出方法

void drawBytes(byte[] data, int offset, int length, int x, int y)	在窗口(x,y)位置输出 data 数组的从 offset 位置开始的 length 个字节
void drawChars(char[] data, int offset, int length, int x, int y)	在窗口(x,y)位置输出 data 数组的从 offset 位置开始的 length 个字符
abstract void drawString(String str, int x, int y)	在窗口(x,y)位置输出字符串 str

Java 的 AWT 支持多种字体，将它们封装在 Font 类中。使用 Font 类的构造方法和成员方法可以设置字体、字型和大小，获取文字的信息等。字体一般由字体名(Name)、样式(Style)和大小(Size)描述，其中字体名可为 Courier、TimesRoman、宋体、黑体等；样式如正常体(PLAIN)、粗体(BOLD)、斜体(ITALIC)；Size 是以像素点为单位表示的字体大小。

表 9.4　Font 类的构造方法

构造方法	功能及参数描述
Font(String name, int style, int size)	构造字体名为 name，字型为 style，大小为 size 的字体对象

表 9.5　Font类的常用方法

属性及常用方法	功能及参数描述
static int PLAIN	正常体字型
static int BOLD	粗体字型
static int ITALIC	字型为意大利体，即斜体
String getFontName()	获取字体名称
int getStyle()	获取字型
int getSize()	获取字体大小
boolean isPlain()	是正常体返回 true，否则返回 false
boolean isBold()	是粗体返回 true，否则返回 false
boolean isItalic()	是斜体返回 true，否则返回 false

创建字体名为 TimesRoman，字型为粗体，大小为 24 的字体对象，使用下面语句：

```
Font f1=new Font("TimesRoman",Font.BOLD,24)
```

输出时如果要求字型既是粗体又是斜体，则字型参数设为 Font.BOLD＋Font.ITALIC。在 paint(Graphics g)中，使用 g 对象的 setFont()方法来设置字体，如设置字体为 f1 对象采用如下语句：

```
g.setFont(f1)
```

[程序 9-2]　用多种颜色和字体显示信息的程序，运行结果见图 9.2。

```
// AppletFont.java
import java.applet.* ;
import java.awt.* ;
public class AppletFont extends Applet
{
    Font f1=new Font("TimesRoman",Font.PLAIN,16);
    Font f2=new Font("TimesRoman",Font.BOLD,24);
    Font f3=new Font("TimesRoman",Font.ITALIC,36);
    public void paint(Graphics g) {
        g.setFont(f1);
        g.setColor(Color.red);
        g.drawString("Java is very simple",50,20);
        g.setFont(f2);
        g.setColor(Color.green);
        g.drawString("Java is good",50,50);
        g.setFont(f3);
        g.setColor(Color.blue);
        g.drawString("Java is Ok",50,90);
    }
}
```

图 9.2　程序 AppletFont 的运行结果

9.2　布局管理

如何合理安排各种图形组件，设计美观、易用的用户界面是程序设计的一项重要任务。到目前为止，我们介绍的所有组件都是由默认的布局管理器来布置的，布局管理器通过某种算法自动在窗口中排放各种组件。

Java 的用户界面大致可分为三类：容器、图形界面组件和用户自定义组件。组件从功能上分可分为：

(1)顶层容器：Applet，Frame，Dialog 等；

(2)中间容器：Panel，ScrollPane 等；

(3)基本组件：实现人机交互的组件，如 Label，Button，TextField，TextArea，List，Choice，Font 等；

(4)自定义组件：根据以上组件设计实现特定功能的组件。

容器是用来容纳、组织图形界面元素的部件，一个应用程序的图形界面要对应于一个容器，如一个窗口。容器内部包含许多界面元素，某些界面元素本身又可以是一个容器，如 Panel 组件，在这个界面(Panel)中将再进一步包含它的界面成分和元素，以次类推就构成一个复杂的图形界面系统，见 9.2.4 节。

每个容器(Container)对象都有一个与它相关的布局管理器。布局管理器由 setLayout()方法设定，如果没有使用 setLayout()方法，那么使用默认的布局管理器，小应用程序默认的布局管理器是顺序布局(FlowLayout)。每当一个容器被调整大小或第一次产生时，布局管理器被用来布置它里面的组件。组件相关类之间的关系见图 9.3。

容器的主要作用和特点描述如下：

(1)容器有一定的范围。容器一般都是矩形的，容器边界可以用边框表示出来，也可能没有可见的标记；

(2)容器占据一定的位置。这个位置可以是屏幕的绝对位置，也可以是相对于其他容器的相对位置；

(3)容器通常可有一个背景覆盖全部容器，覆盖时可以透明，也可以指定一幅特殊的

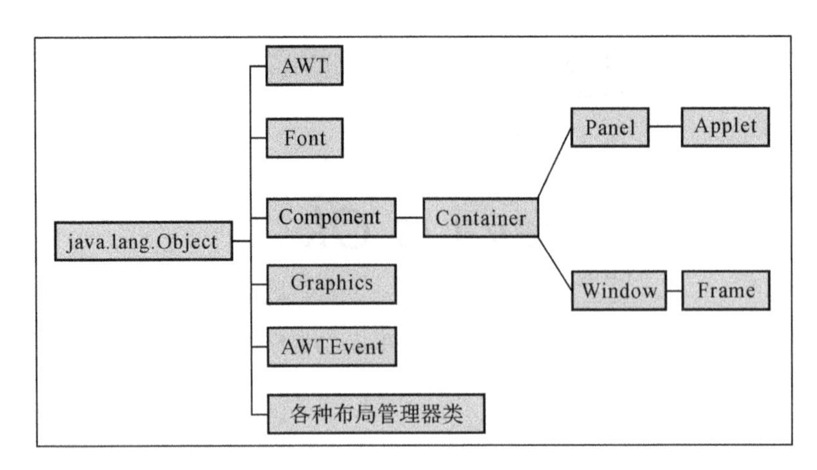

图 9.3 组件类之间的继承关系

图案，使界面生动化和个性化；

(4)容器中可以包含许多界面元素。当容器被打开时，它的所有元素同时被显示，当容器被关闭和隐藏时，这些元素也一起被隐藏；

(5)容器可以按一定的规则安排它所包含的元素，如这些元素的相对位置关系、它们的前后排列关系等；

(6)容器可能被包含在其他容器之中。

布局管理器是一种实现 LayoutManager 接口的任何类的对象。Java 提供了几个实现 LayoutManager 接口的类，如 Java.awt 包提供顺序布局类(FlowLayout)、边界布局类(BorderLayout)、卡片布局类(CardLayout)和网格布局类(GridLayout)等。每种布局类对应一种布局策略，它们是 Object 类的直接子类。

9.2.1 顺序布局

顺序布局(FlowLayout)是最基本的一种布局，容器缺省的布局是顺序布局。顺序布局指的是把图形元素一个接一个地放在容器中，按照组件加入的先后顺序从左向右排列，当一行排满之后就转到下一行继续从左向右排列。

表 9.6 FlowLayout 类的构造方法

构造方法	功能及参数描述
FlowLayout()	构造缺省的顺序布局，居中对齐，水平和垂直间隙为 5 像素
FlowLayout(int align)	构造由 align 指定对齐方式的顺序布局，水平和垂直间隙为 5 像素
FlowLayout(int align, int hgap, int vgap)	构造的顺序布局，其对齐方式为 align，水平间隙 hgap，垂直间隙为 vgap

表 9.7 FlowLayout 类的常用方法

属性及常用方法	功能及参数描述
static int CENTER	对齐方式为居中
static int LEFT	对齐方式为左对齐
static int RIGHT	对齐方式为右对齐
int getAlignment() int getHgap() int getVgap()	分别获取对齐方式,水平间隙,垂直间隙
void getAlignment(int align) void getHgap(int hgap) void getVgap(int vgap)	分别设置对齐方式,水平间隙,垂直间隙

[程序 9-3] 顺序布局程序,组件的排列为左对齐、水平间隙为 50 和垂直间隙为 30。程序的运行结果见图 9.4。

```
// FlowLayoutDemo.java
import java.applet.*;
import java.awt.*;
public class FlowLayoutDemo extends Applet
{
    Button bt1=new Button("打开"),
      bt2=new Button("保存"),
      bt3=new Button("取消"),
      bt4=new Button("退出");
    public void init()
    {
    FlowLayout fl=new FlowLayout(FlowLayout.LEFT,20,30);
    setLayout(fl);
    add(bt1);
    add(bt2);
    add(bt3);
    add(bt4);
    }
}
```

说明:若将程序的顺序布局设为缺省的模式,即将布局设置语句改为"FlowLayout fl = new FlowLayout ();",则程序的运行结果将如图 9.5 所示。注意两个图中关于组件的对齐方式和间距大小的差别。

图 9.4 程序 FlowLayoutDemo 的结果

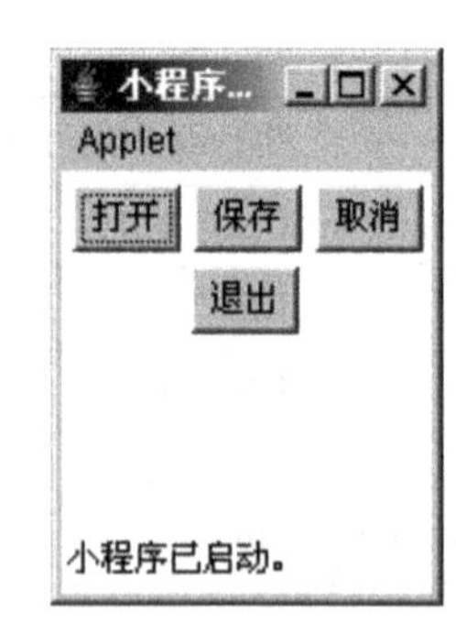

图 9.5 顺序布局缺省设置的结果

9.2.2 边界布局

边界布局(BorderLayout)将窗口区域分为东、南、西、北和中央五个区,在窗口边缘是四个狭窄的、固定宽度的区域,中间为一个大的区域。组件在容器中的分布规律是"上北下南,左西右东"。BorderLayout 类的构造方法的常用方法分别如表 9.8 和 9.9 所示。

表 9.8 BorderLayout 类的构造方法

构造方法	功能及参数描述
BorderLayout()	构造缺省的边界布局,组件间没有间隙
BorderLayout(int hgap, int vgap)	构造水平间隙为 hgap、垂直间隙为 vgap 的边界布局

表 9.9 BorderLayout 类的常用方法

属性及常用方法	功能及参数描述
static String CENTER	组件放置在中央区
static String EAST	组件放置在东区
static String SOUTH	组件放置在南区
static String WEST	组件放置在西区
static String NORTH	组件放置在北区
int getHgap() int getVgap()	分别获取水平间隙,垂直间隙
void setHgap(int hgap) void setVgap(int vgap)	分别设置水平间隙,垂直间隙

[**程序 9-4**] 边界布局程序。在窗口四周放 4 个 Button 按钮,中间为 1 个标签,支持按钮事件处理,组件间的水平间隙为 30,垂直间隙为 10。程序运行结果见图 9.6。

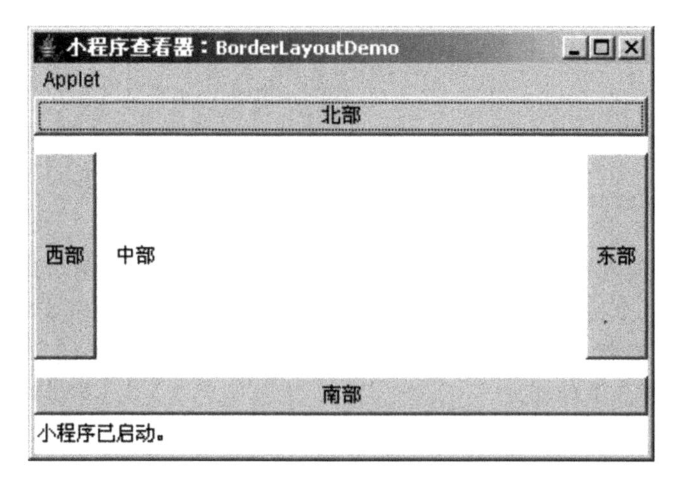

图 9.6 程序 BodyLayoutDemo 的运行结果

```
// BodyLayoutDemo.java
import java.applet.*;
import java.awt.*;
import java.awt.event.*;
public class BorderLayoutDemo extends Applet implements ActionListener
{
    Button bt1=new Button("北部"),
       bt2=new Button("西部"),
       bt3=new Button("东部"),
       bt4=new Button("南部");
    Label lbl=new Label("中部");
    public void init()
    {
     setLayout(new BorderLayout(10,10));
     add(bt1,BorderLayout.NORTH);
     bt1.addActionListener(this);
     add(bt2,BorderLayout.WEST);
     bt2.addActionListener(this);
     add(bt3,BorderLayout.EAST);
     bt3.addActionListener(this);
     add(bt4,BorderLayout.SOUTH);
     bt4.addActionListener(this);
     add("Center",lbl);
    }
    public void actionPerformed(ActionEvent e)
    {
     if (e.getActionCommand()=="北部")  lbl.setText("北部");
```

```
        else if (e.getSource()==bt2)         lbl.setText("西部");
        else if (e.getSource()==bt3)         lbl.setText("东部");
        else                                 lbl.setText("南部");
    }
}
```

说明：

(1)在容器中放置按钮和标签对象时采用了不同的方法。采用与标签一样的放置方法同样可以放置 4 个按钮对象，将"Center"改成相应的"East"，"South"，"West"，"North"；

(2)通过事件对象 e 的 getActionCommand()或 getSource()方法，均能获得按下的按钮信息而进行相应的事件处理。

9.2.3 网格布局

如果程序界面需要放置的组件较多，且这些组件的大小又基本一致时，例如计算器、遥控器的面板，这时使用网格布局(GridLayout)是最佳的选择。GridLayout 的布局策略是把容器空间划分为由若干行、列组成的网格区域，每个组件按添加的顺序从左向右、从上向下地占据这些网格，即在一个二维的网格中排列组件，所以实例化一个网格布局对象时需要定义网格布局对象的行数和列数。

表 9.10 GridLayout 类的构造方法

构造方法	功能及参数描述
GridLayout()	构造缺省的 1 行 1 列的网格布局
GridLayout(int rows,int cols)	构造 rows 行、cols 列的网格布局
GridLayout(int rows, int cols, int hgap, int vgap)	构造 rows 行、cols 列、水平间隙 hgap、垂直间隙 vgap 的网格布局

表 9.11 GridLayout 类的常用方法

常用方法	功能及参数描述
int getRows() int getColumns()	获取网格布局的行数，列数
void setRows(int rows) void setColumns(int cols)	设置网格布局的行数，列数
int getHgap() int getVgap()	获取网格布局的水平间隙，垂直间隙
void setHgap(int hgap) void setVgap(int vgap)	设置网格布局的水平间隙，垂直间隙

[**程序 9-5**] 设计一个美元兑换人民币的外汇兑换程序，它由 5 个标签、3 个文本域和 2 个按钮组成，采用 5 行 2 列的网格布局，支持按钮事件处理。程序运行结果见图9.7。

```
// GridLayoutDemo.java
import java.awt.*;
import java.awt.event.*;
import java.applet.Applet;
public class GridLayoutDemo extends Applet implements ActionListener
{
    TextField ratio,usDollar,ntDollar;
    Button b1,b2;
    Label msg;
    public void init()
    {
        setLayout(new GridLayout(5,2));
        add(new Label("US:"));
        add(usDollar=new TextField());
        add(new Label("RMB/US:"));
        add(ratio=new TextField());
        add(new Label("RMB:"));
        add(ntDollar=new TextField());
        ntDollar.setEditable(false);
        add(new Label("HINT:"));
        add(msg=new Label());
        add(b1=new Button("Compute"));
        add(b2=new Button("Reset"));
        b1.addActionListener(this);
        b2.addActionListener(this);
    }
    public void actionPerformed(ActionEvent e)
    {
        if(e.getSource()==b1)
        {
          System.out.println("Button Compute Pressed");
          msg.setText("Button Compute Pressed");
        }
        if(e.getActionCommand()=="Reset")
        {
          usDollar.setText(null);
          ratio.setText(null);
          System.out.println("Button Reset Pressed");
          msg.setText("Button Reset Pressed");
        }
    }
}
```

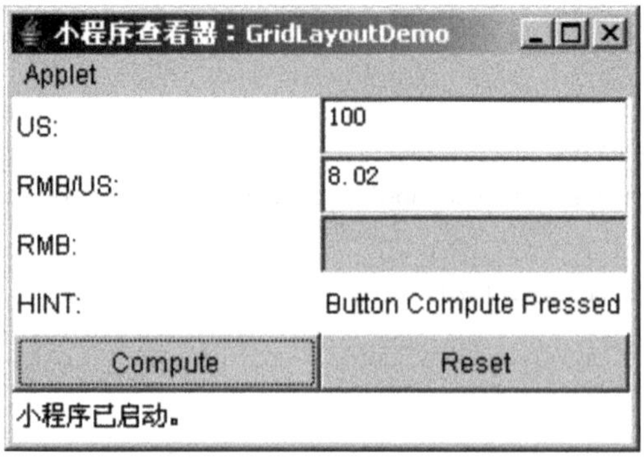

图 9.7 程序 GridLayoutDemo 的运行结果

说明：

(1)本例仅展示了网格布局的使用和实现了简单的按钮事件处理，信息输出在 Label 对象的标签上，没有实现外汇兑换功能；

(2)建议学习完第 10 章异常处理后，参考第 7 章关于 Float 类和 String 类的字符串与实数的转换方法，完成美元兑换人民币的计算功能。

9.2.4 面板 Panel 类

在设计用户界面时，为了更合理地安排各组件在窗口的位置，可以考虑将所需组件先安排在一个容器中，然后将其作为一个整体嵌入另一个容器。Panel 类就是这样一种被称为面板的容器类，它是一种无边框的，不能被移动、放大、缩小或关闭的容器，Panel 类与其他相关类的关系见图 9.3。

Panel 对象不能作为一个图形界面程序最底层的容器，也不能指明 Panel 的大小。Panel 总是作为一个容器组件被加入到 Applet 或 Frame 等其他容器中，当然，还可以加入到其他 Panel 容器中，从而构建一个复杂的图形界面系统。

使用 Panel 类，首先要创建 Panel 的对象，然后设置对象的布局方式，即设置 Panel 容器的布局，设置方法与在 Applet 容器中的设置一样，只是需要使用 Panel 对象的setLayout()方法，并使用 Panel 对象的 add()方法往 Panel 容器中加入组件。

[程序 9-6] 设计一个边界布局的小应用程序，在四周放 4 个按钮，中央放一个 Panel 容器面板，面板按 3×3 的 GridLayout 布局放置 9 个标签为 1～9 的数字按钮。程序运行结果见图 9.8。

```
//  AppletPanelCalc.java
import java.awt.*;
import java.applet.Applet;
public class AppletPanelCalc extends Applet
{
    public void init()
```

```
    {
        setLayout(new BorderLayout());
        add("North",new Button("Button One"));
        add("West",new Button("Button Two"));
        add("South",new Button("Button Three"));
        add("East",new Button("Button Four"));

        Panel p=new Panel();
        p.setLayout(new GridLayout(3,3));
        for(int i=1;i<10;i++)
        {
           String lbl=(new Integer(i)).toString();
           p.add(new Button(lbl));
        }
        add("Center",p);
    }
}
```

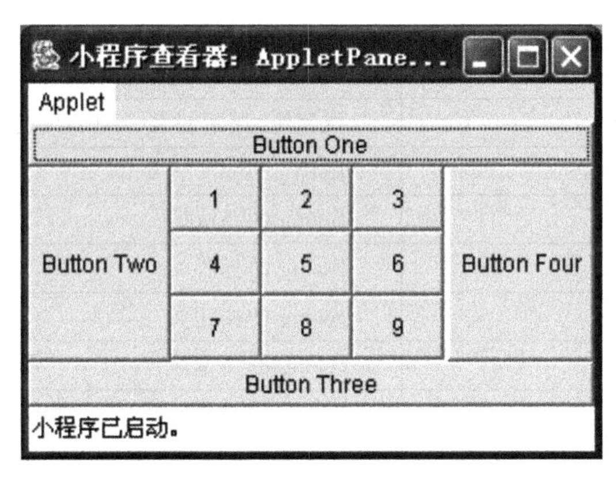

图 9.8　程序 AppletPanelCalc 的运行结果

9.3　Swing 程序设计

在 Java 的早期版本中，窗体、标签、按钮等组件被放入 java.awt 包中。随着 Java 的不断改进和功能的增强，在推出 JDK1.2 版本时，将 javax.swing 包列入 Java 的基础类库(JFC)。Swing 是一组应用程序接口(API)，提供了比 awt 包更多的及功能更强的 GUI 组件，是 Java 程序建立图形用户界面 GUI 的工具集，可用于 Java 的 Applet 和 Applications 程序中。

9.3.1 Swing 简介

由于 AWT 存在一些缺陷，如占用较多的内存，属于重量级组件，使得 AWT 不能满足图形用户界面程序发展的需要，导致 Swing 的产生。Swing 对 AWT 进行了扩展，提供了更强大和更灵活的组件集合。Swing 组件是用 Java 实现的轻量级(Light-weight)组件，没有本地代码，不依赖操作系统的支持，这是它与 AWT 组件的最大区别。

Swing 的基本组件描述见表 9.12，它们包含在 javax.swing 包及其子包中。从表中可知很多组件是在 AWT 组件名前加 J 字符构成，使用方法与 AWT 组件相似，并增加了许多新的特点和功能。

为了能实现容器中的组件与平台无关的自动合理排列，Swing 也采用了布局管理器来管理组件的位置排放、大小间隙设置等布置任务，并将显示风格做了改进。Swing 还新增了一些布局管理器，如 BoxLayout 布局方式，在显示上与 AWT 略有不同。

表 9.12 Swing 的基本组件

类名	描述
AbstractButton	按钮的抽象类
JRadioButton	Swing 版的单选按钮
ButtonGroup	按钮组，用于封装一组互斥的按钮
ImageIcon	图标
JApplet	Swing 的 Applet
JLabel	Swing 的标签
JButton	Swing 的按钮类
JTextField	Swing 的文本域
JCheckBox	Swing 的复选框类
JComboBox	组合框(下拉式菜单和文本框的组合)
JScrollPane	滚动窗口
JTable	表格控件
JTabbedPane	选项窗口

9.3.2 Swing 基本组件

1. JApplet 类

构建使用 Swing 组件的小应用程序必须继承 JApplet 类，而 JApplet 类继承 Applet 类并对它进行了扩展，增加了许多新的功能，例如 JApplet 支持内容窗体、透明窗体等多种窗体容器。本节介绍的例子与 AWT 编写的 Applet 程序并没有太多的不同，但程序的结构得到了优化，功能获得了增强。必须强调的是，在 JApplet 中增加一个组件，不是调用小应用程序的add()方法，而是必须先获得一个内容窗体。通过以下方法得到一个内容窗体容器：

```
Container cp=getContentPane()
```

然后使用内容窗体容器对象的add()方法，即使用cp.add(obj)，在内容窗体中增加一个obj组件。

2. JLabel 类

JLabel是Swing提供的标签类，它比Label增强的功能在于标签标识既可以是文本，又可以是图标。在Swing中，图标由ImageIcon类封装，这个类可将一个图片文件制成图标，所以JLabel可显示图片文件。使用ImageIcon i=new ImageIcon(String filename)语句，则用filename指定的图片文件创建一个ImageIcon对象，再使用new JLabel(i)语句，则创建的标签是显示一个图片文件。

[**程序 9-7**] 显示jpg图像文件的JLabel标签的程序，运行结果见图9.9。

```
//  JLabelDemo.java
import java.awt.*;
import javax.swing.*;
public class JLabelDemo extends JApplet
{
    public void init()
    {
        Container cp = getContentPane();
        ImageIcon ii = new ImageIcon("Coffee.jpg");
        JLabel jl = new JLabel(ii);
        cp.add(jl);
    }
}
```

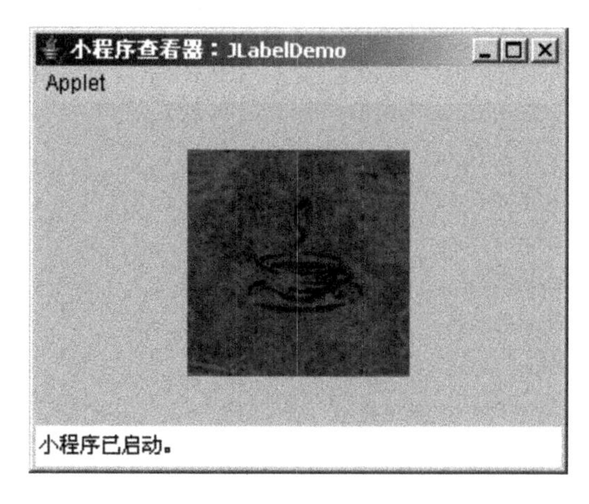

图9.9 程序JLabelDemo的运行结果

说明：ImageIcon类支持gif和jpg格式的图片文件，不支持bmp格式文件。

3. JButton 类

JButton 是 Swing 提供的按钮类，像 JLabel 组件一样，除了使用文字按钮标签外，还可以使用图标。使用 Icon i=new ImageIcon(String filename)语句创建一个图标对象，再使用 new JButton(i)语句，创建一个显示图片文件的按钮。

[**程序 9-8**] 设计一个边界布局程序，在四周摆放显示 gif 图像文件的 JButton 按钮，它们是 Web 论坛上常见的图标按钮。程序的运行结果见图 9.10。

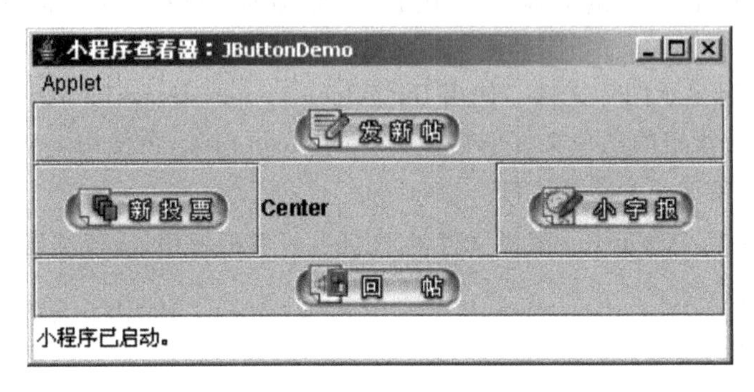

图 9.10 程序 JButtonDemo 的运行结果

```
//  JButtonDemo.java
import java.awt.*;
import javax.swing.*;
public class JButtonDemo extends JApplet
{
    JButton bt1,bt2,bt3,bt4;
    JLabel lbl=new JLabel("Center");
    public void init()
    {
        Container cp = getContentPane();
        Icon i1 = new ImageIcon("a1.gif");
        Icon i2 = new ImageIcon("a2.gif");
        Icon i3 = new ImageIcon("a3.gif");
        Icon i4 = new ImageIcon("a4.gif");
        bt1=new JButton(i1);
        bt2=new JButton(i2);
        bt3=new JButton(i3);
        bt4=new JButton(i4);
        cp.setLayout(new BorderLayout());
        cp.add(bt1,BorderLayout.NORTH);
        cp.add(bt2,BorderLayout.WEST);
        cp.add(bt3,BorderLayout.EAST);
        cp.add(bt4,BorderLayout.SOUTH);
```

```
        cp.add("Center",lbl);
    }
}
```

9.3.3 事件处理

Swing 定义了自己的事件和事件监听器类，与 AWT 的 java.awt.event 包类似，包括事件类和监听器接口。Swing 支持委托事件模型，可以像 AWT 组件一样进行事件处理，只是需要引入 java.awt.event 包。

[程序 9-9] 在上例的基础上，增加按钮事件的处理，程序的运行结果见图 9.11。

```
// JButtonEvent.java
import java.awt.*;
import java.awt.event.*;
import javax.swing.*;
public class JButtonEvent extends JApplet implements ActionListener
{
    JButton bt1,bt2,bt3,bt4;
    JLabel lbl=new JLabel("Center");
    public void init()
    {
     Container cp = getContentPane();
     Icon i1 = new ImageIcon("a1.gif");
     Icon i2 = new ImageIcon("a2.gif");
     Icon i3 = new ImageIcon("a3.gif");
     Icon i4 = new ImageIcon("a4.gif");
     bt1=new JButton(i1);
     bt2=new JButton(i2);
     bt3=new JButton(i3);
     bt4=new JButton(i4);
     bt1.addActionListener(this);
     bt2.addActionListener(this);
     bt3.addActionListener(this);
     bt4.addActionListener(this);
     cp.setLayout(new BorderLayout());
     cp.add(bt1,BorderLayout.NORTH);
     cp.add(bt2,BorderLayout.WEST);
     cp.add(bt3,BorderLayout.EAST);
     cp.add(bt4,BorderLayout.SOUTH);
     cp.add("Center",lbl);
    }
    public void actionPerformed(ActionEvent e)
```

```
        {
        if (e.getSource()==bt1 )          lbl.setText("[发新帖]按钮按下");
        else if (e.getSource()==bt2)      lbl.setText("[新投票]按钮按下");
        else if (e.getSource()==bt3)      lbl.setText("[小字报]按钮按下");
        else                              lbl.setText("[回 帖]按钮按下");
        }
    }
```

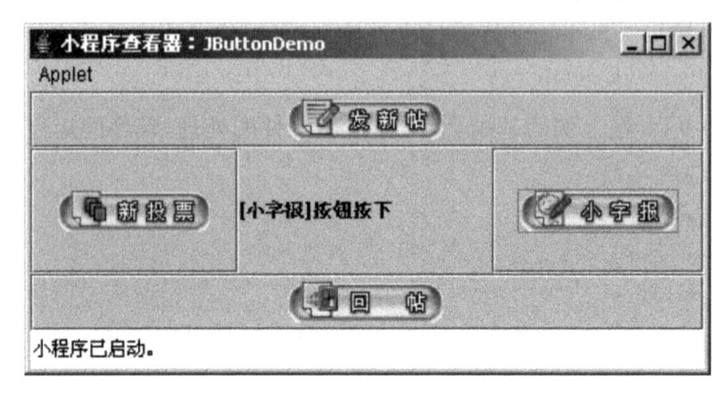

图 9.11 程序 JButtonEvent 的运行结果

9.4 应用程序 GUI

Java 应用程序(Application)类似于其他编程语言(如 VB、C++)编制的应用程序，在结构和功能上都与 Java 小应用程序不同。本节主要介绍图形界面的应用程序的设计，介绍窗口类(Frame)、菜单类(Menu)和对话框类(Dialog)等的使用。在 Swing 中相应的这些类是 JFrame 类、JMenu 类和 JDialog 类。

9.4.1 窗 口

创建图形界面的应用程序与 Applet 的编程不同，Application 程序没有浏览器提供的现成的图形界面容器供使用，所以需要创建应用程序的图形界面容器。Frame 类可作为应用程序的带边框的图形界面容器，它支持窗口的基本操作，如最大/最小化窗口、移动窗口、重新设定窗口大小等，同时可以设置组件的布局管理方式。Frame 容器是最底层容器，不能被包含在其他容器中，但可以被其他容器创建并弹出独立的窗口。

Frame 窗口的右上角有三个控制图标，分别代表窗口最小化图标、最大化图标和关闭图标。Frame 类能处理窗口的最小化和最大化操作，但鼠标单击关闭图标的操作不能达到关闭窗口的目的，需要采用下面三个方法之一来关闭 Frame 窗口：

(1)设置一个按钮，用户单击此按钮时关闭窗口；

(2)对 WINDOW_CLOSING 事件做出响应而关闭窗口；

(3)使用菜单命令。

无论使用哪种方法关闭窗口，都要用到 System.exit()方法，而且 Frame 类属于 java.awt包，这意味着 Frame 应用程序可采用同 Applet 程序一样的事件处理方法。

表 9.13 Frame 类的构造方法

构造方法	功能及参数描述
Frame()	构造不可见的窗体
Frame(String title)	构造不可见、标题为 title 的窗体

表 9.14 Frame 类的常用方法

常用方法	功能及参数描述
String getTitle()	获取窗体的标题
void setTitle(String title)	设置窗体的标题为 title
void setMenuBar(MenuBar mb)	设置主菜单条，见第 9.4.2 节
void setSize (int width, int height)	继承 Component 类的方法，设置窗体的宽度为 width，高度为 height
void setVisible(boolean b)	继承 Component 类的方法，设置窗体是否可见。b 为 true，窗体可见，否则不可见

[程序 9-10] 设计具有一个按钮的窗口应用程序，并具有事件处理能力。程序编译、运行及运行的结果见图 9.12 和 9.13。

```
// FrameDemo.java
import java.awt.*;
import java.awt.event.*;
public class FrameDemo implements ActionListener
{
    public FrameDemo()
    {
        Frame f1=new Frame("Hello,Frame");
        Button bt1=new Button("Ok");
        bt1.addActionListener(this);
        f1.add(bt1);
        f1.setSize(250,150);
        f1.setVisible(true);
    }
    public void actionPerformed(ActionEvent e)
    {
        System.out.println("Button OK pressed");
    }
```

```
        public static void main(String[] arg)
        {
            new FrameDemo();
        }
    }
```

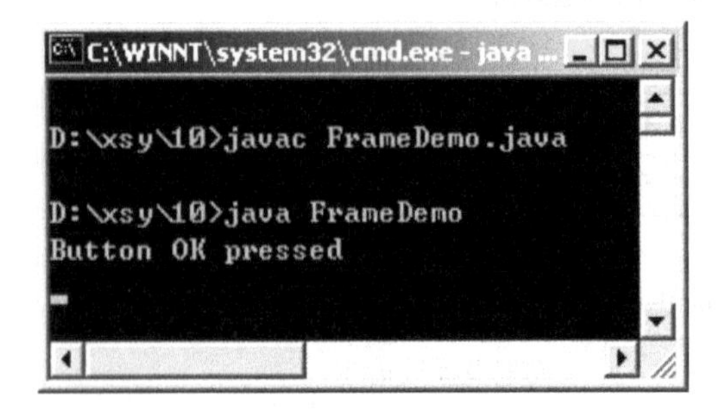

图 9.12 程序 FrameDemo 的编译运行

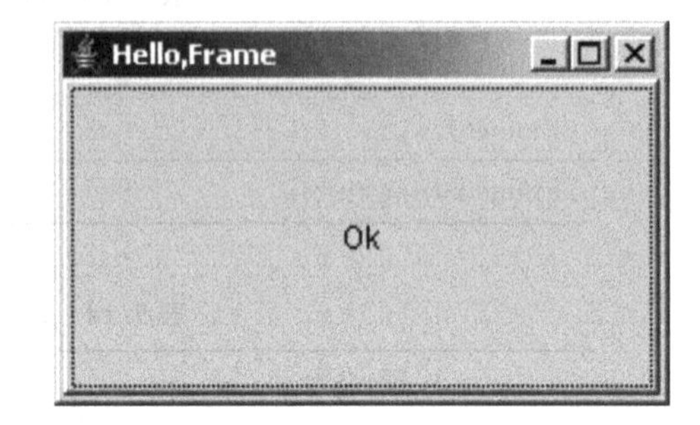

图 9.13 程序 FrameDemo 的运行结果

说明：

(1)应用程序从 main()方法开始执行，它创建 FrameDemo 类的对象，通过构造方法进行初始化，创建 Frame 对象，并在其中加入按钮对象；

(2)由于要处理按钮事件，故应用程序要实现 ActionListener 接口，并通过语句 bt1.addActionListener(this)进行事件监听。事件发生后将由程序 actionPerformed()方法处理，在命令行输出"Button OK pressed"信息；

(3)单击标题为"Hello,Frame"窗口的最小化、最大化图标，窗口会进行最小化、最大化处理，但单击"关闭"图标，程序窗口不会关闭。

我们单击"关闭"图标时产生 WindowEvents 事件，只是没有对它进行处理。为了能关闭应用程序，可以通过实现 WindowListener 接口和对窗体进行事件监听来实现。事件对象及相关处理方法见表 9.15。

表 9.15 WindowEvents 事件及 WindowListener 方法

WindowEvents 事件	事件说明	处理方法
WINDOW_OPENED	打开窗口	void windowOpened(WindowEvent e)
WINDOW_CLOSING	关闭窗口	void windowClosing(WindowEvent e)
WINDOW_CLOSED	关闭窗口后	void windowClosed(WindowEvent e)
WINDOW_ACTIVATED	变成活动窗口	void windowActivated(WindowEvent e)
WINDOW_DEACTIVATED	变成非活动窗口	void windowDeactivated(WindowEvent e)
WINDOW_DEICONIFIED	恢复或最大化	void windowDeiconified(WindowEvent e)
WINDOW_ICONIFIED	最小化	void windowIconified(WindowEvent e)

[程序 9-11] 在上例基础上实现关闭窗口处理的应用程序。

```
// FrameWinListen.java
import java.awt.*;
```

```
import java.awt.event.*;
public class FrameWinListen implements ActionListener,WindowListener
{
    public FrameWinListen()
    {
        Frame f1=new Frame("Hello,Frame");
        Button bt1=new Button("Ok");
        bt1.addActionListener(this);
        f1.addWindowListener(this);
        f1.add(bt1);
        f1.setSize(250,150);
        f1.setVisible(true);
    }
    public void actionPerformed(ActionEvent e)
    {
        System.out.println("Button OK pressed");
    }
    public void windowClosing(WindowEvent e)
    {
        System.exit(0);
    }
    public void windowOpened(WindowEvent e){}
    public void windowClosed(WindowEvent e){}
    public void windowActivated(WindowEvent e){}
    public void windowDeactivated(WindowEvent e){}
    public void windowDeiconified(WindowEvent e){}
    public void windowIconified(WindowEvent e){}
    public static void main(String[] arg)
    {
        new FrameWinListen();
    }
}
```

说明：

(1)由于既要监听按钮事件，又要监听 Frame 窗体事件，所以程序要实现 ActionListener 和 WindowListener 两个接口，并要实现接口的所有方法；

(2)通过语句 f1.addWindowListener(this)监听窗体对象 f1 上的事件，关闭窗体引发 WINDOW_CLOSING 事件，由 windowClosing()方法处理；

(3)Java 提供的 WindowAdapter 类实现了 WindowListener 接口，因此程序可以改成继承 WindowAdapter 类，再提供 windowClosing()方法即可；或采用内部类的处理方法，参见程序 9-17。

9.4.2 菜　单

菜单是图形用户界面应用程序的重要组成部分。通过菜单，一方面能够让用户快速地了解应用程序的功能，方便对应用软件的操作；另一方面，可以更好地实现程序功能模块化。

图形界面程序窗口的标题下面一般是菜单栏，一个菜单栏显示了一系列的顶级菜单，每个菜单包含下拉式菜单项。在 Java 语言中，AWT 提供 MenuBar、Menu 和 MenuItem 三个类来实现菜单功能，而 Swing 则提供 JMenuBar、JMenu 和 JMenuItem 三个类。

菜单栏(MenuBar)包含了一个或多个菜单(Menu)，每个 Menu 对象又包含一系列的 MenuItem 对象，每个 MenuItem 对象代表一个菜单选项。菜单选项还可以是复选的，即菜单项被选中时在菜单项旁边会有一个复选标记，它由 CheckboxMenuItem 类实现。图 9.14 显示了一个典型的菜单界面。

在应用程序中加入菜单功能，先要定义 MenuBar 的对象 mBar，在该对象中建立菜单系统，然后使用 Frame 类的 setMenuBar(mBar)方法，将菜单显示在应用程序窗口中。在 Applet 程序中不能使用上述菜单功能，但 JApplet 小应用程序支持菜单，用 setJMenuBar()方法将菜单栏对象放到小应用程序窗口中。

1. 菜单类的构造方法和常用方法

表 9.16　MenuBar 类的构造方法

构造方法	功能及参数描述
MenuBar()	构造菜单栏

表 9.17　MenuBar 类的常用方法

常用方法	功能及参数描述
Menu add(Menu m)	将菜单 m 加入菜单栏
int getMenuCount()	获取菜单栏的菜单数
Menu getMenu(int index)	获取菜单栏的第 index 项菜单

表 9.18　Menu 类的构造方法

构造方法	功能及参数描述
Menu()	构造标签为空的菜单
Menu(String label)	构造标签为 label 的菜单

表 9.19　Menu 类的常用方法

常用方法	功能及参数描述
MenuItem add(MenuItem mi)	将菜单项 mi 加入菜单
void addSeparator()	在菜单上加条分隔线
int getItemCount()	获取菜单的菜单项数
MenuItem getItem(int index)	获取菜单的第 index 菜单项

表 9.20　MenuItem 类的构造方法

构造方法	功能及参数描述
MenuItem()	构造标签为空的菜单项
MenuItem (String label)	构造标签为 label 的菜单项

表 9.21　MenuItem 类的常用方法

常用方法	功能及参数描述
String getLabel()	获取菜单项标签
void setEnabled(boolean b)	设置菜单项是否可选，true 为可选，false 为不可选
void setLabel(String label)	设置菜单项的标签为 label

[程序 9-12]　菜单程序，运行结果见图 9.14。

```
//  MenuDemo.java
import java.awt.*;
public class MenuDemo extends Frame
{
    public MenuDemo()
    {
        super("My Menu Demo");
        MenuBar mBar=new MenuBar();
        Menu menu1=new Menu("文件");
        Menu menu2=new Menu("系统");
        MenuItem mi11=new MenuItem("打开");
        MenuItem mi12=new MenuItem("保存");
        MenuItem mi13=new MenuItem("关闭");
        MenuItem mi21=new MenuItem("关于");
        MenuItem mi22=new MenuItem("退出");
        menu1.add(mi11);
        menu1.add(mi12);
        menu1.add(mi13);
        menu2.add(mi21);
```

```
        menu2.addSeparator();
        menu2.add(mi22);
        mBar.add(menu1);
        mBar.add(menu2);
        setMenuBar(mBar);
        setSize(250,150);
        setVisible(true);
    }
    public static void main(String args[])
    {
        new MenuDemo();
    }
}
```

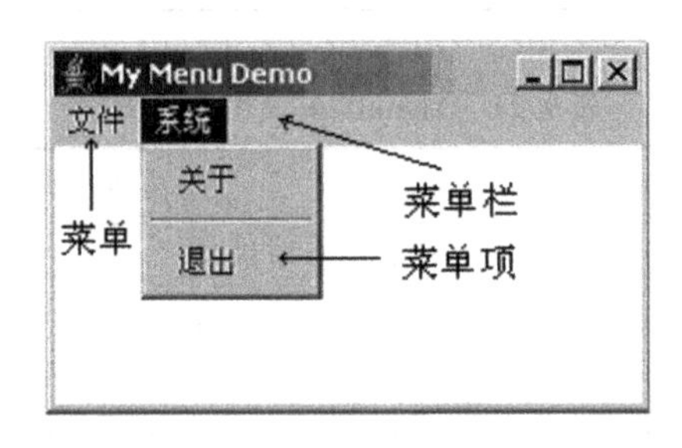

图 9.14 程序 MenuDemo 的运行结果

说明：

(1)应用程序类 MenuDemo 继承 Frame 类，故 MenuDemo 类本身是容器类，其构造方法中的“super("My Menu Demo");”语句调用 Frame 类的构造方法定义窗口的标题。

(2)单击“文件”或“系统”菜单会弹出菜单项，再单击菜单项则撤销弹出菜单。

2. 菜单事件处理

菜单操作包括单击菜单栏上的菜单打开菜单项，再单击菜单项使用菜单功能。如单击图 9.14 中的“系统”菜单，将弹出“关于”和“退出”两个菜单项，这种操作是标准的，由 Java 系统自动完成。如果再单击“关于”菜单项，则会产生事件消息而触发事件处理，从而实现菜单功能。

菜单项事件处理的方法同按钮事件处理，即应用程序需要实现 ActionListener 接口并对菜单项对象进行事件监听，还要提供事件处理的 actionPerformed()方法。

[程序 9-13] 简单的记事本应用程序。

```
// NotePadMenu.java
import java.awt.*;
import java.awt.event.*;
public class NotePadMenu extends Frame implements ActionListener
{
```

```
TextArea ta=new TextArea();
MenuItem mi11,mi12,mi13,mi21,mi22;
public NotePadMenu()
{
    super("记事本编辑器");
    MenuBar mBar=new MenuBar();
    Menu menu1=new Menu("文件");
    Menu menu2=new Menu("系统");
    mi11=new MenuItem("打开");
    mi12=new MenuItem("保存");
    mi13=new MenuItem("关闭");
    mi21=new MenuItem("关于");
    mi22=new MenuItem("退出");
    mi11.addActionListener(this);
    mi12.addActionListener(this);
    mi13.addActionListener(this);
    mi21.addActionListener(this);
    mi22.addActionListener(this);
    menu1.add(mi11);
    menu1.add(mi12);
    menu1.add(mi13);
    menu2.add(mi21);
    menu2.addSeparator();
    menu2.add(mi22);
    mBar.add(menu1);
    mBar.add(menu2);
    setMenuBar(mBar);
    setSize(400,200);
    setLayout(new BorderLayout());
    add("Center",ta);
    setVisible(true);
}
public void actionPerformed(ActionEvent e)
{
if       (e.getSource()==mi11) ta.setText("选择了[打开]菜单");
else if  (e.getSource()==mi12) ta.setText("选择了[保存]菜单");
else if  (e.getSource()==mi13) ta.setText("选择了[关闭]菜单");
else if  (e.getSource()==mi21) ta.setText("选择了[关于]菜单");
else if  (e.getSource()==mi22) ta.setText("选择了[退出]菜单");
}
public static void main(String args[])
{
```

```
        new NotePadMenu();
    }
}
```

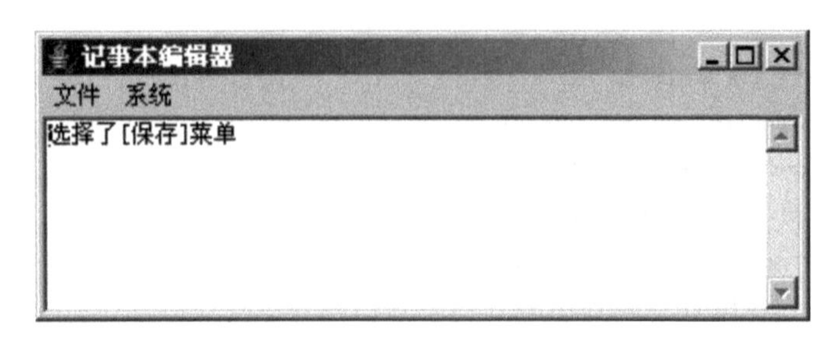

图 9.15 程序 NotePadMenu 的运行结果

9.4.3 对话框

使用 Windows 的记事本编辑软件时，一般是通过对话框来选择要编辑的文件；修改完关闭应用程序时，又会弹出是否需要保存的对话框，这些都是对话框的具体应用。

对话框主要用来获得用户的输入或完成选择等操作，它们与窗口相似，唯一的差别在于对话框中不能有菜单栏。在 Java 语言中，实现对话框的常用类包括 JOptionPane、Dialog 和 FileDialog 等。

1. JOptionPane 类

javax.swing.JOptionPane 类提供了许多现成的对话框样式，用户只需使用该类提供的静态方法，指定方法中所需要的参数，就能实现相应功能的对话框。利用 JOptionPane 类来制作对话框不仅简单方便，而且程序代码简洁清晰。

(1)文本输入对话框

使用 JOptionPane 类的静态方法 showInputDialog()创建文本输入对话框，对话框外观见图 9.16，调用方法的语法格式为：

String JOptionPane.showInputDialog(String str)

其中，str 为提示信息。

返回：输入的字符串。

(2)信息输出对话框

使用 JOptionPane 类的静态方法 showMessageDialog()创建信息输出对话框，对话框外观见图 9.18，调用方法的语法格式为：

```
void showMessageDialog(Component parentComponent, Object message, String title, int messageType)
```

其中，parentComponent 表示放置该对话框的容器组件，若无，用 null 表示；message 表示输出信息；title 表示对话框的标题；messageType 表示消息类型，可取如下值：

①ERROR_MESSAGE

②INFORMATION_MESSAGE
③WARNING_MESSAGE
④QUESTION_MESSAGE
⑤PLAIN_MESSAGE

指定 messageType 的值，就是设置对话框的外观，将显示含有相应图标及提示信息的对话框。

返回：无。

[**程序 9-14**] 使用 JOptionPane 对话框输入两个整数并输出它们的和的程序，运行结果见图 9.16、9.17 和 9.18。

```
//  JOptionAdd.java
import javax.swing.JOptionPane;
public class JOptionAdd
{
    public static void main( String args[] )
    {
        String first;
        String second;
        int number1;
        int number2;
        int sum;
        first=JOptionPane.showInputDialog("First:");
        second=JOptionPane.showInputDialog("Second:");
        number1 = Integer.parseInt(first);
        number2 = Integer.parseInt(second);
        sum = number1 + number2;
        JOptionPane.showMessageDialog(
           null, "The sum is " + sum, "Results",
           JOptionPane.PLAIN_MESSAGE );
        System.exit(0);
    }
}
```

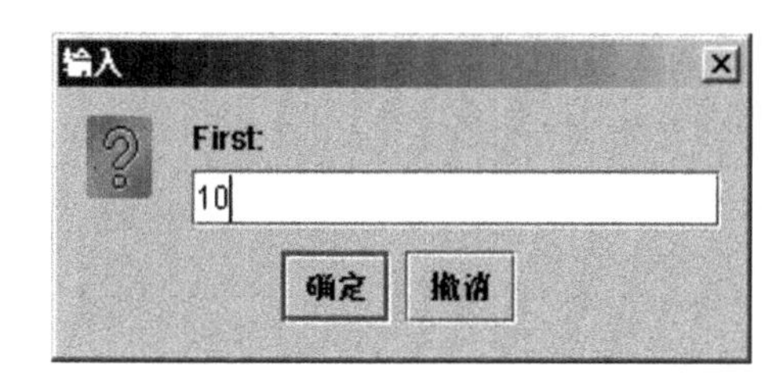

图 9.16 输入第1个数

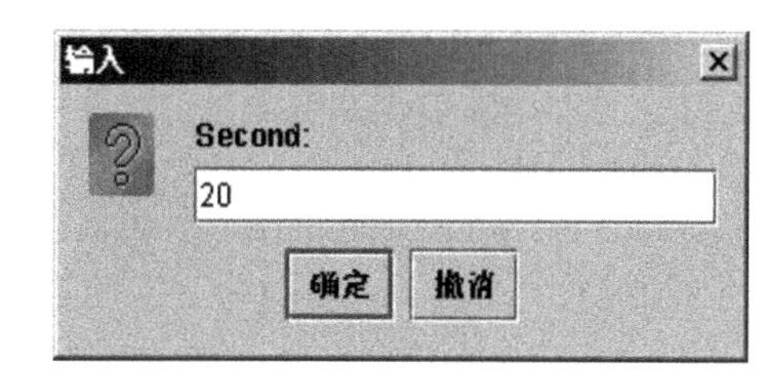

图 9.17 输入第2个数

图 9.18 显示输出结果

(3)操作确认对话框

使用 JOptionPane 类的静态方法 showConfirmDialog()创建操作确认对话框,对话框外观见图 9.19,调用方法的语法格式为:

```
int showConfirmDialog(Component parentComponent,Object message)
```

其中,parentComponent 表示放置该对话框的容器组件,若无,用 null 表示;message 表示确认提示信息。

返回:0—单击"是(Y)",1—单击"否(N)",2—单击"撤销"。

(4)创建自定义 JOptionPane 对话框

如果需要构造更复杂的对话框,则使用 JOptionPane 类的静态方法 showOptionDialog 创建,对话框外观见图 9.20。调用语法格式为:

```
int showOptionDialog ( Component parentComponent, Object message, String title, int
optionType, int messageType, Icon icon, Object[] options, Object initialValue)
```

其中,parentComponent 表示放置该对话框的容器组件,若无,用 null 表示;optionType 表示按钮类型,可取值:

①YES_NO_OPTION,表示"是—否"两按钮类型

②YES_NO_CANCEL_OPTION,表示"是—否—取消"三按钮类型

message 表示输出显示信息;title 表示对话框的标题;

messageType 表示消息类型,取值见"(2)信息输出对话框";

icon 表示对话框图标;options 数组表示按钮标签;

initialValue 表示初始选择在哪个按钮。

返回:整数,如返回 0 表示单击了第 1 个按钮。

[程序 9-15] 使用 JoptionPane 创建确认和自定义对话框的程序,运行结果见图 9.19 和 9.20。

```
// JOptionConfirm.java
import javax.swing.*;
public class JOptionConfirm
{
    public static void main( String args[] )
    {
        int result;
        int number2;
```

```
        result=JOptionPane.showConfirmDialog(null,"确定保存?");
        System.out.println("result="+result);
        Icon icon=new ImageIcon("apple.gif");
        Object[] options={"确定","取消"};
        result=JOptionPane.showOptionDialog(null,"请选择:",
          "自定义 JOptionPane 对话框",JOptionPane.YES_NO_OPTION,
          JOptionPane.PLAIN_MESSAGE,icon, options,options[1]);
        System.exit(0);
    }
}
```

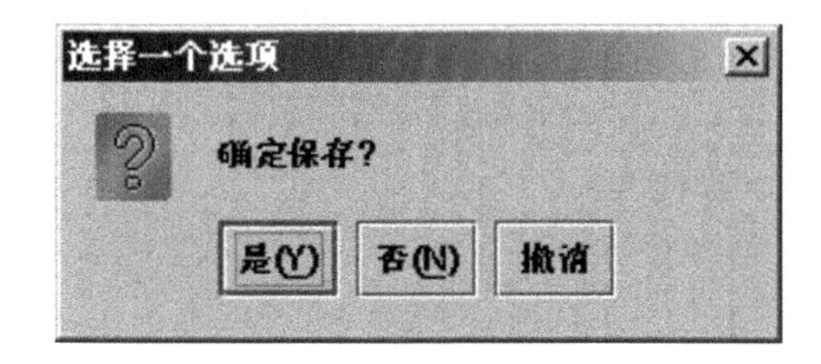

图 9.19　确认对话框

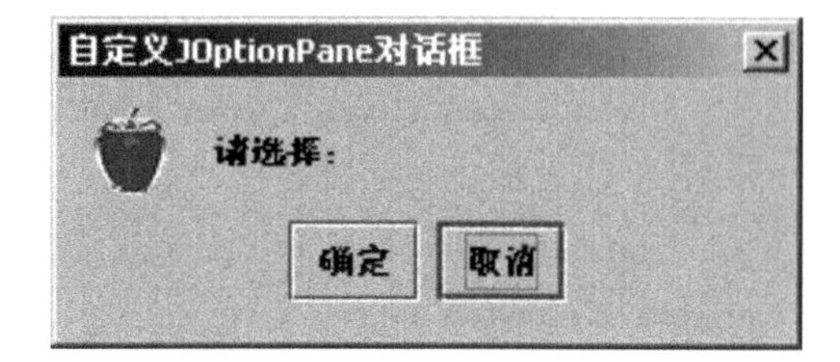

图 9.20　自定义对话框

2. FileDialog 类

Java 内置了一个文件打开或保存的对话框 FileDialog 类,创建 FileDialog 类的实例即是显示文件对话框,通常这是由操作系统提供的标准文件对话框。FileDialog 提供了下列构造函数:

```
FileDialog(Frame parent)
FileDialog(Frame parent, String boxName)
FileDialog(Frame parent, String boxName, int how)
```

其中,parent 是对话框的所有者,boxName 是对话框的标题,如果 boxName 被忽略,对话框的标题将为空。how 表示文件对话框的类型,取值为 FileDialog.LOAD,是文件打开对话框,取值为 FileDialog.SAVE,则是文件保存对话框。

FileDialog 类提供 String getDirectory()方法和 String getFile()方法获得选择文件所在的目录和文件名。

[**程序 9-16**]　使用 FileDialog 类的程序,运行结果见图 9.21 和 9.22。

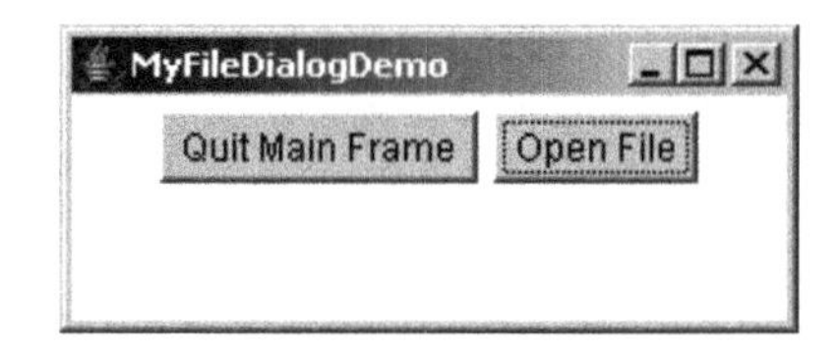

图 9.21　程序 MyFileDialog 的运行结果

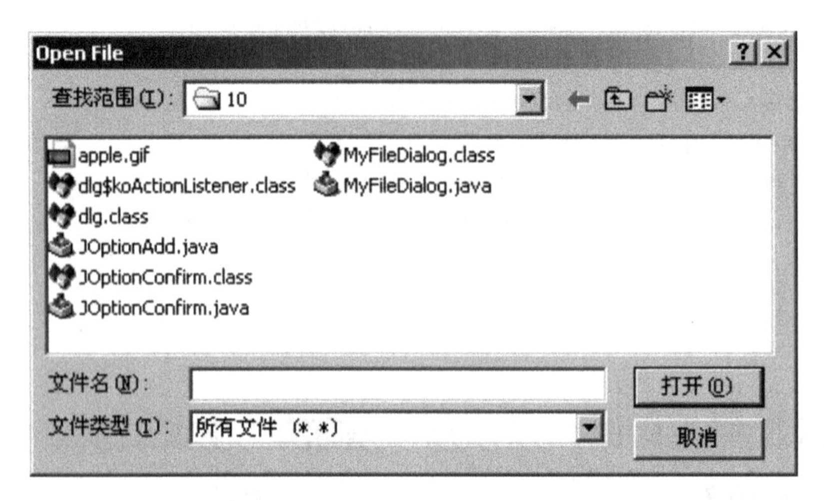

图 9.22 文件打开对话框

```
// MyFileDialog.java
import java.awt.*;
import java.awt.event.*;
class dlg extends Frame
{
    Frame fe;
    Button bt1=new Button("Quit Main Frame");
    Button bt2=new Button("Open File");
    public dlg(String str)
    {
        super(str);
        setLayout(new FlowLayout());
        setSize(200,180);
        add(bt1);
        add(bt2);
        setVisible(true);
        bt1.addActionListener(new koActionListener());
        bt2.addActionListener(new koActionListener());
    }
    class koActionListener implements ActionListener
    {
        public void actionPerformed(ActionEvent e)
        {
            fe=new Frame();
            if(e.getSource()==bt1)
            {
                System.exit(0);
            }
```

```
            if(e.getSource()==bt2)
            {
                FileDialog fd1=new FileDialog(fe,"Open File",FileDialog.LOAD);
                fd1.show();
                System.out.println(fd1);
                System.out.println(fd1.getFile());
            }
        }
    }
}
public class MyFileDialog
{
        public static void main(String args[])
        {
            Frame fe=new dlg("MyFileDialogDemo");
        }
}
```

3. Dialog 类

如果 JOptionPane 提供的对话框模式无法满足我们的需要时，还可以在 Dialog 类的基础上自行设计对话框。用 Dialog 制作对话框，可以规划对话框中包含的组件，对每一个组件进行设置，实现最大程度的自由设计。

[**程序 9-17**]　使用 Dialog 类自定义对话框的程序，运行结果见图 9.23 和9.24。

```
// MyDialog.java
import java.awt.*;
import java.awt.event.*;
class dlg extends Dialog
{
    Button bt;
    public dlg(Frame f,String str,String bt1)
    {
        super(f,str,true);
        setLayout(new FlowLayout());
        setSize(200,100);
        bt=new Button(bt1+" Press Close");
        add(bt);
        bt.addActionListener(new koAction());
    }
    class koAction implements ActionListener
    {
        public void actionPerformed(ActionEvent e)
```

```
        {setVisible(false);}
    }
}
public class MyDialog extends Frame
{
    Frame f;
    Menu mu=new Menu("Color");
    MenuBar bar=new MenuBar();
    MenuItem i1,i2,i3,i4;
    public MyDialog()
    {
        super("DialogDemo");
        setLayout(new FlowLayout());
        mu.add(i1=new MenuItem("Red..."));
        mu.add(i2=new MenuItem("Green..."));
        mu.add(i3=new MenuItem("-"));
        mu.add(i4=new MenuItem("Quit"));
        bar.add(mu);
        setMenuBar(bar);
        setSize(200,180);
        setVisible(true);
        i1.addActionListener(new ko2Action());
        i2.addActionListener(new ko2Action());
        i3.addActionListener(new ko2Action());
        i4.addActionListener(new ko2Action());
        addWindowListener(new koWindow());
    }
    class ko2Action implements ActionListener
    {
            Frame fe=new Frame();
            public void actionPerformed(ActionEvent e)
            {
                String s=e.getActionCommand();
                if(s.equals("Red..."))
                {
                    dlg d=new dlg(fe,"Red Dialog","Red MenuItem ");
                    d.setVisible(true);
                }
                else if(s.equals("Green..."))
                {
                    dlg d=new dlg(fe,"Green Dialog","Green MenuItem ");
                    d.setVisible(true);
```

```
            }
            if(s.equals("Quit"))
            {System.exit(0);}
        }
    }
    class koWindow extends WindowAdapter
    {
        public void windowClosing(WindowEvent e)
        {System.exit(0);}
    }
    public static void main(String args[])
    {
        new MyDialog();
    }
}
```

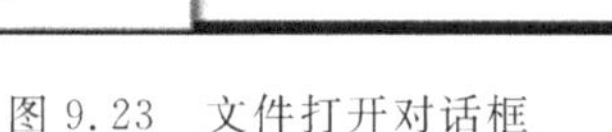
图 9.23　文件打开对话框

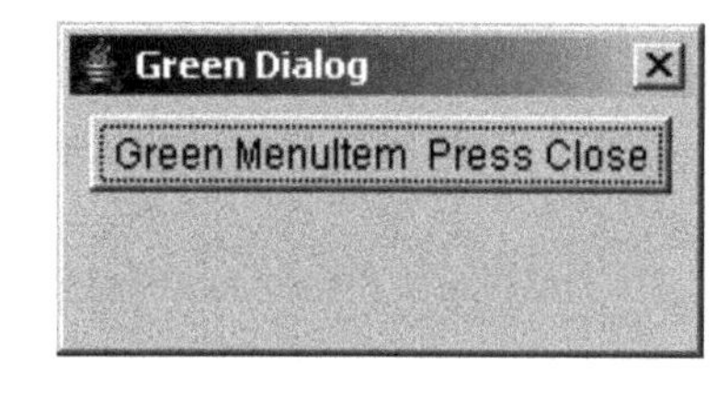

图 9.24　文件打开对话框

说明：

(1)程序中定义了 MyDialog 类和 dlg 类，其中 MyDialog 类继承 Frame 类，而 dlg 类继承 Dialog 类；

(2) dlg 类定义了内部类 koAction 处理事件，MyDialog 类定义了两个内部类 ko2Actionhw 和 koWindow 处理事件；其中 koWindow 类继承 WindowAdapter 类，实现窗口关闭，故只需要提供 windowClosing()方法，可参见程序 9-11。

思考题与习题

一、概念思考题

1. 简述 Java 的 Applet 程序中的颜色和字体的处理方法。

2. 简述 Java 组件在 Frame 程序和 Applet 程序中的排列管理方法。

3. 简述下列类的功能。

(1)FlowLayout　　(2)BorderLayout　　(3)GridLayout

(4)JApplet　　(5)JLabel　　(6)JButton

4. 查阅 Java 的 API 文档，举例说明 JLabel 类与 Label 类相比，哪些功能增强了？

5. 简述 Panel 类与 Frame 类的异同。

6. 简述Application程序的事件处理方式。

7. 简述Application程序中的菜单设计步骤。这样的菜单设计方法是否同样适合于Applet程序或JApplet程序？

8. 在Applet程序中是否也可以使用窗口或对话框？

二、选择题

1. 在Java布局管理器中，Applet容器类的默认布局管理器是(　　)。

A. BorderLayout　　B. FlowLayout

C. GridLayout　　D. JApplet

2. 在以下哪个类的对象中能包含菜单条(　　)？

A. Panel　　B. Frame　　C. FileDialog　　D. Dialog

三、程序理解题

1. 仔细阅读下面程序，在程序运行后，依次单击画面上的按钮bt1("North")，bt2("West")，bt3("East")，bt4("South")，请写出每次单击按钮时标签lbl上显示的信息。

```
import javax.swing.*;
import java.awt.*;
import java.awt.event.*;
public class ks3_2 extends JApplet implements ActionListener
{
    JButton bt1=new JButton("North"),
            bt2=new JButton("West"),
            bt3=new JButton("East"),
            bt4=new JButton("South");
    JLabel lbl=new JLabel("Center");
    Container cp=getContentPane();
    public void init()
    {
     cp.setLayout(new BorderLayout());
     cp.add("North",bt1);
     cp.add("West",bt2);
     cp.add("East",bt3);
     bt3.addActionListener(this);
     cp.add("South",bt4);
     bt4.addActionListener(this);
     cp.add("Center",lbl);
    }
    public void actionPerformed(ActionEvent e)
    {
     lbl.setText("Please Press a Button");
     if (e.getSource()==bt2) lbl.setText("Press West");
     if (e.getSource()==bt4) lbl.setText("Press South");
```

```
}}
```

2. 画出下面应用程序的主界面窗口图，并回答以下问题：

(1)鼠标单击主界面上的按钮"Quit Main Frame"，能关闭应用程序窗口吗？单击主界面窗口的“关闭”图标能关闭应用程序吗？

(2)单击"Open File"按钮，将弹出什么界面？选择文件后单击“打开”按钮，在命令窗口将会有什么信息输出？

(3)说明"Save File"按钮的作用。

```
import java.awt.*;
import java.awt.event.*;
class dlg extends Frame
{
    Frame fe;
    Button bt1=new Button("Quit Main Frame");
    Button bt2=new Button("Open File");
    Button bt3=new Button("Save File");
    public dlg(String str)
    {
        super(str);
        setLayout(new GridLayout(3,1));
        setSize(200,180);
        add(bt2);
        add(bt3);
        add(bt1);
        setVisible(true);
        addWindowListener(new koWindowListener());
        bt1.addActionListener(new koActionListener());
        bt2.addActionListener(new koActionListener());
        bt3.addActionListener(new koActionListener());
    }
    class koActionListener implements ActionListener
    {
    public void actionPerformed(ActionEvent e)
    {
        fe=new Frame();
        if(e.getSource()==bt2)
        {
            FileDialog fd1=new FileDialog(fe,"Open File",FileDialog.LOAD);
            fd1.show();
            System.out.println("Open File="+fd1.getDirectory()+fd1.getFile());
        }
        if(e.getSource()==bt3)
```

```
            {
                FileDialog fd2=new FileDialog(fe,"Save File",FileDialog.SAVE);
                fd2.show();
                System.out.println("Save File="+fd2.getDirectory()+fd2.getFile());
            }
        }}
        class koWindowListener extends WindowAdapter
        {
        public void windowClosing(WindowEvent e)
            {
              System.exit(0);
        }
    }}
    public class Z_FileDlgFrame
    {
        public static void main(String args[])
        {
            Frame fe=new dlg("File Dialog Demo");
        }
    }
```

四、编程题

1. 分别编写 Applet 程序和 Application 程序实现如下功能：在窗口中显示字符串 abc，字体要求为 Symbol 字体，字型为斜体，大小为 32，颜色要求为红色。

2. 设计一个应用程序，在窗口的东南西北各放置一个按钮，按钮间的水平和垂直间距均设为 10，单击按钮时在中央显示哪个按钮被按下的信息。

3. 设计采用顺序布局的应用程序，在窗口中包含两个文本框输入域，一个标签和一个计算按钮。当在两个文本框中各输入一个数字，单击计算按钮时，程序计算两个数的乘积并将结果显示在标签中。

4. 将本章的程序 9-13 改成菜单项和 Windows 记事本一样的 Java 小应用程序。

5. 利用面板(Panel)设计如下图所示的应用程序界面，在窗口中放置 5 个标签，这些标签的摆放位置要求与图所示的一样。

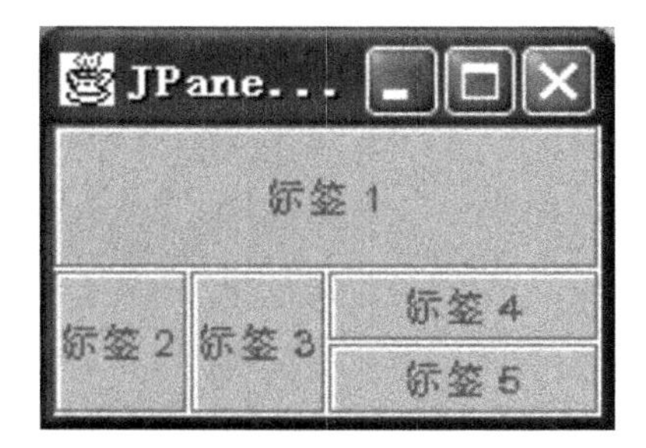

6. 编写具有下图所示外观的简单计算器应用程序。

第 10 章

Java 的异常处理

本章主要内容：

- 异常
- 异常机制
- 异常声明
- 运行时刻系统异常

10.1 异常:无法挽回的局面

我们总是希望程序中任何可能的错误，都能在编译的时候尽可能早地被发现。Java 在这方面比 C++有了很大的改进，把 C++的很多 Warning 变成了 Error。同样的错误在 C++可能只是警告你，说你这样做可能有问题；但在 Java 则是告诉你这样做绝对不行，执行起来肯定要有问题，编译就会通不过。

不过只是这样是不够的，我们会发现有很多情况在编译的时候是没有办法知道它会怎么发生。用户在编译的时候能够知道它将来会发生问题，但是用户并不确切知道它将来会怎么样地发生。我们看一个简单的例子：

```
readFile {
    open the file;
    determine its size;
    allocate that much memory;
    read the file into memory;
    close the file;
}
```

这个例子中——我们不管它是用什么语言写的——总共有 5 句话。首先是打开一个文件，然后判断这个文件的大小，接着在内存里面为这个文件分配足够的空间，然后把这个文件读到内存里面来，最后把文件关掉。这是很简单的 5 句话，目的就是把文件的内容读到内存里,用任何一种语言写起来都不太复杂。但是这么简单的程序,当它在运行的时候,每一步都有可能发生危机,都存在各种可能的情况,每一句话都有可能有问题存在,导致程序不能正常运行。比如打开文件,可能用户要打开的文件在软盘上,而软盘还没有放进去,那么文件就打不开;或者用户要打开文件,但那个文件是不存在的,所以打开文件可能有各种失败的情况。而如果打开文件失败了,下面 4 句话是没有必要去做的。第二步,判断文件大小。假设文件已经被打开了,判断文件大小时会不会出问题呢?有可能这个文件是共享的,有另外一个程序正在不断地往里面写内容,不断地改变文件大小,这时候怎么知道文件确切的大小呢?或者这个文件实际上是一个网络流,以文件的形式打开来进行读写,那么这时网络的另一端还在不断地送数据过来,也无法判断文件的大小。第三步,分配内存空间是最容易出问题的地方了。内存可能不够,比如那个文件有 8GB,就没有足够的内存来读。我们知道 32 位的 Windows 操作系统,每个进程能够得到的最大内存空间是 4GB,实际能用的还不到 4GB,因为系统还要占用一部分,因此去分配 8GB 空间是不可能的。就算以上步骤都通过了,读文件到内存的过程也很容易出问题,比如文件在软盘上,读到一半不小心取出了软盘。最后我们要关闭那个文件了,这个过程同样可能有问题。有些操作系统在关闭文件的时候可能需要去修改一些信息,比如文件最后被访问的时间,假设在写这些信息的时候突然停电了,那么就写不回去;或者写了一个错误的信息,那么下次再开机的时候那个文件可能就损坏了,所以这里面每一个步骤都可能存在危机,而对这些危机处理得好坏就是这个程序是否健康、强壮的重要标志。通常认为,一个强壮的程序只有 1/3 的代码在做事务逻辑,在这个例子中就是那 5 句话,剩下的 2/3 则应该用来处理运行时刻可能出现的错误情况。

用户都知道软件会出错,所以软件要把运行错误报告给用户,而不是试图隐藏。对于错误的处理历来有争论,因为软件有不同的类型。对于消费类的软件,像微软的 Word、Excel 等,这些软件的用户和制造商之间并没有直接的联系,这种软件对于出错的处理,比较好的方法是出现消息框询问用户是否将错误信息报告给制造商;但是对于合同类的软件,最好的办法是将错误的信息告诉用户,并有相应的编号,用户会非常高兴看到这样的信息。第一,他知道他不应该继续使用软件,因为已经出错,再用下去只会越错越多,所以他不会去做无谓的劳动;第二,用户可以直接报告软件出的错,让程序员进一步改进,这对于用户是有好处的;第三,用户会觉得参与了这个软件的研发,这会让他觉得光荣。

那么对于上例中的 5 句话,要怎么做才可以处理程序运行过程中的错误呢?如果我们的 IO 操作都能有返回告诉我们操作的结果,就应该在代码中尽可能地处理所有的返回情况。下面是修改后的程序,这样的程序才是完备的和强壮的,它考虑了所有可能的返回情况。

```
errorCodeType readFile {
    initialize errorCode = 0;
    open the file;
    if ( theFilesOpen ) {
        determine its size;
        if ( gotTheFileLength ) {
```

```
            allocate that much memory;
            if ( gotEnoughMemory ) {
                read the file into memory;
                if ( readFailed ) {
                    errorCode =-1;
                }
            } else {
                errorCode =-2;
            }
        } else {
            errorCode =-3;
        }
        close the file;
        if ( theFILEDidntClose && errorCode == 0 ) {
            errorCode =-4;
        } else {
            errorCode = errorCode and -4;
        }
    } else {
        errorCode =-5;
    }
    return errorCode;
}
```

有一个非常简单的原则,可以让用户写出这样强壮的程序。这个原则就是对所有的返回值都要判断并作出适当的处理。

但是上面这个修改后的程序仍有一个非常大的问题:假如一开始没有看到那 5 句话而只看这个程序,读程序的人很难一眼看出这个程序是做什么的。假如用户想在这个程序中加一点东西,比如分配了空间后不是马上读文件,而是 seek 到某个地方去再读,这个动作要怎么添加呢?这需要用户在 if... else 的嵌套中,再加入自己的一套 if... else,那就要写得很小心,否则可能使 if 和 else 的对应关系混乱,所以这样的程序可读性不高,可维护性也不高。Java 提供了一个更好的办法来写这样强壮的程序。代码如下:

```
readFile {
    try {
        open the file;
        determine its size;
        allocate that much memory;
        read the file into memory;
        close the file;
    } catch (fileOpenFailed) {
        doSomething;
    } catch (sizeDeterminationFailed){
```

```
        doSomething;
    } catch (memoryAllocationFailed){
        doSomething;
    } catch (readFailed){
        doSomething;
    } catch (fileCloseFailed){
        doSomething;
    }
}
```

我们在 try 中处理事务逻辑，try 的意思是说尝试着去做我们要做的这 5 件事情。try 后面接了一些 catch，每一个 catch 针对一种可能的错误，每个错误都有相应的代码去处理它。通过这种方法，我们把事务逻辑和错误处理分开了。事务逻辑和错误处理各有各的用法，互相没有关联，这种处理方法就是异常机制。异常的意思是说当一个异常的情况发生的时候，当前的代码无法继续执行，必须回到某个之前的地方寻找合适的异常处理代码。

10.2 异常机制

10.2.1 throw 抛出

当一个异常的情况发生的时候，我们用 throw 语句来“抛”出一个异常。throw 后面必须跟着一个 Exception 类或其子类的对象。比如：

```
throw new Exception();
```

构造并扔出了一个 Exception 类的对象。

一旦 throw 语句得到执行，首先异常对象要被建立，然后当前运行的路径被停止，异常对象被弹出，异常处理机制就接管了程序的运行，开始寻找一个合适的地方来捕捉这个异常。

看下面的一段代码：

```
try {
    //  可能抛出异常的代码
} catch(Type1 id1) {
} catch(Type2 id2) {
}
```

try 有可能抛出异常，catch 就要去匹配抛出的异常对象。catch 后的()中的内容看上去很像方法的参数表：类型、变量名。这个变量名在后面的{}中是可以被使用的。通过这个异常变量，可以知道到底发生了什么情况，有什么样的 message，等等。

这个 try、throw、catch 的整套机制是怎么工作的呢？我们来模拟一些情况。

最简单的情况是这样：

```
try {
    throw new NullPointerException();
    ...
} catch (NullPointerException e) {
}
```

即在 try 中直接抛出一个异常。抛出这个异常后，当前执行路径被终止，即 throw 语句所在的语句块的运行被停止，throw 后面的语句不会再被执行。终止当前路径后离开 throw 所在的语句块，然后看这个语句块是不是 try。如果是一个 try，那么我们就看这个 try 后面跟的 catch 能不能匹配到 throw 抛出的异常。我们抛出的对象和 catch 所要捕捉的对象一致，这里类型是匹配的，于是异常被捕捉。

另一种情况如下：

```
try {
    f();
} catch (NullPointerException e) {
}

f() {
    throw new NullPointerException();
    ...
}
```

在 try 中调用了 f()方法，在 f()方法的运行过程中抛出了一个异常，于是当前执行路径 f()方法中 throw 下面的语句不会再被执行了。然后程序离开 throw 所在的语句块。这个语句块是一个方法，离开方法的语句块就意味着回到调用方法的地方。于是这一情况相当于在调用 f()的那一行 throw 了一个 exception。调用 f()的那个语句块中的语句将被停止执行，后面的处理和前面一个例子相同。

假如 catch 捕捉到了异常，在处理完异常后是否回到原先的语句块呢？回答是不回去。catch 捕捉到异常并处理完后将继续执行 catch 下面的语句。

还有一种情况是这样的：

```
try {
    f();
} catch (NullPointerException e) {
}

f() {
    if (b) {
        throw new NullPointerException();
        ...
    }
}
```

这种情况下，如果 b 条件满足，则抛出异常，if(b)这个语句块中的语句执行被终止。这时这个语句块不是 try 也不是方法，离开这个语句块意味着这整个语句块相当于一个 throw，那么还要再一层层离开它外面的那个方法，一直到有 try 的地方为止。如果一直到了 main 方法都没有出现 try，那么就离开 main 方法，也就意味着程序中止。

10.2.2　catch 匹配

try 后是可以跟多个 catch 的，多个 catch 意味着在 try 中可能抛出多个不同的异常，这时 catch 的匹配按照书写的顺序。一旦有一个 catch 匹配到了，执行完了这个 catch 中的异常处理代码后，后面的 catch 就不管了。

当然也存在一种情况，即 try 中抛出了一个异常，而后面没有任何 catch 是匹配的，这时整个 try...catch 语句变成一个 throw，继续回到再上一层的语句块里面去。try...catch 可以嵌套，try 中可以有另外一层 try...catch。

异常的匹配不是精确匹配，我们来看一个例子。

```
//  Water.java

class NoWater extends Exception {}
class NoDrinkableWater extends NoWater {}

public class Water {
    public static void main(String[] args) {
        try {
            throw new NoDrinkableWater();
        } catch ( NoWater s ) {
            System.out.println("NoWater");
        }
    }
}
```

在这个例子中，NoWater 继承了 Exception，NoDrinkableWater 继承了 NoWater，在 try 中 throw 了 NoDrinkableWater，那么这个异常能否被后面的 catch 捕捉到呢？

我们制造了一个 NoDrinkableWater 的对象并把它扔出来了，之后发现它外面是个 try，因此我们就看后面的 catch 的匹配。判断的条件是：现在我们的对象——NoDrinkableWater 类型的对象是不是属于 NoWater 这个类型的。因为子类对象属于父类，抛出的对象是属于 NoWater 类型的，于是在这里就匹配了。既然已经匹配了，那么就做这个 catch 后面的事，打印出“NoWater”，然后就结束了。可见 catch 的匹配并不是一种精确匹配，它只要满足这个对象是属于“那个类”的对象就可以了。

假如我们在上面的程序的 catch 后面再加上一个 catch：

```
catch ( NoDrinkableWater a ) {
    System.out.println("NoDrinkableWater");
}
```

由于之前的 catch(NoWater)已经可以捕捉到所有 NoDrinkableWater 的异常,因此这个新加上去的 catch 不会有机会捕捉到任何异常。Java 编译器为此给用户一个 Error,即编译通不过。

捕捉所有可能的异常

怎么去写一个 catch 来捕捉所有可能的异常?最简单的方法就是捕捉基本类型 Exception。因为所有的异常都是 Exception 这个类的子类,所有抛出的异常都可以被这个 catch 给捉到。假如一串 catch 中第一个 catch 捕捉的是 Exception 类,那么后面的 catch 都没用了,也就都不用写。

10.2.3 finally

finally 语句块可以加在 try... catch 的最后。如:

```
//  FinallyWorks.java

class NoWater extends Exception {}
class NoDrinkableWater extends NoWater {}

public class FinallyWorks {
    static int count = 0;
    public static void main(String[] args) throws NoWater {
        while ( true ) {
            try {
                count++;
                if ( count == 1 ) {
                  System.out.println("没事");
                } else if ( count == 2 ) {
                  System.out.println("抛出异常 NoDrinkableWater");
                  throw new NoDrinkableWater();
                } else if ( count == 3 ) {
                  System.out.println("抛出异常 NoWater");
                throw new NoWater();
                }
            } catch (NoDrinkableWater e) {
                System.out.println("NoDrinkableWater");
            } finally {
                System.out.println("在 finally 中");
                if ( count == 3 )
                   break;
            }
```

```
        }
    }
}
```

程序运行的结果如下：

```
没事
在 finally 中
抛出异常 NoDrinkableWater
NoDrinkableWater
在 finally 中
抛出异常 NoWater
在 finally 中
```

finally 的意思是：只要你进入了 try，不管你是怎么离开的，一定要在离开前执行 finally 中的代码。进入 try 后离开有三种情况：

(1)没有任何异常发生。这种情况下出来后是不看后面的 catch 而接着执行下面的代码的，而加了 finally 后则首先要进入 finally 中来执行。

(2)try 中抛出的异常在 try 后面的 catch 中捕捉到并处理完了。这种情况下本来是继续执行下面的代码，现在也先进入 finally 中来执行。

(3)try 中抛出的异常没有在后面的 catch 中捉到，这时 try... catch 整个就是一个 throw，需要继续离开。但是加了 finally 后，将在离开之前先执行 finally 中的代码。

finally 非常有用，比如我们打开了文件，之后的操作可能有很多错误，不管是错误的还是正确的，最终都得关闭文件，那么关闭文件这个动作就可以放到 finally 中来执行。

10.3　异常声明

如果一个方法是有可能抛出异常的，就必须在该方法的头部作一个声明，声明使用关键字 throws，比如：

```
void f() throws tooBig, tooSmall, oldStyle {}
```

这个声明用了一个关键字 throws，说明 f()方法抛出 tooBig，tooSmall 和 oldStyle 三种异常。

这种声明在 Java 中是强制性的，如果在方法中要抛出异常就必须声明，否则通不过编译。抛出异常包括直接抛出、父类的方法中抛出异常、调用的方法中抛出异常等等，这些抛出的异常都必须加到声明中。但是这种声明允许撒谎，即可以声明实际并不抛出的异常，这样做的好处是将来可以扩充抛出的异常，而方法的使用者已经提前准备好了 catch 这样的异常，所以无需修改他们的代码。

当用户声明某个方法会抛出某种异常后，将带来一个新的麻烦：如果子类继承父类，覆盖父类的某个方法，那么子类的新版本方法就不能抛出比父类更多的异常。我们来看一个例子：

```
// StormyHiking.java

class NoWater extends Exception {}
class NoDrinkableWater extends NoWater {}

abstract class Hiking {
    Hiking() throws NoWater {}
    void alarm() throws NoDrinkableWater {}
    abstract void trail() throws NoWater;
    void cooking() {}
}

class Rainedout extends Exception {}

interface Storm {
    void alarm() throws RainedOut;
    void rainHard() throws RainedOut;
}

public class StormyInning extends Hiking implements Storm {
    StormyInning() throws RainedOut, NoWater {}
    //void cooking() throws RainedOut {}
    //public void alarm() throws RainedOut {}
    public void rainHard() {}
    public void alarm() {}
    void trail() throws NoDrinkableWater {}
}
```

在这个例子中，StormyInning继承了Hiking实现了Storm。父类Hiking的构造方法声明会抛出异常NoWater，而子类StormyInning的构造方法声明会抛出异常RainedOut和NoWater，这是不是正确的呢？事实上这样做是可以的，因为不同的构造方法之间不是覆盖的关系，而且子类的构造方法会主动去调用父类的构造方法，所以在子类的构造方法中必须声明在父类的构造方法中可能抛出的异常。

在这个例子中，子类中的这一行是不可以的：

```
void cooking() throws RainedOut {}
```

因为在父类中也有一个cooking()方法，它什么都不抛出，所以子类中walk()方法也不能抛出任何异常。

那么子类中"public void alarm() throws RainedOut {}"这一行对不对呢？我们需要先来想一想为什么子类覆盖的方法抛出异常不能比父类多。因为有时候子类需要向上类型转换成父类的对象，如果子类方法抛出的异常没有在父类方法中声明，那么外部程序就可能没有做好 catch 那个异常对象的准备。现在子类中的 alarm()方法有两个来源：父类和接口。如果子类方法声明抛出 RainedOut，那么将子类对象当作 Storm 对象来看的时候没有任何问题，但是如果将它当作 Hiking 对象就会出问题，因为 Hiking 的 alarm()不会抛出 RaindedOut，所以上述那一行是不能通过编译的。这种情况下，alarm()方法所能抛出的异常只能是它所有来源所能抛出异常的交集，而在这个例子中这个交集是空集。

10.4　运行时刻系统异常

Java 预先定义了一些异常类，其中一些被称为运行时刻系统异常，比如前面提到过的 NullPointException，还有诸如数组下标越界、除零错误等抛出的异常也都属于运行时刻系统异常。这些运行时刻系统异常不需要我们主动去 throw，也不需要对这类异常作声明。因为这类异常不需要声明，很多情况下我们的程序并没有对其进行处理，因此如果程序运行过程中出现了一个运行时刻系统异常，程序就可能一路回溯到 main()，最后导致程序中止。

思考题与习题

一、概念思考题

1. 异常与错误有何不同？

2. throw 与 throws 有何不同？

3. 描述 finally 的功能。

4. 未被程序捕捉到的异常会导致什么结果？

二、程序理解题

1. 写出以下程序的运行结果。

```
public class A {
    public static void m() {
        throw new RuntimeException();
    }
    public static void main(String[] args) {
        try {
            m();
        } catch ( RuntimeException e) {
            System.out.println("1");
        } catch ( Exception e) {
            System.out.println("2");
        } finally {
            System.out.println("3");
```

```
        }
          System.out.println("4");
    }
}
```

2.写出以下程序的运行结果

```
public class A {
    public static void m() throws Exception {
        try {
            throw new Exception();
        } finally {
            System.out.println("1");
        }
    }
    public static void main(String[] args) {
        try {
            m();
        } catch (Exception e) {
            System.out.println("2");
        }
        System.out.println("3");
    }
}
```

三、编程题

1.设计一个程序，定义一个StringTooLongException异常，表示一个String对象的长度太长。在main()中，让用户输入字符串，一直到程序被终止。如果读入的字符串超过20个字符，就抛出这个异常。

第 11 章

Java 的输入输出

本章主要内容：

- 字节流
- 字符流
- 格式化输出
- File 类
- 对象串行化

Java 语言源于 C++，但又有所不同和发展。Java 的输入输出也是如此，它和C++的输入输出非常类似，以流为基础，但是又不完全一样。

我们知道在任何语言中输入输出这部分都是最难设计的。输入输出是指语言提供什么样的手段让编程的人能够操作各种各样的 I/O 的设备。设计难的最大的一个原因在于不同的 I/O 设备有非常不同的特性，比如键盘、鼠标、显示器、硬盘、打印机等都是 I/O 设备，而这些设备之间的特性相差极大。这些特性的差异体现在程序设计中，就是操作不同的 I/O 设备的程序是完全不同的。在最初的时候，要操作不同的 I/O 设备就需要针对该设备写一个特别的程序。Unix 操作系统，将所有的这些设备都当作文件，统一了操作接口。此后，C++又在 I/O 的体系上提出了“流”的概念，把所有文件的读写简化为一种更简单的模型——流，而 Java 秉承了这一特性。

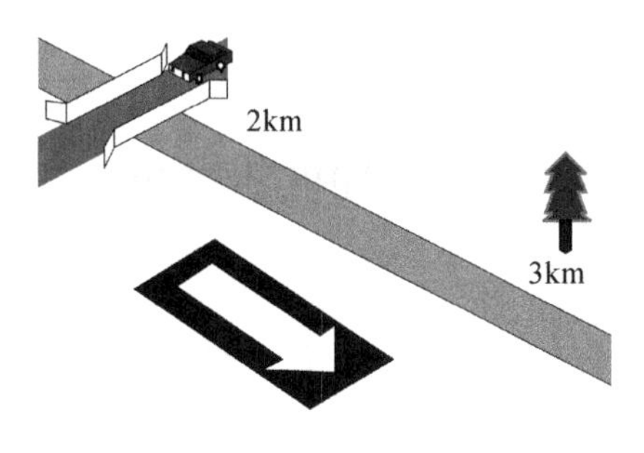

图 11.1 河流

“流”是一维的，单方向的，就像河流一样。一维意味着用一个数字就可以定位一个目标。正如我们在说一条河流的某个地方的时候，只要说“距上游几公里处”一样。如在图

11.1中我们看到桥在2km处，而树在3km处。我们不能也不需要对“流”进行二维的访问。单方向意味着流向单一，就像河水只能向下游流动一下。比如一个输入流，可以不停地从里面读内容，直到读完，但是不能向它写内容；而一个输出流，则只能用来写入数据，而不能从里面读数据。

无论数据从哪里读来或者要写到哪里去，读写数据的流程基本上是相同的。

读数据	写数据
打开一个流 while 还有数据可以读 读数据 关闭流	打开一个流 while 还有数据要写 写数据 关闭流

与大多数其他程序设计语言类似，输入输出并不是Java语言的一部分，而是以系统API类库的方式提供程序员操作输入输出的能力。Java系统API类库中，与输入输出有关的类都放在java.io包中。

这个包中的类大致可以分为以下几种：

- 字节流InputStream/OutputStream家族，这些类用来读写以字节为单位的流，也就是我们平时所接触的文件等。但是这个家族的类，对文本流的支持并不好，所以通常我们用它来处理二进制流，而把文本流交给下面这个家族。
- 字符流Reader/Writer家族，这些类本来是用来读写以Unicode字符组成的文本流的。其实我们平时很少会遇到直接以Unicode编码的流，所以现在主要的应用场合是将InputStream/OutputStream的对象经过转换后，用Reader/Writer的对象来读这些文本流。
- File，这个类是用来处理目录的，也用来操纵文件的属性，如读取文件的最后修改时间和删除文件等。
- RandomAccessFile，这个类是用来以随机访问的方式读写文件。

现在在Java程序中，输入输出主要是用来读写文件、访问网络服务或进行网络通信，当然也广泛地用在终端方式应用程序的人机交互输入输出。

要注意的是，几乎所有输入输出的类的方法，都可能抛出I/OException。

11.1 字节流InputStream/OutputStream

图11.2中虚线无底色的方框表示的是接口或抽象类，实线有底色的是类。从图中可以看出，与C++不同的是，Java的InputStream和OutputStream之间没有关系。

InputStream是一个抽象类，当我们真正需要用到InputStream的时候，我们用的是它的某一个子类。比如要打开一个文件，我们用的是FileInputStream。Java的InputStream有一个非常重要的特点：InputStream是针对byte进行处理的。这里面有两层含义：第一层含义是，Stream所处理的流是以字节为单位进行编码的流。我们平时接

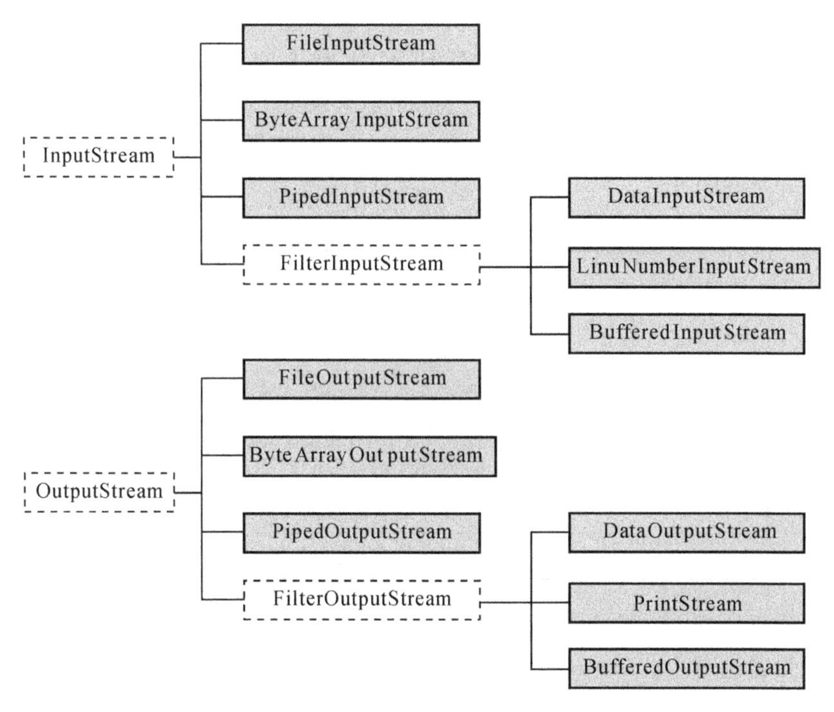

图 11.2 字节流类关系图

触到的所有文件都是以字节为单位进行编码的文件。第二层含义是，Stream 读写的数据只能是字节。比如，InputStream 的 read()方法有三种形式(int read()，read(byte b[])，read(byte[]，int off，int len))，都只能用来读 byte。注意 int read()的返回值虽然是 int，但实际上是一个 byte，用 int 只是为了让 C 语言程序员感到习惯。read(byte b[])是将数据读到 byte 数组中去，read(byte[]，int off，int len)也是，它最多读 len 个字节，放到 off 开始的位置。

表 11.1 列出 InputStream 所有的方法。

表 11.1 InputStram 的方法

方 法	含 义
int read()	从流中读一个字节，正常的返回值是在 0 到 255 的范围之内，如果返回－1，表示读到了流的末尾
int read(byte[] b)	从流中读一些字节，读到流的末尾或者数组放满为止，返回实际读到的字节的个数
int read(byte[] b, int off, int len)	和上一个方法类似，但是数据会被放到数组的 off 下标开始的地方，最多读 len 个字节
long skip(long n)	跳过 n 个字节不读，返回实际跳过的字节数
int available()	返回流还能读的字节数
void mark(int readlimit)	在当前读到的位置上做一个标记，这个标记在继续读了 readlimit 个字节之后会失效
void reset()	回到最后一次的 mark 的位置
boolean markSupported()	告诉用户这个流是否支持做 mark/reset
void close()	关闭流

InputStream 的 mark()和 reset()可以使用户回到流中的某个位置，但是如果做多次 mark()，只有最后一次是有效的；而且不是所有的流都支持 mark()/reset()，markSupported()可以用来看该流是否支持mark()/reset()。

相对于 InputStream，还有 OutputStream，是用来做输出的。表 11.2 列出了 OutputStream 所有的方法。

表 11.2 OutputStream 的方法

方 法	含 义
void write(int b)	写入一个字节，尽管这个方法的参数是一个 int，但是实际上只有这个 int 的最低 8 位被写入了流
void write(byte[] b)	把一个字节数组写入流
int write(byte[] b, int off, int len)	把一个字节数组写入流，从这个数组的下标为 off 的字节开始写 len 个字节
void flush()	将缓冲区里的数据实际地写入流的介质，如文件
void close()	关闭文件，当然在关闭之前会 flush()

通常操作系统都会在输出流上做一定的缓冲，因此每一次 write()不一定都能导致实际的对物理设备的写入。flush()就是用来强制做这个写入的动作的。

11.1.1 介质流

InputStream/OutputStream 都是抽象类，它们只是表达了输入输出流的公共界面。当需要实际读写数据的时候，需要下面介绍的一些流类。这些流被称为介质流(media stream)，所谓介质流是指这些流是在某一个介质上发生的。比如 FileInputStream，它的流是一个文件，是指打开一个文件，以那个文件的内容作为流来读。表 11.3 列出了所有的介质流。

表 11.3 介质流类

介质流		含 义
ByteArrayInputStream	ByteArrayOutputStream	以内存中的一个字节数组作为流
StringBufferInputStream		以一个 String 的内容作为流
FileInputStream	FileOutputStream	以文件的内容作为流
PipedInputStream	PipedOutputStream	组合起来成为一个线程和线程之间通讯的管道
SequenceInputStream		把多个流组合成为一个流

下面我们看一个例子。

[程序 11-1] GetInput

```
import java.io.* ;
```

```
class GetInput{
    public static void main(String[] args){
        byte buffer[] = new byte[256];
        try {
          int bytes = System.in.read(buffer,0,256);
          String str = new String(buffer,0,bytes);
          System.out.println(str+":"+bytes+":"+str.length());
        } catch (Exception e) {
          String err = e.toString();
          System.out.println(err);
        }
    }
}
```

所有的输入输出类都在 java.io 包中，所以我们必须 import 这个包；所有的输入输出操作都有可能抛出异常，因此所有的输入输出操作我们都应放在 try... catch 中。在这个例子中，我们用 System.in 来读输入。System.in 是 System 类的静态成员变量，它的类型是 InputStream。

read 函数从标准输入读入一行，标准输入是指控制台上用户按键输入的内容。而所谓一行是指用户每按一次回车之前输入的内容，包括回车换行本身。读到的数据放在字节数组 buffer 中，返回值是实际读到的字节，放在变量 bytes 中。接着用字节数组 buffer 构造一个 String。因为 String 是 char 的集合，char 是 16 位的，而 byte 是 8 位的，所以不能直接将 buffer 的内容拷贝到 String 的 buffer 中，而是在构造时会进行内码转换，将 ASCII 码转换为 Unicode。接下来输出这个字符串，因为我们的终端是采用 ASCII 码的，这时候会再进行一次内码转换，将 Unicode 转成本机编码的 ASCII 码，就可以在终端上看到正确显示的字符串了。对于汉字，这个程序也能做到正确的转换，在构造 String 对象的时候，将本机编码的国标码汉字转化为 Unicode；在输出的时候再由 Unicode 转化为本机的国标码。

以下是程序的一次运行结果：

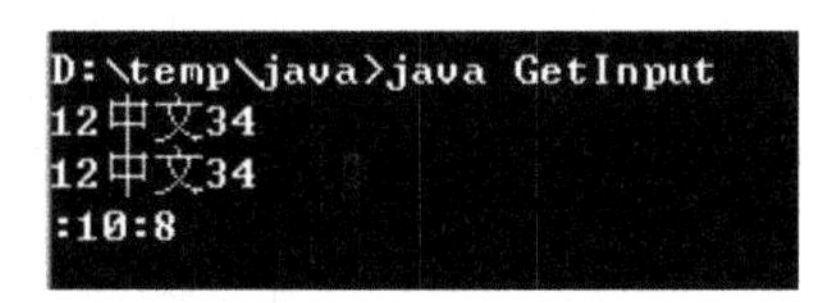

其中，第一行的“12 中文 34”是用户从键盘输入的。第二行的“12 中文 34”是程序输出的，因为回车换行是读入的数据的一部分，所以输出的时候有了回车换行。第三行的“:10:8”中，第一个数字 10 表示 read 函数读到了 10 个字节，分别是“12 中文 34”和回车、换行，其中“中文”的国标码是 4 个字节，共 10 个字节；第二个数字 8 表示转化为 String 以后，是 8 个字符，分别是“12 中文 34”6 个字符和回车、换行。从这个程序可以看到，Java 的流对于中文的处理是没有问题的。

11.1.2　过滤器流

前面我们讲的所有的流都是处理字节的，那么如果我们想要做更多的事呢？比如读文本文件，要求一次读一行，要怎么做？当然我们可以做一个循环来读，每次读到换行符就返回一行。那么如果我们要向文件中写入一个 int 值呢？怎么把这个 4 个字节的整数写到一个二进制流里去呢？Java 提供了另外一套东西，称为过滤器流（Filtered Stream）。FilterInputStream 和 FilterOutputStream 是这一系列过滤器流的父类。

介质流是直接和保存数据的介质打交道的流，而过滤器流是构造在介质流或其他过滤器流的基础上的流。它们将流过的数据进行加工，从而实现复杂的数据读写的能力。

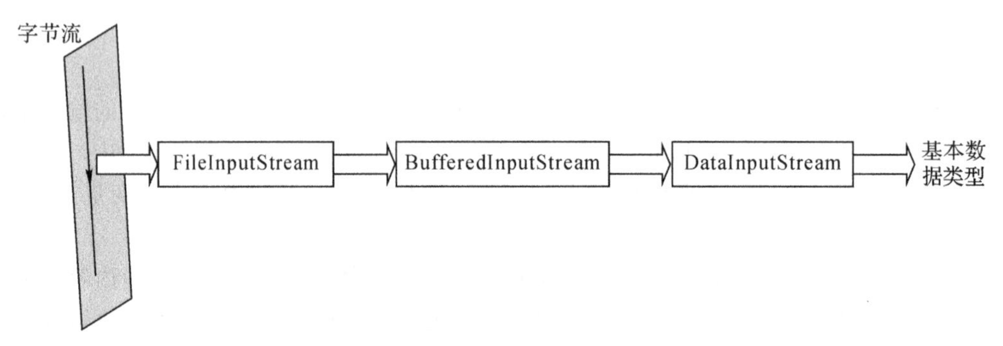

图 11.3　过滤器流与介质流的关系

图 11.3 中，字节流数据由 FileInputStream 这个介质流读入；在这个介质流的基础上构筑了一个 BufferedInputStream，从而实现了读入数据时的进一步缓存；在这个缓冲流的基础上，构筑了一个 DataInputStream，这样，最后就能从字节流中，读到二进制方式保存的基本数据类型的数据。

表 11.4 列出了所有的过滤器流。

表 11.4　过滤器流类

过滤器流		含　　义
DataInputStream	DataOutputStream	以二进制的方式读写所有的基本数据元素，如 int，float 等
LineNumberInputStream	PrintStream	读写文本文件
BufferedInputStream	BufferedOutputStream	在读写流的过程中提供一个 buffer
PushbackInputStream		可以往流里放回一个字节

LineNumberInputStream 和 PrintStream 是用来处理文本文件的，之前我们几乎每个例子程序里都会出现的标准输出 System.out，其实就是一个 PrintStream 的对象；而对应的标准输入 System.in，之前提过是一个 InputStream。所以如果要从标准输入读入文本，一般必须用 System.in 构造一个 LineNumberInputStream，如：

LineNumberInputStream in = new LineNumberInputStream(System.in)；

之后我们才可以用 LineNumberInputStream 提供的函数来读用户在终端上输入的

文本。现在我们一般是用 Reader 来读标准输入，但是在下一节要介绍的 Reader 出现以后，LineNumberInputStream 就将不被提倡使用了。

BufferedInputStream 和 BufferedOutputStream 可以在读写 Stream 的过程中提供一个缓冲区。BufferedInputStream 内部有一个 2048 字节的缓冲区，而 BufferedOutputStream 有一个 512 字节的缓冲区。用上这两个类之后，所有的读写操作实际上是在程序和缓冲区之间进行，这两个类内部的机制会实现缓冲区与实际物理介质之间的读写。

下面我们看一个例子：

[程序 11-2]　DataSave

```
import java.io. * ;

public class DataSave {
    public static void main(String[] args){
        int i=1234;
        double d = 1234.0;
        try {
          DataOutputStream out =
            new DataOutputStream(
              new BufferedOutputStream(
                new FileOutputStream("data.bin")));
          out.writeInt(i);
          out.writeDouble(d);
          out.close();
          DataInputStream in =
            new DataInputStream(
              new BufferedInputStream(
                new FileInputStream("data.bin")));
          int ii = in.readInt();
          double dd = in.readDouble();
          in.close();
          System.out.println(ii);
          System.out.println(dd);
        } catch (Exception e) {
          String err = e.toString();
          System.out.println(err);
        }
    }
}
```

程序中有两个变量：i 是 int 类型，d 是 double 类型。首先我们在文件“data.bin”的基础上建立了一个 DataOutputStream，然后向这个流写入两个数据 i 和 d 之后，就关闭流。接着建立一个 DataInputStream 从这个文件中读数据，读出的数据通过标准输出显示出来。这个程序给我们演示了 Java 如何读写二进制表达的基本类型数据。程序运行中产生的 data.bin 文件的长度为 12 个字节，其中 int 占据 4 个，double 占据 8 个。文件中的内容用 16 进制表达出来是这样的：00 00 04 D2 40 93 48 00 00 00 00 00。其中前四个字节 000004D2 就是十进制的 1234；而后 8 个字节则是 1234.0 这个 double 的编码形式。

11.2 字符流 Reader/Writer

Reader/Writer 是在 JDK1.1 以后被引入 JDK 的，它们被称作是新版本的输入输出类，但是它们的出现并不是用来取代 InputStream/OutputStream 的。Reader/Writer 家族的类是用来读写 Unicode 编码的文本流，也就是说，用 Reader/Writer 读写的流，应该是用 Unicode 编码的，而不能是 ASCII 码或国标码的流。Reader 一次会从流中读入两个字节，并把它们作为一个 Unicode 的字符看待。所以如果你的文件是国标码的，被这样读入以后，就会被误认为是另外一个不相关的 Unicode 字符了，从而造成所谓的中文乱码问题。

Reader/Writer 家族的类和 InputStream/OutputStream 家族的类存在着对应关系，我们简单地把 XxxInputStream 中的 InputStream 换成 Reader 就得到了对应的 Reader 的类，对于 OutputStream 也是这样。比如 FileInputStream 就对应有 FileReader，前者读写以字节为单位的文件，后者读写 Unicode 编码的文本文件。

由于我们现在的操作系统平台，仍然主要是读写非 Unicode 编码的文件的，所以 Reader/Writer 在实际编程中，往往是借助于一对桥梁类：InputStreamReader/OutputStreamWriter 以在 InputStream/OutputStream 的基础上构造 Reader/Writer。比如下面这行语句：

Reader in = new BufferedReader(new InputStreamReader(System.in));

就是用标准输入 System.in 构造了一个 BufferedReader，而 BufferedReader 具有良好的读文本数据的方法，这样就为我们读入标准输入的内容提供了方便。这对桥梁类，在读写过程中，会自动进行本地编码和 Unicode 之间的转换。我们也可以强制要求它们做某种本地编码的转换，如：

Reader in = new BufferedReader(new InputStreamReader(System.in,"Big5"));

这样就强制要求 InputStreamReader 把本地数据作为 Big5 编码来进行转换。

下面这个例子，为我们演示了如何用 Reader/Writer 来做输入输出。

[程序 11-3] ReaderWriter

```
import java.io.*;


public class ReaderWriter {
    public static void main(String[] args) {
        try{
            BufferedReader stdin =
                new BufferedReader(
```

```
                new InputStreamReader(System.in));
            System.out.print("Enter a line:");
            String line = stdin.readLine();
            BufferedWriter fout =
                new BufferedWriter(
                    new OutputStreamWriter(
                        new FileOutputStream("out.txt")));
            fout.write(line);
            fout.close();
        }catch(I/OException e){
            System.out.println("I/O Exception");
        }
    }
}
```

这个程序通过 InputStreamReader 从 System.in 构筑了一个 Reader，这样就可以简单地读入一行 String，之后通过 BufferWriter 写到一个文件中去。

11.3　格式化输出

JDK1.5 提供了新的方法，支持像 C 的 printf 一样的格式化输出。我们先来看一个简单的例子。

[程序 11-4]　Root

```
import java.io.*;

public class Root {
    public static void main(String[] args) {
        int i = 2;
        double r = Math.sqrt(i);
        System.out.format("The square root of %d is %f.%n", i, r);
    }
}
```

这个程序的输出结果如下：

```
The square root of 2 is 1.414214.
```

format 函数的第一个参数是一个格式字符串，其中的%“%d”、“%f”和“%n”表示了要输出的变量的格式。基本的格式字符有：

- d:十进制整数
- f:十进制浮点数

- n：回车换行
- x：十六进制整数
- s：字符串

格式字符还有更丰富的内容，请读者进一步参考 Java API 文档。

11.4 File 类

这个类的名字是 File，但并不是做文件读写用的，它的更确切的名字似乎应该叫作 Directory。这个类用来表达一个目录，可以在这个目录上列文件清单、创建目录以及删除目录或文件，这个类也用来表达一个文件，可以看文件的信息或修改文件的属性。我们来看一个例子。

[程序 11-5] DirList

```
import java.io.* ;

public class DirList {
    public static void main(String[] args) {
        try {
            File path = new File(".");
            String[] List = path.list();
            for( int i = 0; i < list.length; i++)
                System.out.println(list[i]);
        }
        catch( Exception e){
            e.printStackTrace();
        }
    }
}
```

这个程序构造了一个 File 类的对象 path 用来描述当前目录（"."）。接着用 path.list()列出当前目录下的所有文件，最后对列出的数组进行遍历输出。

表 11.5 列出了 File 类的主要方法。

表 11.5 File 类的主要方法

方 法	含 义
String[] list()	列出目录中的文件
long length()	返回文件的大小
boolean renameTo(File dest)	将文件或目录改名
boolean mkdir()	创建目录
boolean delete()	删除文件或目录

下面的程序演示了如何通过 File 类的对象来识别和打开文件。

[程序 11-6]　MoreAll

```
import java.io.*;

public class MoreAll {
  public static void main(String[] args) {
    // 创建 dir 表达当前目录
    File dir = new File(".");
    // dir 列出目录中所有文件和子目录的名字到 ls 中
    String[] ls = dir.list();
    // 对于列出的每一个名字
    for ( String name : ls ) {
        // 创建 fp 表达该名字对应的文件或子目录
        File fp = new File(dir,name);
        // 如果 fp 表达的是文件,并且以 java 结尾
        if ( fp.isFile() && name.endsWith("java") ) {
            try {
                // 创建一个 fin 来打开读该文件
                BufferedReader fin =
                    new BufferedReader(
                        new InputStreamReader(
                            new FileInputStream(fp)));
                String line;
                // 先输出文件名
                System.out.println(name);
                // 输出分隔符
                for ( int i=0; i<80; i++ )
                    System.out.print('-');
                System.out.println();
                // 读文件的每一行并输出
                while ( (line=fin.readLine()) != null ) {
                    System.out.println(line);
                }
                System.out.println();
            } catch ( I/O Exception e) {
                e.printStackTrace();
            }
        }
    }
  }
}
```

程序的一次可能的运行结果如下：

```
DirList.java
--------------------------------------------------
import java.io.*;

public class DirList {
    public static void main(String[] args) {

        try {
            File path = new File(".");
            String[] List = path.list();
            for( int i = 0; i < list.length; i++)
                System.out.println(list[i]);
        }
        catch( Exception e){
            e.printStackTrace();
        }
    }
}

GetInput.java
--------------------------------------------------
import java.io.*  ;

class GetInput{
    public static void main(String[] args){
        byte buffer[] = new byte[256];
        try {
            int bytes = System.in.read(buffer,0,256);
            String str = new String(buffer,0,bytes);
            System.out.println(str+":"+bytes+":"+str.length());
        } catch (Exception e) {
            String err = e.toString();
            System.out.println(err);
        }
    }
}
```

java.io 包包含了许多用来读写数据的类，主要是以流的方式来读写数据。流可以被分成两大类：读写字节的流和读写 Unicode 字符的流。每一个流都有它的特殊性，如从文件读或向文件写的流；读写基本数据的过滤器。

11.5 对象串行化

Java 可以将对象串行化成字节序列，字节序列就可以被写入流；而后可以从流中读出字节序列，并反串行化成对象。对象的串行化是对象持久存储的一种主要实现方式。通过对象串行化，我们可以把运行中的程序的对象情况固定保存在文件中。下次运行程序的时候，从文件中读取恢复对象，程序就可以接着上次运行的状态继续执行下去了。

与对象串行化有关的类或接口有三个：ObjectInputStream、ObjectOutputStream 和 Serializable。

顾名思义，ObjectOutputStream 是用来保存对象的，ObjectInputStream 是用来恢复对象的，而只有实现了 Seriablizable 接口的类的对象才能被串行化。

下面的程序说明了对象串行化的基本概念。

[程序 11-7] Worm

```
import java.io.*;

public class Worm implements Serializable {
    int k = (int)(Math.random() * 10);
    private Worm next;

    Worm(int i) {
        System.out.println("Worm ctor: " + i);
        if ( --i > 0 )
            next = new Worm(i);
    }

    Worm() {
        System.out.println("Default ctor");
    }

    public String toString() {
        String s = ":" + k;
        if ( next != null )
            s += next.toString();
        return s;
    }

    public static void main(String[] args) {
        Worm w = new Worm(6);
```

```
        System.out.println("w = " + w);
        try {
            ObjectOutputStream out =
                new ObjectOutputStream(
                    new FileOutputStream("worm.bin"));
            out.writeObject(w);
            out.close();
            ObjectInputStream in =
                new ObjectInputStream(
                    new FileInputStream("worm.bin"));
            Worm w2 = (Worm)in.readObject();
            System.out.println("w2 = " + w2);
        } catch (Exception e) {
            e.printStackTrace();
        }
    }
}
```

程序的一次可能的运行结果输出如下：

```
Worm ctor: 6
Worm ctor: 5
Worm ctor: 4
Worm ctor: 3
Worm ctor: 2
Worm ctor: 1
w = :5:7:4:8:6:9
w2 = :5:7:4:8:6:9
```

Worm 是个很有意思的类，Worm 的构造方法其实是在递归构造一个链表，构造时给的参数就是这个链表的长度。在 main()中我们构造了一个 6 个结点的链表，变量 w 指向这个链表的第一个结点。然后我们创建了一个对象输出文件 worm.bin，用 out.writeObject(w)把 w 写入了这个文件。由于 w 实际上指向一个 6 个结点的链表，所以实际写入文件的，是 6 个 Worm 的对象，而不是只有 w 所指的第一个。之后我们再打开 worm.bin，从文件中用 readObject()读出对象。由于读出的对象是 Obejct，所以需要进行向下类型转换，转换成 Worm 类的对象。将其再打印输出，我们会发现与写入的 w 所指的链表的值一模一样。

对象串行化是个很大的话题，Java 也提供了很丰富的手段来进行串行化和实施串行化过程中的控制。具体的相关类和方法的使用过于繁杂，读者可参考 Java 系统 API 手册。

思考题与习题

一、概念思考题

1. 简述流的概念与特点。

2. 说明过滤流的概念及作用。

3. 说明 stream 家族与 reader/writer 家族之间的区别。

4. 描述 java.io 包中输入/输出流的类家族关系。

二、选择题

1. InputStream 和 OutputStream 读写的数据是(　　)。

A. 8　　B. 16　　C. 32　　D. 不确定

2. 以下哪一个类的对象可以是 DataInputStream 的构造函数参数?(　　)

A. File　　B. String　　C. FilterInputStream　　D. FileOutputStream

3. 使用 DataInputStream 和 DataOutputStream 的目的是:(　　)。

A. 识别 EOF　　B. 格式化输入输出

C. 读写文本文件　　D. 读写二进制数据文件

4. 字节流与字符流的区别是(　　)。

A. 每次读入的字节数不同

B. 前者有缓冲,后者没有

C. 没有区别,可以互换使用

D. 前者是字节读写,后者是块读写

三、编程题

1. 给第 5 章的编程题的第 2 题加上文件保存数据的功能,将用户输入的选课信息保存在文件中,再设计另一个程序,能从文件中读出这些数据,并打印输出。

2. 设计一个程序,用户输入一个文件名,打开该文本文件,并统计输出其中 26 个英文字母出现的次数。

3. 设计一个程序,用户输入一个文件名,二进制方式打开该文件,并统计输出其中每个可能的字节值出现的次数。

第 12 章

多线程

进程是操作系统最重要的概念之一，现代操作系统都支持多进程。例如，在Windows操作系统中可以运行多个程序，或同一个程序可以运行多次，在系统内存中作为多个独立的指令序列而形成多进程，实现多任务。所谓线程，是指进程中的一段独立的执行代码，如果一个进程中有多个这样能独立交互执行的程序段，该进程的执行程序就是多线程程序。Java内置对多线程的支持，在编程语言级而不是操作系统级实现多线程的处理，这是Java语言与其他编程语言相比所具有的一个显著特点。

本章主要内容：

- 多线程概念
- Thread类
- Runnable接口
- 线程同步

12.1 多线程概述

线程是进程内部的一个独立的指令序列流，一个进程可以有多个这样的线程同时执行而成为多线程进程。多线程可将程序任务分成几个并行的子任务，这在某些场合，特别在网络环境中是非常有用的。比如网络传输速度较慢，用户输入速度较慢，可以用两个独立的线程去完成这些功能，而不影响程序的其他功能。多线程是多任务处理的一种特殊形式，是为了充分利用CPU和实现某些特殊功能而提出的一种技术。

12.1.1 多线程模型

现代操作系统都支持多任务，而在一个应用程序中要求实现多任务处理，这也是应用发展的需要，比如计算机多媒体影视欣赏，我们在观看视频影像的同时还需要听到声音，这时就可以通过多线程技术来实现。

有两种实现多任务的方法:基于进程的实现方法和基于线程的实现方法,因此认识两者的不同十分重要。基于进程的多任务是大家所熟悉的形式,进程是一个正在执行的程序,基于进程的多任务处理的特点是允许计算机同时运行两个或更多的程序,程序调度的最小代码单位是进程。在基于线程的多任务环境中,线程是最小的执行单位,这意味着多线程调度的最小单位是线程,一个多线程程序具有同时执行两个或者多个任务的能力。

线程是进程中的一段指令,它是进程的基本组成单元,由线程ID、程序计数器、寄存器组和堆栈等组成,有时也称为轻量级进程,它与属于同一进程的其他线程共享代码段、数据段和其他操作系统资源(如打开文件和信号)。传统的进程(重量级进程)实际是单线程的进程,图12.1说明了单线程进程和多线程进程的差别。

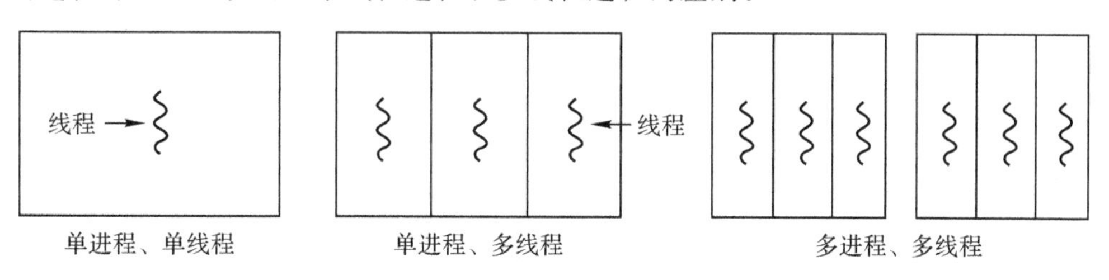

图12.1 多进程、多线程的示意图

利用多线程技术可以编写出CPU最大利用率的高效程序,这对Java运行的交互式网络环境是至关重要的。例如,网络的数据传输速率远低于计算机处理能力,本地文件系统的读写速度远低于CPU的处理能力,用户的输入也比计算机处理慢得多,在传统的单线程环境中,程序必须等待一个任务完成以后才能处理下一任务,使CPU的空闲时间被浪费。

Java运行系统也依赖于多线程,如垃圾回收处理,Java使用多线程技术使系统实现异步操作。在单线程模式中一般是使用轮询的事件处理方法,通过轮询一个事件队列来决定下一步做什么。Java多线程技术的优点在于取消了轮询机制,一个线程可以暂停而不影响程序的其他部分的执行。

12.1.2 Java线程的生命周期

每个运行的Java程序都有一个缺省的主线程,对于Application程序,主线程是main()方法执行体,对于Applet程序,主线程是浏览器加载并执行Java小程序。在Java中实现多线程必须在主线程中创建新的线程对象,新线程要经历新生、就绪、运行、阻塞和终止五种状态,这些状态之间的转换关系和转换条件如图12.2所示,这就是线程的一个完整的生命周期。

1. 新生状态

使用new关键字创建一个线程对象后,这个线程对象处于新生状态,此时它已经有了相应的内存空间,并已被初始化。

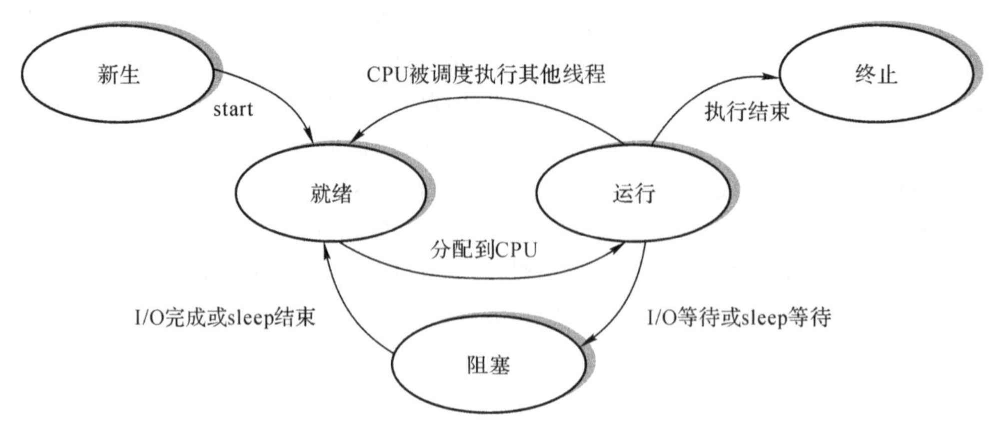

图 12.2　线程的生命周期

2. 就绪状态

新生状态的线程调用 start()方法进入就绪状态。此时线程已经具备了运行的条件，等待分配 CPU 资源。

3. 运行状态

处于就绪状态的线程一旦获得 CPU 资源，就进入运行状态并脱离创建它的主线程，开始执行自己的 run()方法。若遇到下列情况之一，将停止 run()方法的执行。

(1)调用 destroy()或 System.exit()方法结束线程的运行；

(2)调用 wait()等方法进入等待状态。当线程进入等待阻塞状态时，需由其他线程调用 notify()方法将其唤醒，进入就绪状态；

(3)调用 sleep()方法进入睡眠阻塞状态，睡眠之后重新进入就绪状态；

(4)线程请求 I/O 操作时进入阻塞状态；

(5)线程的时间片用完进入就绪状态；

(6)线程的 run()方法执行完，线程进入终止状态。

4. 阻塞状态

正在执行的线程在某些特殊情况下，如执行 join()、sleep()方法，或等待 I/O 设备的使用权，线程将暂时停止运行，让出 CPU 进入阻塞状态。阻塞原因被消除后，线程又转入就绪状态，重新等待分配 CPU，以便从原来停止处开始继续运行。

5. 终止状态

线程结束运行。线程终止有以下原因：一是线程的 run()方法完成了全部工作，正常结束；二是线程被提前强制性终止，如调用 System.exit()方法。

12.2　多线程编程

在第 8 章我们编写了一个显示时间的 Applet 程序，它不会走时，原因是程序只有一个主线程，即浏览器执行的主线程，它不会循环调用 paint()方法。如果在 init()或 start()方法中加入循环调用 repaint()的处理代码，按照 Applet 的执行方式，先执行 init()方法，然后是 start()方法。若在这些方法中加入循环调用 repaint()方法的处理逻辑，浏览器要将 init()或 start()方法执行完后才会通过 repaint()调用 paint()方法刷新屏幕，所以，在 start()方法中加入无限循环调用 repaint()方法的话，运行结果是时间都不显示了。

[**程序 12-1**]　在 start()方法中加入循环调用 repaint()的时钟程序。

```
//  Clock2.java
import java.applet. * ;
import java.awt. * ;
import java.util.Date;
public class Clock2 extends Applet
{
    public void start(){
      for(int i=0;i<10;i++){
        try{
            Thread.sleep(1000);
            System.out.println(new Date());
            repaint();
       }catch(Exception e){}
      }
    }
    public void paint(Graphics g){
        Date timeNow=new Date();
        String strTime=timeNow.getHours()+":"+timeNow.getMinutes()
                        +":"+timeNow.getSeconds();
        g.drawString(strTime,100,20);
    }
}
```

在 MS-DOS 窗口命令行，输入以下命令：

```
appletviewer Clock2.html
```

程序在 MS-DOS 窗口的运行结果如下，在浏览器窗口的输出如图 12.3 所示。

```
Mon Jan 22 11:21:29 CST 2007
Mon Jan 22 11:21:30 CST 2007
Mon Jan 22 11:21:31 CST 2007
Mon Jan 22 11:21:32 CST 2007
Mon Jan 22 11:21:33 CST 2007
Mon Jan 22 11:21:34 CST 2007
Mon Jan 22 11:21:35 CST 2007
Mon Jan 22 11:21:36 CST 2007
Mon Jan 22 11:21:37 CST 2007
Mon Jan 22 11:21:38 CST 2007
```

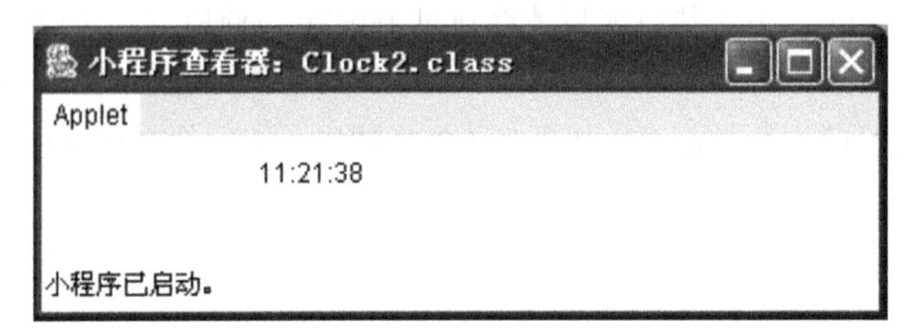

图 12.3 程序 Clock2 在命令窗口的执行结果

说明：

(1)在 start()方法中有一个循环 10 次的处理，每隔 1 秒在命令窗口输出日期时间信息，并调用 repaint()方法；

(2)在命令窗口看到循环在执行，但 repaint()调用 paint()方法并未执行，即在浏览器窗口时钟没有跳动 10 次，浏览器窗口中显示的时间是在 start()执行完后调用 paint()输出的。

利用多线程技术可以编写出会走时的时钟程序，Java 的多线程编程是建立在 Thread 类及 Runnable 接口基础上的。在 Java 语言中创建线程对象有两种途径：一是创建 Thread 类或其子类的对象，二是实现 Runnable 接口。

12.2.1 Thread 类

Java 语言使用 Thread 类及其子类的对象来表示线程，Thread 类是 java.lang 包中的一个专门用来创建线程和对线程进行操作的类。

表 12.1 Thread 类的构造方法

构造方法	功能及参数描述
Thread()	构造在主线程中的新线程
Thread(String name)	构造在主线程中名为 name 的新线程
Thread(Runnable target)	构造在 target 中的新线程
Thread(Runnable target, String name)	构造在 target 中名为 name 的新线程

表 12.2　Thread 类的常用方法

属性及常用方法	功能及参数描述
static int MAX_PRIORITY	线程最高优先级常量，值为 10
static int MIN_PRIORITY	线程最低优先级常量，值为 1
static int NORM_PRIORITY	线程正常优先级常量，值为 5
static Thread currentThread()	获取当前线程对象
string getName() void setName(String name)	获取线程名 设置线程名为 name
int getPriority() void setPriority(int newPriority)	获取线程优先级的值 设置线程优先级的值为 newPriority
boolean isAlive()	判断线程是否是活动的，是返回 true，否则返回 false
static void sleep(long millis)	使线程睡眠 millis 微秒
void start()	使线程启动进入就绪状态
void run()	线程的主方法
void join()	等待线程运行结束
void destroy()	终止当前线程

创建一个新线程实际是创建一个 Thread 类或其子类的对象，新的 Thread 子类必须覆盖 Thread 类的 run()方法以实现线程的功能。用户并不直接调用 run()方法，而是调用 Thread 对象的 start()方法，启动线程并自动运行 run()方法。

1. 新建线程

可以直接使用系统的 Thread 类或自定义的继承 Thread 类的线程类，如 MyThread。新建方法如下：

(1)new Thread()，创建缺省名为“Thread-n”的线程对象，n 是一个整数；

(2)new MyThread("MyFirst")，创建名为“MyFirst”的线程对象；

(3)new Thread(this)，创建的线程属于 this 代表的对象。在小应用程序中，它不能再继承 Thread 类，故使用 this 表示新建的线程依附于小应用程序主线程。

2. 启动线程

执行线程对象的 start()方法启动线程进入就绪状态。

3. 线程运行

就绪的线程获得 CPU 就运行线程的 run()方法。构建的多线程程序通过继承 Thread 类，覆盖父类的 run()方法而实现程序的功能。

4. 线程的优先级

线程具有优先级，优先级的高低用数字表示，范围从 1 到 10，数字大则优先级高，表示线程将优先被执行。线程缺省的优先级是 5，即 NORM_PRIORITY。

[程序 12-2]　演示多线程及其优先级的程序。

```
//  MyThreadDemo.java
public class MyThreadDemo extends Thread
{
    MyThreadDemo (String message)
    {
        super(message);
    }
    public void run()
    {
        for(int i=0;i<2;i++)
          System.out.println(getName()+" "+getPriority());
    }
    public static void main(String args[]) throws Exception
    {
        Thread t1=new MyThreadDemo("First");
        t1.setPriority(Thread.MIN_PRIORITY);
        Thread t2=new MyThreadDemo("Second");
        t2.setPriority(Thread.NORM_PRIORITY);
        Thread t3=new MyThreadDemo("Third");
        t3.setPriority(Thread.MAX_PRIORITY);
        System.out.println("Thread will start.");
        t1.start();
        t2.start();
        t3.start();
    }
}
```

程序的运行结果：

```
Thread will start.
Third 10
Third 10
Second 5
Second 5
First 1
First 1
```

编写多线程程序通常是定义类修饰为 public 的线程类，将其定义在某一包中供其他程序引入使用。如例 12.2 可以先定义继承 Thread 类的 MyThread 类，并假设它属于 mypack 包，然后编写主类程序来演示线程类的使用，参见下面的程序代码。

[程序 12-3]　定义属于 mypack 包的 MyThread 线程类的程序。

```
//  MyThread.java
package mypack;
public class MyThread extends Thread
{
    public MyThread (String message)
    {
        super(message);
    }
    public void run()
    {
        for(int i=0;i<2;i++)
          System.out.println(getName()+" "+getPriority());
    }
}
```

[程序 12-4]　利用 MyThread 类创建多线程的程序。

```
//  ThreadPRIORITY.java
import mypack.MyThread;
public class ThreadPRIORITY
{
    public static void main(String args[]) throws Exception
    {
        MyThread t1=new MyThread("First");
        t1.setPriority(Thread.MIN_PRIORITY);
        MyThread t2=new MyThread("Second");
        MyThread t3=new MyThread("Third");
        t3.setPriority(Thread.MAX_PRIORITY);
        System.out.println("Thread will start.");
        t1.start();
        t2.start();
        t3.start();
    }
}
```

编译程序 12-3 和程序 12-4，然后执行命令 java ThreadPRIORITY，可以得到与程序 12-2 一样的输出结果。

12.2.2　Runnable 接口

Java 不支持多重继承，程序类如果已经继承了某一类时就无法再继承 Thread 类，这时只能用实现 Runnable 接口的方式创建线程。如时钟小应用程序必须继承 Applet 类，不能再继承 Thread 类，只能通过 Runnable 接口实现多线程。用实现 Runnable 接口的方式创建线程与继承 Thread 类的创建方式没有本质的差别。

在 Runnable 接口中只定义了 run()方法,它是线程的执行主体。当某个类实现 Runnable 接口意味着在类中要实现 run()方法,由该类产生的线程对象执行 run()方法。

[程序 12-5] 会走时的时钟小应用程序。

```
// ClockRun.java
import java.applet.*;
import java.awt.*;
import java.util.Date;
public class ClockRun extends Applet implements Runnable
{
    Thread clockThread=null;
    public void start(){
        if(clockThread==null){
            clockThread = new Thread(this);
            clockThread.start();
        }
    }
    public void run(){
        while(true){
        try{
            Thread.sleep(5000);
            repaint();
        }catch(Exception e){}
        }
    }
    public void paint(Graphics g){
        Date timeNow=new Date();
        String strTime=timeNow.getHours()+":"+timeNow.getMinutes()
                      +":"+timeNow.getSeconds();
        g.drawString(strTime,100,20);
    }
}
```

说明:

(1)定义的 clockThread 是 Thread 类的对象,由 new Thread(this)语句指定它是依附于 ClockRun 类的,是小应用程序主线程之外的另一个线程对象;

(2)clockThread 线程启动后执行 run()方法,每 5 秒执行 1 次 repaint()方法,即每隔 5 秒调用 paint(),结果是时钟每 5 秒走动一次;

(3)在 5 秒的间隔之间,如果用其他窗口覆盖了显示的时间然后再选中时钟窗口,发现时间也会变,这是主线程执行 paint()方法的刷新处理。

[程序 12-6]　设计在水平和垂直两个方向循环跳动显示文字的小应用程序，运行结果见图 12.4。

```
// ScrollText.java
import java.awt.*;
import java.applet.*;
public class ScrollText extends Applet implements Runnable
{
    Thread th1=null,th2=null;
    int x1=10,y1=50,x2=10,y2=10;
    String msg1="Java is simple",msg2="Hello,Java";
    public void start()
    {
          th1=new Thread(this);
          th1.start();
          th2=new Thread(this);
          th2.start();
    }
    public void run(){
       while(true){
          if(Thread.currentThread()==th1)
          {
             x1=x1+10;
             if(x1>=200)x1=10;
          }
          else
          {
             y2=y2+5;
             if(y2>=100)   y2=10;
          }
          repaint();
          try{
                Thread.sleep(500);
          }catch(Exception e){}
       }
    }
    public void paint(Graphics g)
    {
        g.drawString(msg1,x1,y1);
        g.drawString(msg2,x2,y2);
    }
}
```

图 12.4 程序 ScrollText 的运行结果

说明：

(1)除小应用程序的主线程外，另外定义了两个线程对象 th1 和 th2，分别控制字符串的水平和垂直移动；

(2)两个线程调用相同的 run()方法，由 Thread 类的 currentThread()静态方法确定哪个线程在运行，再根据情况执行相应的代码。

12.3 多线程管理

Java 的多线程机制使单个应用程序能够处理多个任务，而不需要采用全局的事件循环机制，这样使 Java 语言的多媒体处理变得非常简单，且易于实现具有交互功能的网络应用程序。但是这些线程被执行时，如果需要访问共享数据，线程之间如何确保不发生冲突，这涉及线程的调度方法和线程的同步技术。

12.3.1 线程调度

多线程的目标之一是使 CPU 利用率最大化。对于单处理器系统来说，每次只能有一个线程获得 CPU 而被运行，其他任何线程必须等待，直到 CPU 空闲被重新调度分配。

在单线程程序中，如果需要等待某个 I/O 请求的完成，程序必须等待，此时 CPU 处于空闲状态，这些 CPU 等待时间被浪费了。在多线程程序中则能有效地使用这一时间，当程序的多个线程同时处于内存中，某一个线程需要等待时，Java 系统将取回该线程的 CPU 控制权，将 CPU 交给其他线程，这就是线程调度的概念。

线程的优先级是线程调度的依据之一，在 Java 系统中对线程按照优先级进行调度。理论上优先级高的线程比优先级低的线程优先获得 CPU 的控制权以及更多的 CPU 时间。实际上线程获得 CPU 时间通常由包括优先级在内的多个因素决定，其中还有操作系统因素的影响。比如，Java 支持 10 种不同的优先级，而操作系统支持的优先级可能要少，这样会产生一些混乱。因此，只能将优先级作为一种粗略的调度策略，不能依靠线程的优先级来控制线程的执行。

Java 的线程调度算法可分为两种:一种是优先抢占式,另一种是轮转调度。当线程的优先级不同时,为保证优先级最高的线程先运行而采用优先抢占式调度算法,即优先级高的线程优先抢占 CPU。当若干个线程具有相同的优先级时,则采用队列轮转调度算法,即当一个线程运行结束时,线程调度将选择队列中排在最前面的线程运行。如果某个线程由于睡眠或 I/O 阻塞成为一个等待线程时,当它恢复到可运行状态后,被插入到队列的尾部,需要等其他相同优先级线程都调度一次后,才有机会再次运行。

如果正在运行的线程发生下列情况之一,Java 系统就会临时停止此线程的运行而进行线程调度:

(1)线程中调用了 yield()方法,线程让出 CPU 的控制权;

(2)线程中调用了 sleep()方法,线程进入睡眠状态而让出 CPU 的控制权;

(3)请求 I/O 操作而进入阻塞状态;

(4)具有更高优先级的线程处于就绪状态。

12.3.2　线程同步

线程对内存的共享使得多线程对共享资源的访问成为一个问题,好在 Java 的多线程机制内建在语言中,使这个较复杂的问题变得简单了。Java 对多线程的支持是建立在对象这一级上的,一个执行的线程可表示为一个对象。

Java 提供了对共享资源的锁定方案,它能锁定任何对象占用的内存(内存是多种共享资源的一种),保证同一时间只能有一个线程使用特定的内存空间,这就是线程同步。为达到这个目的,需要使用 synchronized 关键字。

线程在使用共享资源期间必须进入锁定状态,在资源锁定成功后对它进行处理,完成任务后需要释放这个锁,使其他线程可以使用这个资源。这样复杂的处理过程由 Java 系统根据 synchronized 关键字定义的变量或方法而对这个变量或方法进行锁定,实现共享资源的同步(互斥)操作,所以 Java 实现同步的编程很简单。

[**程序 12-7**]　银行存款业务处理的多线程应用程序。

```
// BankDemo.java
class DepositThread extends Thread
{
    BankDemo account;
    int Deposit_amount;
    String message;
    DepositThread(BankDemo account,int amount,String message){
        this.message=message;
        this.account=account;
        this.Deposit_amount=amount;
    }
```

```
    public void run()
    {
        account.Deposit(Deposit_amount,message);
    }
}
public class BankDemo
{
    static int balance=1000;
    BankDemo() {
        DepositThread first,second;
        first=new DepositThread(this,2000,"#1 ");
        second=new DepositThread(this,3000,"\t\t\t\t#2 ");
        first.start();
        second.start();
        try {
              first.join();
              second.join();
        }catch(InterruptedException e){}
        System.out.println("____________________");
        System.out.println("final balance is "+balance);
    }
    void Deposit(int amount,String name)
    {
        int bal;
        System.out.println(name+"trying to deposit "+amount);
        System.out.println(name+"getting balance");
        bal=getBalance();
        System.out.println(name+"balance got is "+balance);
        bal+=amount;
        System.out.println(name+"setting balance--");
        setBalance(bal);
        System.out.println(name+"new balance set to "+balance);
    }
    int getBalance(){
        try {
            Thread.sleep(2000);
        }catch(InterruptedException e){};
        return balance;
    }
    void setBalance(int bal)
    {
        try{
```

```
            Thread.sleep(2000);
        }catch(InterruptedException e){};
        balance=bal;
    }
    public static void main(String[] args)
    {
        new BankDemo();
    }
}
```

程序的运行结果：

```
#1  trying to deposit 2000
#1  getting balance
                                    #2  trying to deposit 3000
                                    #2  getting balance
#1  balance got is 1000
#1  setting balance--
                                    #2  balance got is 1000
                                    #2  setting balance--
#1  new balance set to 3000
                                    #2  new balance set to 4000

-----------------------
final balance is 4000
```

说明：

(1)DepositThread 类继承 Thread 类，它的构造方法有三个参数，分别是依附的主线程、存款金额和线程名：DepositThread(BankDemo account,int amount,String message)。线程执行体 run()调用主线程中的 Deposit()方法，它首先取出主线程中的 balance 值，加上本线程的存款值，结果再保存到 balance 变量；

(2)BankDemo 程序是独立应用程序，它有一个主线程，同时创建了 first 和 second 两个线程对象，分别对余额变量 balance 进行存款 2000 和 3000 的处理，由于 balance 的初始值为 1000，最后 balance 的值应为 6000；

(3)first 和 second 两个线程对 balance 的操作没有加锁，由运行结果显示的 balance 的值为 4000 可知，程序的处理结果是错的。

为了能获得正确的 balance 值，我们只需对处理 balance 的 Deposit()方法进行加锁，即用 synchronized 来修饰 Deposit()方法，故仅需修改例 12.6 中程序的如下一行：

```
void Deposit(int amount,String name)
```

在该语句前加 synchronized，即改为：

```
synchronized void Deposit(int amount,String name)
```

程序的其他语句不动，重新编译程序，运行的结果如下：

```
#1  trying to deposit 2000
#1  getting balance
#1  balance got is 1000
#1  setting balance---
#1  new balance set to 3000
                                #2  trying to deposit 3000
                                #2  getting balance
                                #2  balance got is 3000
                                #2  setting balance---
                                #2  new balance set to 6000
______________________
final balance is 6000
```

我们看到程序最后的输出是“final balance is 6000”，它是由主线程输出的。first 和 second 线程在处理过程中会睡眠 2 秒，所以主线程应该先执行完，但主线程采用了等待 first 和 second 线程执行结束的策略，即有如下的等待线程执行完的语句，所以主线程最后结束并输出正确的结果。

```
try {
        first.join();
        second.join();
}catch(InterruptedException e){}
```

我们不使用 synchronized 同步机制，而使用主线程等待的方法也能保证程序的正确处理，即先启动 first 线程，等待其执行结束，再启动 second 线程，并等待其执行结束，最后主线程输出结果，然后程序运行结束。这样的处理过程实际是单线程的处理方式，与多线程的 CPU 利用最大化的目标是背道而驰的。

思考题与习题

一、概念思考题

1. 简述进程、线程、多线程的概念和线程的生命周期。

2. 简述创建线程体的两种方式。

3. 简述线程同步的概念。当一个线程进入对象的一个 synchronized 方法后，其他线程是否可进入此对象的该方法？

二、选择题

1. 下面哪个方法可以启动一个新的线程？(　　)

A. run()　　B. start()　　C. execute()　　D. init()

2. 下面哪一个是 Thread 类中的静态方法？(　　)

A. start()　　B. stop()　　C. run()　　D. sleep(long m)

3. 编写一个多线程的 Applet 程序，下面说法正确的是(　　)。

A. 通过继承 Thread 类来实现　　B. 通过编写 run()方法来实现

C. 通过实现 Runnable 接口来实现　　D. 通过编写 start()方法来实现

4. 下面关于Java线程的叙述正确的是(　　)。

A. 每个Java线程可以看成由代码、真实的CPU以及数据三部分组成

B. 继承Thread类的线程创建方式灵活性更好

C. Thread类属于java. util包

D. 以上说法都不正确

三、程序理解题

1. 请写出下面程序的输出结果。

```
class MyThread extends Thread
{
    MyThread(String str)
    {
        super(str);
    }
    public void run()
    {
        for (int i=0;i<3;i++){
            System.out.println(getName()+" Running");
            try{
            sleep(1000);
            }catch(Exception e){}
        }
        System.out.println(getName()+" Stop");
}}
public class MyThreadDemo
{
    public static void main(String arg[])
    {
        MyThread th1=new MyThread("My Thread 1");
        MyThread th2=new MyThread("My Thread 2");
        th2.start();
        try{
            Thread.sleep(500);
        }catch(Exception e){}
        th1.start();
}}
```

2. 请写出下面程序的输出结果。

```
import java.awt.*;
import java.applet.*;
public class RollingMessage extends Applet implements Runnable
{
    Thread runThread=null;
```

```
    String s="Hello,Java!";
    int s_len=s.length();
    int x=0;
    public void start(){
        if(runThread==null){
            runThread = new Thread(this);
            runThread.start();
        }
    }
    public void run(){
        while(true)
        {
            if(x>s_len)x=0;
            repaint();
            try
            {Thread.sleep(1000);}
            catch (InterruptedException e){}
            x++;
        }
    }
    public void paint(Graphics g){
        g.drawString(s.substring(0,x),20,50);
    }
}
```

四、编程题

1. 编写一个 Applet 多线程程序，它的外观如下图所示，有两个线程在两个文本域中显示自己运行的情况，如显示的"Thread 1:5 Running!"表示线程 1 的第 5 次运行，每个线程执行 10 次，每次执行后睡眠一段时间(0～1000 之间的随机数)。线程结束后再显示结束信息，比如第 1 个线程结束时显示"Thread 1: Stop"。

2. 编写一个实现上述同样功能的 Frame 窗口应用程序。

第 13 章

多媒体技术

文字、声音、图形图像、视频动画等多媒体信息以其特有的方式，如显示文字时配以动人的解说、播放悦耳的音乐、展示逼真的图像和迷人的视频影像等，向我们展示了一个神奇的信息世界。多媒体技术是利用计算机综合处理各种媒体信息，使多种媒体信息建立逻辑连接并集成为一个系统且具有交互性的一种技术。形象地说，多媒体技术就是利用计算机将各种媒体信息以数字化的方式集成在一起，从而使计算机具有表现、存储和处理多种媒体信息的能力，它已成为计算机应用最为广泛的领域。Java 语言能简单有效地进行多媒体处理，是实现网络多媒体技术的理想平台。

本章主要内容：

- 基本图形绘制
- 图像处理
- 声音播放
- 计算机动画

13.1 图形绘制

在 Java 中可以使用 java. awt 包提供的 Graphics 类来绘制图形。Graphics 是继承 Object 类的抽象类，它定义了一些绘图函数，如绘制直线、矩形、圆、椭圆和多边形等常用图形的成员方法。

图形要绘制到相关的窗口中，这个窗口可以是小应用程序的主窗口，也可以是一个独立应用程序的窗口。窗口的原点位于屏幕的左上角，以像素为单位，坐标是(0,0)。在这个窗口中显示图形是使用 Graphics 类封装的方法，如小应用程序调用 paint()方法时会得到一个 Graphics 类的对象，利用该对象不仅可以输出文字，还可以绘制各种基本图形。

我们将在 Applet 小应用程序的主窗口中绘制各种图形，即编写 Applet 图形程序。在调用各种绘图方法时，Java 系统采用当前选择的颜色来绘制或填充图形，默认的绘图颜色是黑色。当绘制图形的尺寸超过窗口的大小时，超出的部分被自动裁剪掉。选择绘图颜色使用 Graphics 对象 g 的 setColor(Color c)方法。

13.1.1 直 线

直线段是最简单、最常用的一种几何图形。使用 Graphics 对象 g 的 drawLine()方法绘制直线,绘制时提供线段起点和终点坐标,其调用方法如下。

语法:void drawLine(int x1, int y1, int x2, int y2)

参数说明:(x1,y1)表示起点,(x2,y2)表示终点。

[程序 13-1] 绘制由 4 条直线构成的红色矩形的程序。矩形左上角坐标为(50,50),右下角坐标为(200,150)。程序运行的结果参见图 13.2 中的左上角矩形框。

```
// LineRectDemo.java
import java.applet.*;
import java.awt.*;
public class LineRectDemo extends Applet
{
    public void paint(Graphics g)
    {
        g.setColor(Color.red);
        g.drawLine(50,50,200,50);
        g.drawLine(200,50,200,150);
        g.drawLine(200,150,50,150);
        g.drawLine(50,150,50,50);
    }
}
```

13.1.2 矩 形

Java 提供矩形框、圆角矩形框和填充矩形的绘制方法。使用 drawRect()方法和 fillRect()方法绘制矩形和填充矩形,其调用方法如下。

语法:void drawRect(int top, int left, int width, int height)

　　void fillRect(int top, int left, int width, int height)

参数说明:(top, left)表示矩形的左上角,矩形的宽度、高度由 width 和 heigh 确定。

使用 drawRoundRect()方法和 fillRoundRect()方法绘制圆角矩形和填充的圆角矩形,其调用方法如下。

语法:void drawRoundRect(int top, int left, int width, int height, int xDiam, int yDiam)

　　void fillRoundRect(int top, int left, int width, int height, int xDiam, int yDiam)

参数说明:(top, left)表示矩形的左上角,矩形的宽度、高度由 width 和 heigh 确定,矩形的椭圆角由 xDiam 和 yDiam 确定,其中 xDiam 表示 x 轴方向椭圆弧的直径,yDiam 表示 y 轴方向椭圆弧的直径,如图 13.1 所示。

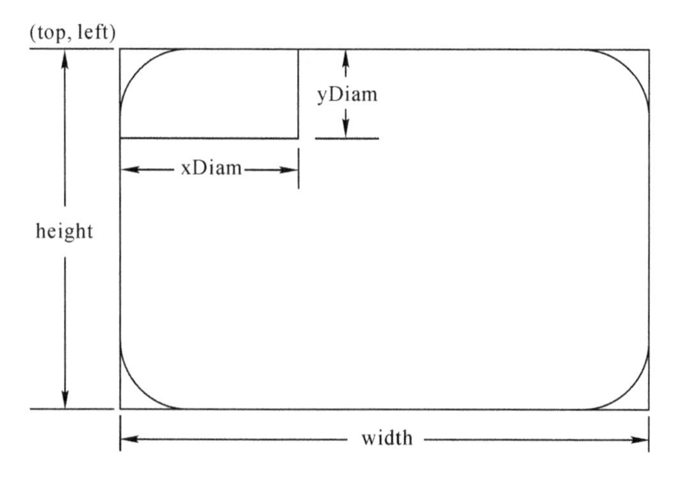

图 13.1　矩形宽度高度、圆角参数示意图

[**程序 13-2**]　绘制矩形的程序。在例 13.1 绘制的矩形右边再用直线方法画一个大小相同的矩形，然后用矩形绘制方法绘制黑色矩形覆盖右边红色矩形，并画两个填充图形。程序运行的结果见图 13.2。

```
// RectDemo.java
import java.applet.*;
import java.awt.*;
public class RectDemo extends Applet
{
    public void paint(Graphics g)
    {
        g.setColor(Color.red);
        g.drawLine(50,50,200,50);
        g.drawLine(200,50,200,150);
        g.drawLine(200,150,50,150);
        g.drawLine(50,150,50,50);
        g.drawLine(250,50,400,50);
        g.drawLine(400,50,400,150);
        g.drawLine(400,150,250,150);
        g.drawLine(250,150,250,50);
        try{
            Thread.sleep(4000);
        }catch(Exception e){}
        g.setColor(Color.black);
        g.drawRect(250,50,150,100);
        try{
            Thread.sleep(4000);
        }catch(Exception e){}
```

```
        g.setColor(Color.red);
        g.drawRoundRect(250,50,150,100,100,40);
        g.setColor(Color.blue);
        g.fillRect(50,160,150,100);
        g.fillRoundRect(250,160,150,100,100,40);
    }
}
```

说明：

(1)用直线方法绘制的两个红色矩形在4秒后，右边的被黑色矩形所覆盖；

(2)再过4秒，黑色矩形又被大小相同的红色圆角矩形覆盖，但黑色矩形四个角的未被覆盖的黑色线段被保留下来。

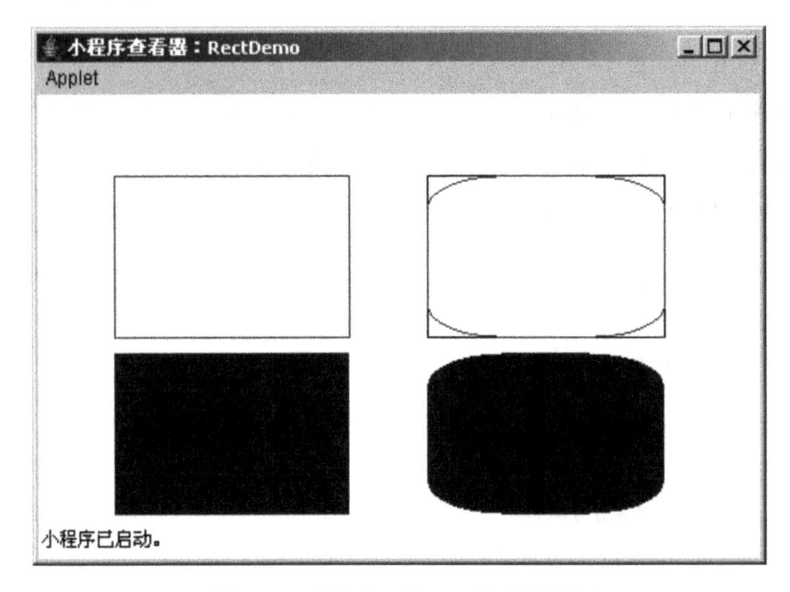

图13.2 程序RectDemo的运行结果

13.1.3 椭圆与圆

使用drawOval( )方法可以绘制一个椭圆或圆，而用fillOval()方法画一个填充椭圆，它们的调用方法如下。

语法：void drawOval(int top, int left, int width, int height)

　　　void fillOval(int top, int left, int width, int height)

参数说明：椭圆被绘制在一个矩形范围内，(top, left)表示矩形的左上角，矩形的宽度、高度由width和heigh确定。

绘制圆时，我们可用drawOval( )方法，指定矩形为一个正方形；也可用drawRoundRect()方法，指定圆角矩形的控制参数为一个正方形，确定椭圆角参数的矩形与绘制圆角矩形的正方形大小相同。

[程序 13-3]　绘制椭圆和圆的程序，运行结果见图 13.3。

```
// OvalDemo.java
import java.applet.*;
import java.awt.*;
public class OvalDemo extends Applet
{
    public void paint(Graphics g)
    {
        g.setColor(Color.red);
        g.drawOval(10,10,100,50);
        g.setColor(Color.blue);
        g.fillOval(120,10,50,100);
        g.setColor(Color.black);
        g.drawOval(230,10,100,100);      // 椭圆方法画圆
            g.drawRoundRect(340,10,100,100,100,100);     // 圆角矩形方法画圆
    }
}
```

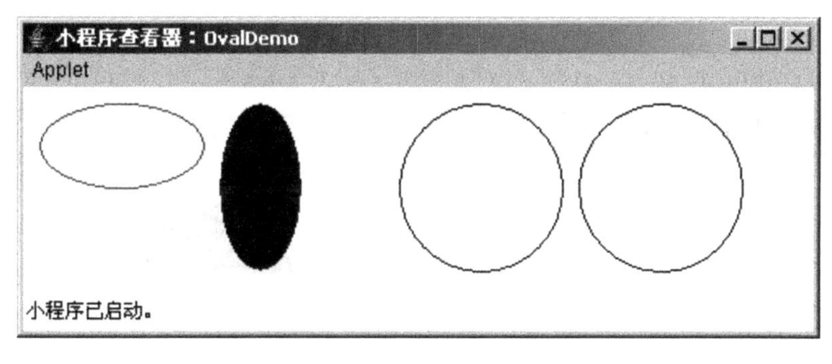

图 13.3　程序 OvalDemo 的运行结果

13.1.4　圆　弧

使用 drawArc()方法和 fillArc()方法可以绘制圆弧和填充圆弧，画的圆弧实际是部分椭圆，其调用方法如下。

语法：void drawArc（int top, int left, int width, int height, int startAngle, int sweepAngle）

void fillArc（int top, int left, int width, int height, int startAngle, int sweepAngle）

参数说明：圆弧被绘制在一个矩形范围内，需要指定 6 个参数。前 4 个参数的含义与绘制椭圆的相同；另外 2 个参数一个为起始角度，一个为弧角度。

角度参数是以度为单位的，0°指水平方向向右，如果参数 sweepAngle 是正的，圆弧按

逆时针绘制，否则按顺时针绘制。因此，为了画一个从钟面 12 点到 3 点的圆弧，可以设置起始角度为 90°，弧角度为－90°或设置起始角度为 0°，弧角度为 90°，最后绘制的圆弧是一样的，只是两种画法的起笔及画的方向不同。

[程序 13-4] 绘制圆弧的程序，运行结果见图 13.4。

```
// ArcDemo.java
import java.applet.*;
import java.awt.*;
public class ArcDemo extends Applet
{
    public void paint(Graphics g)
    {
     g.setColor(Color.red);
     g.drawArc(10,10,100,100,90,-90);
     g.setColor(Color.blue);
     g.drawArc(120,10,100,100,0,90);
     g.setColor(Color.black);
     g.fillArc(230,10,200,100,0,80);
     }
}
```

图 13.4 程序 ArcDemo 的运行结果

13.1.5 多边形

多边形是指由多点绘制成一系列的首尾连接的直线段而形成的几何图形，可以通过 drawLine()方法来画多边形。Java 提供了更简洁的处理方法，并提供了一个 Polygon 类来定义多边形对象。

使用 drawPolygon()方法和 fillPolygon()方法，可以绘制出任意形状的多边形，实际绘制过程是按照顶点次序连续绘制每一条直线，再将最后一条直线的终点与第一条直线的起点相连。这两个方法的用法如下。

语法：void drawPolygon(int x[], int y[], int numPoints)

　　　void fillPolygon(int x[], int y[], int numPoints)

参数说明：数组 x 和数组 y 表示多边形的顶点坐标，顶点个数是 numPoints 确定。

[程序 13-5]　绘制沙漏形状及填充多边形的程序，运行结果见图 13.5。

```
//  PolyDemo.java
import java.awt.*;
import java.applet.*;
public class PolyDemo extends Applet
{
    public void paint(Graphics g)
    {
    int xpoints[] = {10, 200, 10, 200};
    int ypoints[] = {10, 10, 150, 150};
    int num = 4;
    g.drawPolygon(xpoints, ypoints, num);
    for(int i=0;i<4;i++) //将图形右移 250 像素
        xpoints[i]+=250;
    g.fillPolygon(xpoints, ypoints, num);
    }
}
```

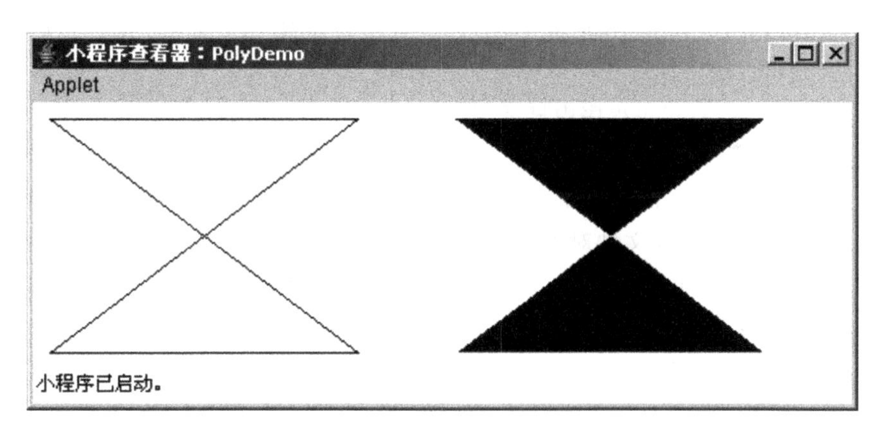

图 13.5　程序 PolyDemo 的运行结果

13.2　图像处理

图像是多媒体系统中最具特色的素材，“百闻不如一见”这句话从一个侧面刻画了图像的重要作用。从早期的二值图像开始，图像处理技术就是计算机应用中一个重要的分支。多媒体图像处理技术不仅涉及对图像本身的处理方法，而且还包括对图像的采集、变换、显示、彩色定义以及图像文件压缩等。

由于图像的重要性，Java 为图像处理提供了广泛的支持，包括创建图像、加载图像、显示图像和图像变换等常用操作。

13.2.1 图像显示

在 Java 中图像可以显示在浏览器窗口，也可以作为 Swing 的 JLabel 组件或 JButton 组件的图标而被显示，因此，图像可以显示在 Applet 程序或 Application 程序中。

1. Applet 应用的图像显示

在小应用程序窗口中显示图像要先加载图像，这可由 Applet 类定义的 getImage()方法来实现，用法如下：

语法：Image getImage(URL url)

Image getImage(URL url, String imageName)

参数说明：第 1 种用法中的 URL 对象 url 直接指向本地或网络目录下的图像文件；第 2 种用法，URL 对象 url 指向目录，图像文件由 imageName 给出。

如果图像文件和运行的 HTML 文件在同一个目录，Applet 类提供的 getDocumentBase()方法将返回 HTML 文件所在目录的一个 URL 对象，这样再根据 imageName 就可以确定图像文件位置而加载图像。

图像加载后，在 Applet 程序中显示图像由 paint()方法处理，它调用 drawImage()方法显示图像，其调用方法如下：

语法：boolean drawImage(Image img, int x, int y, ImageObserver observer)

参数说明：img 为图像文件对象，(x,y)是图像显示的左上角位置，observer 指定图像的显示窗口，用 this 表示在 Applet 窗口中显示。

[程序 13-6] 浏览图片的 Applet 程序，运行结果见图 13.6。

```
//  AppletImageDisp.java
import java.awt.*;
import java.awt.event.*;
import java.applet.*;
public class AppletImageDisp extends Applet implements ActionListener
{
    Image im[]=new Image[4];
    Button prev=new Button("上一张"),next=new Button("下一张");
    int imNum= 0;
    public void init()
    {
        prev.addActionListener(this);
        next.addActionListener(this);
        add(prev);
        add(next);
```

```
        for(int i = 0; i < 4; i++)
          im[i] = getImage(getDocumentBase(),"west"+i+".jpg");
    }
    public void paint(Graphics g)
    {
        g.drawImage(im[imNum],40,10,this);
    }
    public void actionPerformed(ActionEvent e)
    {
        if(e.getSource()==next)
            imNum=(imNum+1)%4;
        else
            imNum=((imNum-1)+4)%4;
        repaint();
    }
}
```

说明：

(1)如果允许 Applet 程序访问本地文件，比如可读取 d:\west1.jpg. 文件，还可采用下面语句获得图像对象：

```
try{
        URL url=new URL("file:/d:/west1.jpg");
        im=getImage(url);
  }catch(Exception e){}
```

(2)使用 URL 类需要引入 java.net 包。

2. Frame 应用的图像显示

在 9.3.1 节中介绍了 swing 包的 JLabel 类，我们将图像文件作为图标显示在 JLabel 对象上，所以要在 Frame 应用程序中实现图片浏览，只需加入 JLabel 对象，再调用它的 setIcon(Icon icon)方法来变更图标，其中，icon 由图像文件创建，表示 JLabel 的图标，这样实现应用程序对图像文件的浏览。

[程序 13-7] 浏览图片的 Frame 应用程序，运行结果见图 13.7。

```
//  FrameImageDisp.java
import javax.swing.*;
import java.awt.*;
import java.awt.event.*;
public class FrameImageDisp implements ActionListener
{
    Frame f1=new Frame("Image Viewer");
    Icon im[]=new Icon[4];
    Button bt=new Button("Next");
```

图 13.6 程序 AppletImageDisp 的运行结果

```
JLabel lbl=new JLabel();
int imNum= 0;

public FrameImageDisp()
{
    im[0] = new ImageIcon("west0.jpg");
    im[1] = new ImageIcon("west1.jpg");
    im[2] = new ImageIcon("west2.jpg");
    im[3] = new ImageIcon("west3.jpg");
    bt.addActionListener(this);
    fl.setLayout(new BorderLayout());
    fl.add("North",bt);
    lbl.setIcon(im[0]);
    fl.add("Center",lbl);
    fl.setSize(400,300);
    fl.setVisible(true);
}
public void actionPerformed(ActionEvent e)
{
    imNum=(imNum+1)%4;
    lbl.setIcon(im[imNum]);
}
public static void main(String[] arg)
{
```

```
        new FrameImageDisp();
    }
}
```

图 13.7　程序 FrameImageDisp 的运行结果

13.2.2　图像变换

对图像的平移、放大、缩小和旋转等操作是最基本的图像处理。在“绘制沙漏形状及填充多边形”例子程序中，我们使用了图形平移，它的做法很简单，将多边形每个顶点的 x 坐标都加 Δx(比如加 250)，y 坐标不变，重新绘制多边形，得到的结果是在 x 方向平移 Δx。用这种方法对图像的每个像素进行同样的坐标变换便可实现图像平移。

Java 提供更简单的平移处理方法。每次显示图像时，只要修改 drawImage()方法中代表图像显示左上角位置的(x,y)参数值，即可将图像显示在任何位置。

对于图像的放大、缩小处理，在 Java 中也可以通过 drawImage()方法，使用它的另一种参数调用方法，提供显示图像的宽度、高度参数，即不失真地按比例对图像进行放大缩小处理。对于图像的旋转变换，可以采用 Graphics2D 类的 rotate()方法，Graphics2D 类同时提供了一些基本的图形、图像变换方法。drawImage()的另一种调用方法如下：

语法：boolean drawImage(Image img, int x, int y, int width, int height,
　　ImageObserver observer)

参数说明：img 为图像文件对象，(x,y)是图像显示的左上角位置，width 为最终显示图像的宽度，height 最终显示图像的高度，observer 指定图像显示窗口。

[**程序 13-8**]　图像放大缩小处理的 Applet 程序，运行结果见图 13.8。

```
// AppletImageTrans.java
import java.awt.*;
import java.awt.event.*;
import java.applet.*;
public class AppletImageTrans extends Applet implements ActionListener
```

```
{
    Image im;
    Button prev=new Button("放大"),next=new Button("缩小");
    int width,height;
    public void init()
    {
        prev.addActionListener(this);
        next.addActionListener(this);
        add(prev);
        add(next);
        im=getImage(getDocumentBase(),"west1.jpg");
        width=getWidth();
        height=getHeight();
    }
    public void paint(Graphics g)
    {
        g.drawImage(im,10,30,width,height,this);
    }
    public void actionPerformed(ActionEvent e)
    {
        if(e.getSource()==prev){
            width=width * 2;
            height=height * 2;
        }
    else{
            width=width/2;
            height=height/2;
    }
    repaint();
    }
}
```

说明：

(1)在init()方法中调用了getWidth()和getHeight()获得浏览器窗口大小，图像初始显示的大小与该窗口大小一样。与图13.6相比，图像为适应窗口做了缩放处理；

(2)图13.8中显示的图像是单击了一次缩小按钮，图像尺寸缩小了一倍的效果。

13.3 音频播放

声音是人们传递信息的重要方式之一，在背景音乐上配以娓娓动听的解说，使得计算

图 13.8　程序 AppletImageTrans 的运行结果

机展示的信息变得有声有色。

JDK1.1 提供了利用 Java 小应用程序播放 Sun 音频格式(AU)文件的功能。Java2 提供了一个新声音引擎，允许 Applet 程序和 Application 程序播放声音文件。新的声音引擎(Java Sound)是一个高质量的 32 声道音频播放器和 MIDI 控制的声音合成器，它提供了一套新的 Sound API。Java Sound 支持多种音频文件格式，如 AU、AIF、WAV 以及多种基于 MIDI 的歌曲文件格式，能播放 8 比特或 16 比特、单声道或立体声、采样频率 8kHz 到 48kHz 的音频数据。本节利用 java.applet 包中的类对音频文件进行处理。

13.3.1　播放原理

声音文件的播放可由 java.applet 包中的 AudioClip 类来处理，AudioClip 类封装声音文件产生一个音频剪辑对象，并提供以下方法：

(1)play()：播放一次音频对象；

(2)loop()：循环播放音频对象；

(3)stop()：停止播放。

利用 Applet 类的 getAudioClip()方法或其 newAudioClip()静态方法可以装载声音文件获得一个 AudioClip 对象，之后就可以使用上面的方法进行播放处理。

13.3.2　Applet 程序的声音播放

在 Java 的小应用程序中进行音频处理很简单，通过 Applet 的 getAudioClip()方法获得一个 AudioClip 对象，根据情况使用该对象的方法即可对音频文件进行播放处理。

[程序 13-9]　音频处理的 Applet 程序，运行结果见图 13.9。

```
// AppletAudioDemo.java
import java.applet.*;
import java.awt.*;
```

```
import java.awt.event.*;
public class AppletAudioDemo extends Applet
                              implements ActionListener,ItemListener
{
    AudioClip ad;
    Choice c=new Choice();
    Button play=new Button("Play");
    Button loop=new Button("Loop");
    Button stop=new Button("Stop");
    public void init()
    {
        c.add("mus1.au");
        c.add("mus2.aif");
        add(c);
        c.addItemListener(this);
        add(play);
        add(loop);
        add(stop);
        play.addActionListener(this);
        loop.addActionListener(this);
        stop.addActionListener(this);
    }
    public void actionPerformed(ActionEvent e)
    {
        if(e.getSource()==play)
            ad.play();
        else if(e.getSource()==loop)
            ad.loop();
      else if(e.getSource()==stop)
            ad.stop();
    }
    public void itemStateChanged(ItemEvent e)
    {
        ad=getAudioClip(getDocumentBase(),c.getSelectedItem());
    }
}
```

13.3.3 Application 程序的声音播放

Application 应用程序不用继承 Applet 类，没有 getAudioClip() 方法可用，但在 Applet 类中提供了如下静态方法：

图 13.9　程序 AppletAudioDemo 的运行结果

static AudioClip newAudioClip(URL url)

通过 Applet 类引用该静态方法，能获得一个 AudioClip 对象，这使得应用程序可以采用与小应用程序一样的方法实现声音文件的处理。

[**程序 13-10**]　音频处理的 Frame 应用程序，运行结果见图 13.10。

```
//  ApplicationAudio.java
import java.applet.Applet;
import java.applet.AudioClip;
import java.net.URL;
import java.awt.*;
import java.awt.event.*;
public class ApplicationAudio extends Frame
                                implements ActionListener,ItemListener
{
    AudioClip ad;
    URL codeBase;
    Choice c=new Choice();
    Button play=new Button("Play");
    Button loop=new Button("Loop");
    Button stop=new Button("Stop");
    public ApplicationAudio()
    {
        super("Audio Play Demo");
        c.add("mus1.au");
        c.add("mus2.aif");
        setLayout(new GridLayout(2,2));
        add(c);
        c.addItemListener(this);
        add(play);
        add(loop);
        add(stop);
        try{
            codeBase = new URL("file:" + System.getProperty("user.dir")
                                 + "/");
        }catch(Exception e){}
```

```
        play.addActionListener(this);
        loop.addActionListener(this);
        stop.addActionListener(this);
    }
    public void actionPerformed(ActionEvent e)
    {
        if(e .getSource()==play)
            ad.play();
        else if(e.getSource()==loop)
            ad.loop();
        else if(e.getSource()==stop)
            ad.stop();
    }
    public void itemStateChanged(ItemEvent e)
    {
        String mus=(String)c.getSelectedItem();
        URL musurl=null;
        try{
            musurl=new URL(codeBase,mus);
        }catch(Exception ee){}
        ad=Applet.newAudioClip(musurl);
    }
    public static void main(String s[]) {
        WindowListener l = new WindowAdapter()
        {
            public void windowClosing(WindowEvent e)
            {System.exit(0);}
        };
        ApplicationAudio f = new ApplicationAudio();
        f.addWindowListener(l);
        f.setSize(300,100);
        f.setVisible(true);
    }
}
```

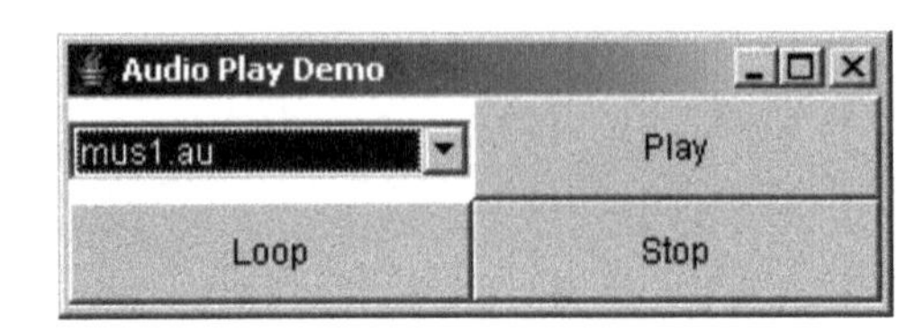

图 13.10 程序 ApplicationAudio 的运行结果

13.4　动画编程

所谓动画就是一组连续的图形图像集合，它们以每秒 24 帧（或超过 24 帧）的速度连续播放，利用人眼的视觉暂留原理，达到连续运动的效果，即产生动画。

动画是图形图像在计算机中最为常见的表现形式，图像的连续播放产生的视频动画以其图文并茂、绘声绘色、生动逼真的效果，给人身临其境的感受，成为多媒体计算机技术中极具特色的一部分。

Java 采用多线程技术来控制连续图像的显示而实现计算机动画。以小应用程序为例，在 init()方法中装载所有的图像文件，由 paint()方法显示图像，具体输出的图像由参数确定，再创建一个线程，根据指定的时间间隔调用 repaint()方法，由它调用 paint()方法输出图像，并将要显示的图像数组下标参数加 1，这样连续变化的图像显示就产生了动画。

[程序 13-11]　生成动画的程序，运行结果见图 13.11。

```
//  AnimatorApplet. java
import java. awt. * ;
import java. applet. * ;
public class AnimatorApplet extends Applet implements Runnable
{
    Image frame[] = new Image[16];
    Thread engine = null;
    int frameNum= 0;
    public void init()
    {
        try{
           for(int i = 0; i < 16; i++)
              frame[i] = getImage(getDocumentBase(),"FN"+i+".gif");
        } catch (Exception e)
         { System. out. println(e); }
    }
    public void start()
    {
        if(engine == null)
            {
                engine = new Thread(this);
                engine. start();
    }
    }
```

```
    public void run()
    {
        while(true)
            {
                try{ Thread.sleep(300);}
                catch(Exception e){};
                repaint();
                frameNum = (frameNum+1) % 16;
            }
    }
    public void paint(Graphics g)
    {
        g.drawImage(frame[frameNum], 10, 10, this);
    }
}
```

图 13.11 程序 AnimatorApplet 的运行结果

思考题与习题

一、概念思考题

1. 简述 Java 的基本图形绘制方法。
2. 简述 Java 对图像进行平移、缩小、放大处理的原理。
3. 简述 Java 的音频播放处理。
4. 简述 Java 的动画处理方法。
5. 如何在 Java 中实现动画和声音的同时播放？

二、选择题

1. 关于矩形框的绘制方法，下面叙述中正确的是(　　)。
   A. 只能用 drawRect()方法绘制
   B. 可以用一条 drawLine()语句绘制
   C. 可以用 drawPolygon()方法绘制
   D. 可以用 drawOval()方法绘制

2. 关于圆的绘制方法，下面叙述中不正确的是(　　)。

A. 可以用 drawCircle()方法绘制

B. 可以用 drawRoundRect()方法绘制

C. 可以用 drawArc()方法绘制

D. 可以用 drawOval()方法绘制

三、程序理解题

1. 请说明下面程序的功能。

```
import java.awt.*;
import java.applet.*;
public class PlayAndAni extends Applet implements Runnable
{
    AudioClip playList;
    Image frame[] = new Image[16];
    Thread engine = null;
    int frameNum= 0;
    public void init()
    {
        try
        {
            playList= getAudioClip(getDocumentBase(),"t1.au");
            for(int i = 0; i < 16; i++)
                frame[i] = getImage(getDocumentBase(),"FN"+i+".gif");
            playList.loop();
        } catch (Exception e)
        { System.out.println(e); }
    }
    public void start()
    {
    if(engine == null)
    {
        engine = new Thread(this);
        engine.start();
    }
    }
    public void run()
    {
    while(true)
    {
        try{ Thread.sleep(300);}
        catch(Exception e){};
        repaint();
```

```
        frameNum = (frameNum+1)%16;
      }
    }
    public void paint(Graphics g)
    {
    g.drawImage(frame[frameNum], 0, 0, this);
    }
}
```

四、编程题

1. 编写一个 Applet 小应用程序，在左上角坐标为(50,50)处画一个蓝色的长度为200、宽度为100的圆角矩形，控制圆角的矩形是长为50的正方形。

2. 编写一个在 Applet 窗口中显示 west3.jpg 图片文件的程序，左边显示的图片大小为100×200，右边显示的大小为300×200。

3. 编写一个 Applet 小应用程序，实现如下功能的动画：以坐标(200,200)为圆心，依次画半径为50到200的同心圆，每次半径的增量为10，画好一个圆后停留1秒，画好半径为200的圆后，又回到画半径为50的圆，周而复始地一直绘制，直到关闭小应用程序。

4. 编写一个 Applet 小应用程序，绘制一个从矩形变化到圆的动画。具体要求：先在左上角坐标为(50,50)处画一个200×200的矩形，然后在该矩形中绘制10个从圆角矩形渐变为圆的动画，动画画面的间隔时间为500毫秒。该动画要求是循环播放的，循环播放间隔时间为5秒。

参考文献

[1] David Flanagan. *Java In a Nutshell* (3rd Edition). CA, USA: O'Reilly Press, 2002

[2] John Lewis, William Loftus. *Java Software Solutions*. NJ, USA: Pearson Education, 2006

[3] 良葛格. Java学习笔记. 基峰资讯股份有限公司, 2005

[4] BruceEckle. Java编程思想. 北京: 机械工业出版社, 2002

[5] Kathy Sierra, BertBates. 深入浅出Java(第2版). 南京: 东南大学出版社, 2005

[6] 孙卫琴. Java面向对象编程. 北京: 电子工业出版社, 2006